混凝土缺陷处理技术及应用

马建革　潘志新　马　伟　主编

黄河水利出版社
·郑州·

内 容 提 要

本书主要介绍了混凝土缺陷产生的原因、分类及检测评估标准;混凝土裂缝、破损的修补方法和修补施工工艺;混凝土结构渗漏产生的原因及部位、渗漏的调查和成因分析及处理判断,地下工程防水堵漏的施工工艺及效果检查;混凝土结构加固处理的方法(粘贴碳纤维布加固法、粘钢板加固法等);混凝土缺陷修补材料及检测方法。书中还结合工程实例,对混凝土缺陷(裂缝)处理、结构防水处理、结构加固处理等典型工程进行了分析。

本书可供各类建筑工程设计与施工管理人员及大中专院校相关专业的师生借鉴参考。

图书在版编目(CIP)数据

混凝土缺陷处理技术及应用/马建革,潘志新,马伟主编. —郑州:黄河水利出版社,2009.6

ISBN 978-7-80734-570-1

Ⅰ.混… Ⅱ.①马…②潘…③马… Ⅲ.混凝土-缺陷-处理 Ⅳ.TU755.7

中国版本图书馆 CIP 数据核字(2009)第 015597 号

如发现书中有任何内容或印刷质量问题及提出出版建议,请联系:
马广州,0371-66023343,magz@yahoo.cn

出 版 社:黄河水利出版社

地址:河南省郑州市顺河路黄委会综合楼 14 层　　邮政编码:450003

发行单位:黄河水利出版社

发行部电话:0371-66026940、66020550、66028024、66022620(传真)

E-mail:hhslcbs@126.com

承印单位:黄河水利委员会印刷厂

开本:787 mm×1 092 mm　1/16

印张:11.25

字数:260 千字　　印数:1—2 000

版次:2009 年 6 月第 1 版　　印次:2009 年 6 月第 1 次印刷

定价:28.00 元

前　言

随着建筑科学研究与技术的发展，混凝土作为最重要和常用的建筑材料之一，被越来越多地用在水利、建筑和交通工程等基础设施的各类建筑物中。这些混凝土建筑物在不同的行业中发挥着重要的作用。但是由于混凝土施工条件所限、施工现场管理水平的差异，或者建筑物结构型式的特殊，或者施工方法和施工工艺不一，或者建筑物长期服役、年久失修，都会造成混凝土存在裂缝、渗漏、强度不足等质量缺陷，严重时会造成建筑物的破坏与坍塌，危及人民生命财产安全。

为了建成优良的混凝土建筑物，减少质量问题，工程设计与建设者们殚精竭虑、如履薄冰，但往往还会由于种种原因而造成一些混凝土的质量缺陷。为了挽救和延长这些建筑物的生命，就需要对混凝土缺陷进行技术处理。本书在总结众多不同类型建筑物混凝土缺陷处理施工方法和经验的基础上，分析缺陷发生的机理与原因，并根据现行规范标准的要求编写而成。书中分门别类地介绍了行之有效的混凝土缺陷处理技术及应用。编者力求技术的通用性强、适用面广，以供建筑工程设计与施工管理人员及大中专院校相关专业的师生借鉴参考。

全书共分六章。

第一章主要介绍混凝土缺陷产生的原因、分类，混凝土裂缝处理加固的标准和混凝土缺陷的检测、评估，由马建革、马伟、曹光钊编写。

第二章主要介绍混凝土裂缝、破损的修补方法以及混凝土裂缝修补施工工艺，由马建革、潘志新编写。

第三章主要介绍混凝土结构渗漏产生的原因及部位、渗漏的调查和成因分析及处理判断、渗漏处理的原则和方法、地下工程防水堵漏材料的选择、地下工程防水堵漏的施工工艺、防水堵漏效果检查及出现问题的处理等技术，由马建革、潘志新编写。

第四章详细阐述混凝土结构加固处理的各种方法（如粘贴碳纤维布加固法、粘钢板加固法等），由马伟、黄炎、曹光钊编写。

第五章介绍混凝土缺陷修补材料及检测方法，由潘志新、陶鹃、曹钶编写。

第六章结合工程实例，对混凝土缺陷（裂缝）处理、结构防水处理、结构加固处理等典型工程进行介绍分析，由曹光钊、马伟、潘志新编写。

全书由马建革、潘志新、马伟、曹光钊统稿。

在书稿编撰过程中，编者参考了许多工程相关资料和有关专业书籍，在此对这些资料和书籍的作者表示衷心的感谢。

由于编写时间仓促，书中难免存在疏漏与不妥之处，敬请广大读者批评指正。

编　者

2008 年 10 月

目 录

第一章　混凝土缺陷产生的原因和分类

混凝土是一种由砂石集料、水泥、水及其他外加材料混合而形成的非均质脆性材料。由于混凝土施工过程、本身变形及其所受约束等一系列问题，硬化成型的混凝土中存在着众多的微孔隙、气穴和微裂缝，正是由于这些初始缺陷的存在使混凝土呈现出一些非均质的特性。混凝土建筑物因受荷载及温度变化等不利条件的影响，建成后往往带病工作，运行后有一个老化过程，因此需要精心检查、维护和修理，才能保证其安全运行。实践经验证明，许多预防老化的措施在规划设计阶段就应认真考虑并实施。

第一节　混凝土缺陷产生的原因

一、混凝土裂缝产生的原因

混凝土是一种抗拉能力很低的脆性材料，在施工和使用过程中，当温度和湿度发生变化或者地基产生不均匀沉降时，极容易产生裂缝。裂缝的形式和种类很多，要从根本上解决混凝土中裂缝问题，还是需要从混凝土裂缝的形成原因入手。正确判断和分析混凝土裂缝的成因是有效控制和减少混凝土裂缝产生的最有效的途径。混凝土裂缝的产生主要有以下几个方面的原因。

（一）结构设计方面

（1）设计结构构件断面突变或因开洞、留槽引起应力集中，构造处理不当所产生的构件裂缝。

（2）设计中对构件施加预应力不当，造成构件的裂缝（偏心、应力过大等）。

（3）设计中构造钢筋配置过少或过粗等引起构件裂缝（如墙板、楼板）。

（4）设计中未充分考虑混凝土构件的收缩变形。

（5）设计中采用的混凝土等级过高，造成水泥用量过大，对收缩不利。

（6）各种结构缝设置不当等容易导致混凝土开裂。

（二）混凝土配合比设计方面

（1）配合比中水灰比过大。

（2）配合比设计中砂率、水灰比选择不当造成混凝土和易性偏差，导致混凝土离析、泌水、保水性不良，增大收缩值。

（3）单方水泥用量越大，用水量越高，则水泥浆的体积越大，坍落度越大，收缩越大。

（三）材料方面

（1）粗细集料含泥量过大，造成混凝土收缩增大；集料颗粒级配不良容易增大混凝土的收缩，使混凝土产生裂缝。

（2）集料粒径越细、针片含量越大，混凝土的用灰量、用水量就越大，且收缩量也增大。

(3)混凝土外加剂、掺合料选择不当或掺量不当,严重增加混凝土的收缩。

(4)水泥品种。矿渣硅酸盐水泥比普通硅酸盐水泥的收缩值大、粉煤灰及矾土水泥收缩值较小、快硬水泥收缩值大。

(5)水泥等级及混凝土强度等级。水泥等级越高、细度越细、早强越高对混凝土开裂的影响越大。混凝土设计强度等级越高,混凝土脆性越大,越易开裂。

(四)施工工艺方面

(1)混凝土是一种人造混合材料,其质量好坏的一个重要标志是成型后混凝土的均匀性和密实程度。因此,混凝土的搅拌、运输、浇捣、振实各道工序中的任何缺陷和疏漏都可能是裂缝产生的直接或间接原因。

(2)混凝土现场养护措施不到位,混凝土早期脱水,引起收缩裂缝。

(3)模板构造不当,漏水、漏浆,支撑刚度不足,支撑的地基下沉过早。

(4)在极端天气条件下施工,引起混凝土结构的开裂。

(5)拆模等都可能造成混凝土开裂。在施工过程中,钢筋表面污染、混凝土保护层太小或太大,浇筑中碰撞钢筋使其移位等都可能引起裂缝。

(五)环境因素

环境因素包括地基变形、温度变形、湿度变形、结构受荷、徐变、周围环境影响、意外事件、野蛮装修等方面。

1. 地基变形

在钢筋混凝土结构中,造成开裂的主要原因是地基的不均匀沉降。裂缝的大小、形状和方向决定于地基变形的情况,由于地基变形造成的应力相对较大,使得裂缝一般是贯穿性的。

2. 温度变形

混凝土具有热胀冷缩的性质,其线膨胀系数一般为 $1\times10^{-5}/℃$。当环境温度发生变化时,就会产生温度变形,由此产生附加应力,当这种应力超过混凝土的抗拉强度时,就会产生裂缝。在工程中,这类裂缝较常见,如现浇屋面板上的裂缝、大体积混凝土的裂缝等。

3. 湿度变形

混凝土在空气中结硬时,体积会逐渐减小,一般称为干缩。收缩裂缝较普遍,常见于现浇墙板式结构、现浇框架结构等,通常是由于养护不良造成的。混凝土的收缩值一般为0.2‰~0.4‰,其发展规律是早期快、后期缓慢。因此,对于超长的建筑物或构筑物,通常是掺加微膨胀剂等,这样可从根本上解决混凝土的早期干缩问题。

4. 结构受荷

结构受荷后产生裂缝的因素很多,施工中和使用中都可能出现裂缝。

5. 徐变

混凝土徐变造成开裂或裂缝发展的例子在工程中也很常见。据文献记载,受弯构件截面混凝土受压徐变,可以使构件变形增大2~3倍,预应力结构因徐变会产生较大的应力损失,降低了结构的抗裂性能。

6. 周围环境影响

酸、碱、盐等对构筑物的侵蚀引起裂缝。

7. 意外事件

火灾、轻度地震等引起构筑物的裂缝。

8. 野蛮装修

随意拆除承重墙或凿洞等引起裂缝。

裂缝是混凝土建筑物最普遍、最常见的病害之一。裂缝的发生往往是多种原因造成的,混凝土发生裂缝的主要原因见表 1-1。

表 1-1　混凝土建筑物裂缝发生的主要原因

大分类	中分类	小分类	编号	原因
A 材料	使用材料	水泥	A1	水泥的非正常凝结
			A2	水泥的水化热
			A3	水泥的非正常膨胀
		集料	A4	集料中含泥土
			A5	集料质量低劣
			A6	使用了反应性集料
	混凝土		A7	混凝土中的氯化物
			A8	混凝土的沉降及泌水
			A9	混凝土的干缩
B 施工	混凝土	拌和	B1	掺合料拌和不匀
			B2	搅拌时间过长
		运输浇筑	B3	泵送时改变了配合比
			B4	浇筑顺序不合适
			B5	浇筑速度太快
		振捣养护	B6	振捣不足
			B7	硬化前受到振动或加荷
			B8	初期养护时急骤干燥
			B9	初期冻害
		接打	B10	接打处理不当
	钢筋	配筋	B11	钢筋被扰动
			B12	保护层厚度不足
	模板	模板	B13	模板变形
			B14	漏水(模板漏浆或底部渗水)
			B15	过早拆模
		支撑	B16	支撑下沉

续表 1-1

大分类	中分类	小分类	编号	原因
C 使用环境	物理方面	温度和湿度	C1	环境温度和湿度的变化
			C2	构件两面的温度和湿度之差
			C3	反复冻融
			C4	火灾
			C5	表面加热
	化学方面	化学作用	C6	酸或盐类的化学作用
			C7	碳化引起的内部钢筋锈蚀
			C8	氯化物的浸入使内部钢筋锈蚀
D 结构及外力	荷载	永久荷载及长期荷载	D1	设计荷载之内的永久荷载及长期荷载
			D2	超过设计荷载的永久荷载及长期荷载
		动荷载及短期荷载	D3	设计荷载之内的动荷载及短期荷载
			D4	超过设计荷载的动荷载及短期荷载
	结构设计		D5	断面及钢筋用量不足
	支撑条件		D6	结构物的差异沉降
			D7	冻胀
E	其他			其他

二、裂缝的控制措施

裂缝的控制应从以下几个方面入手。

(一)设计方面

(1)建筑平面选型时在满足使用功能要求的前提下应力求简单。

(2)设计中应尽量避免结构断面突变带来的应力集中,如因结构或造型方面等而不得已时,应充分考虑采用加强措施。

(3)控制建筑物的长高比。建筑物的长高比越小,整体刚度越大,调整不均匀沉降的能力越强。

(4)合理地调整各部分承重结构的受力情况,使荷载分布均匀,尽量防止受力过于集中。

(5)减少地基的不均匀沉降。除前述的措施外,在基础设计中可以采取调整基础的埋置深度、不同的地基计算强度和不同的垫层厚度等措施来调整地基的不均匀变形。

(6)适当加强基础的强度和刚度。

(7)层层设置圈梁、构造柱,可以增加建筑物的整体性,提高砖石砌体的抗剪强度和抗拉强度,以防止或减少裂缝,即使出现了裂缝,也能阻止其进一步发展。

(8)正确地设置沉降缝。沉降缝的位置和缝宽的选定应合适,构造要合理,可以和其结构缝合并设置。

(9)限制伸缩缝间距。对于体形复杂、地基不均匀沉降值大的建筑物更应严格控制，同样也可以和其他结构缝合并使用。

(10)部分窗台砌体应加强。对于宽大的窗台下部宜设置钢筋混凝土梁，以适应窗台的变形，防止窗台处产生竖直裂缝。

(11)积极采用补偿收缩混凝土技术。在常见的混凝土裂缝中，有相当部分都是由于混凝土收缩而造成的。要解决由于收缩而产生的裂缝，可在混凝土中掺用膨胀剂来补偿混凝土的收缩。

(12)重视对构造钢筋的认识。在结构设计中，设计人员应重视对构造钢筋的配置，特别是楼面、墙板等薄壁构件更应注意构造钢筋的直径和数量的选择。

(二)混凝土配合比设计

(1)配合比设计应依据施工现场的浇捣工艺、操作水平、构件截面等情况，合理地选择混凝土的设计坍落度。针对现场的砂石原材料质量情况及时调整施工配合比。

(2)配合比设计应采用低水灰比、低用水量，以减少水泥用量。

(3)选用级配优良的砂石原材料，含泥量应符合规范要求。

(4)配制混凝土时计量应准确，要严格控制水灰比和水泥用量，搅拌均匀，离析的混凝土必须重新拌匀后，方可浇筑。

(5)禁止任意增加水泥用量。

(三)材料选择

(1)水泥:应选用水化热较低的水泥，根据结构的要求选择合适的混凝土强度等级及水泥品种和等级，尽量避免采用早强高的水泥。

(2)粗集料:宜用表面粗糙、质地坚硬的石料，并应级配良好、空隙率小、无碱性反应;有害物质及黏土含量不超过规定。

(3)细集料:宜用颗粒较粗、空隙率较小、含泥量较低的中砂。

(4)外掺加料:宜采用减水剂等外加剂，以改善混凝土工作性能，降低用水量，减少收缩。

(5)积极采用掺合料和混凝土外加剂，可以明显地起到降低水泥用量、降低水化热、改善混凝土的工作性能和降低混凝土成本的作用。

(6)正确掌握好混凝土补偿收缩技术的运用方法。对膨胀剂应充分考虑到不同品种、不同掺量所起到的不同膨胀效果，应通过大量的试验确定膨胀剂的最佳掺量。

(7)钢筋品种、规格、数量的改变、代用，必须考虑对构件抗裂性能的影响。

(8)钢筋的位置要正确，保护层过大或过小都可能导致混凝土开裂，钢筋间距过大，容易引起钢筋之间的混凝土开裂。

(四)施工工艺

(1)混凝土浇筑时应防止离析现象，振捣应均匀、适度。

(2)混凝土养护:应按规范要求做好对新浇混凝土的养护工作，以保证混凝土在早期尽可能少产生收缩。主要是控制好构件的湿润养护，对于大体积混凝土，有条件时宜采用蓄水或流水养护。

(3)开挖基槽时，要注意不扰动其原状结构。

(4)加强地基的检查与验收工作,基坑开挖后,监理单位应及时通知勘察及设计单位到现场验收。对于较复杂的地基,设计单位在基坑开挖后应要求勘察单位补钻探,当探出有不利的地质情况时,必须先对其加固处理,并经联合验收合格后,方可进行下一步施工。

(5)合理安排施工顺序。当相邻建(构)筑物间距较近时,一般应先施工较深的基础,以防基坑开挖破坏已建基础的地基。当建(构)筑物各部分荷载相差较大时,一般应先施工重、高部分,后施工轻、低部分。

(6)避免在雨中或大风中浇筑混凝土。

(7)对于地下结构混凝土,应尽早回填土方,这是对减少裂缝有利的措施。

(8)夏季应注意混凝土的入仓温度,采用低温入模、低温养护,必要时经试验可加入冰块,以降低混凝土原材料的温度。

(9)模板构造要合理,以防止模板各杆件间的变形不同而导致混凝土裂缝。

(10)模板和支架要有足够的刚度,防止在施工荷载(特别是动荷载)作用下,模板变形过大造成开裂。

(11)合理掌握拆模时机:若拆模时间过早,应保证早龄期混凝土不损坏或不开裂;但也不能太晚,尽可能不要错过混凝土水化热峰值。

三、混凝土碳化产生的原因

拌和混凝土时,硅酸盐水泥的主要成分 CaO 水化作用后生成 $Ca(OH)_2$,它在水中的溶解度低,除少量溶于孔隙液中使孔隙液成为饱和碱性溶液外,大部分以结晶状态存在,成为孔隙液保持高碱性的储备,它的 pH 值为 12.5~13.5。空气中的 CO_2 气体不断地透过混凝土中未完全充水的粗毛细孔道,气相扩散到混凝土中部分充水的毛细孔中,与其中的孔隙液所溶解的 $Ca(OH)_2$ 进行中和反应。反应产物为 $CaCO_3$ 和 H_2O,$CaCO_3$ 溶解度低,沉积于毛细孔中。该反应式为:$Ca(OH)_2 + CO_2 \rightarrow CaCO_3 \downarrow + H_2O$。反应后,毛细孔周围水泥石中的氢氧化钙补充溶解为 Ca^{2+} 和 OH^-,反向扩散到孔隙液中,与继续扩散进来的 CO_2 反应,一直到孔隙液的 pH 值降为 8.5~9.0 时,这层混凝土的毛细孔中才不再进行这种中和反应,此时即所谓的“已碳化”。确切地说,碳化应称为碳酸盐化。另外,凡是能与 $Ca(OH)_2$ 进行中和反应的一切酸性气体,如 SO_2、SO_3、H_2S 以至于气相 HCl 等,均能进行上述中和反应,使混凝土碱度降低,故混凝土碳化应广义地称为“中性化”。混凝土表层碳化后,大气中的 CO_2 继续沿混凝土中未完全充水的毛细孔道向混凝土深处气相扩散,更深入地进行碳化反应。碳化后的混凝土质地疏松,强度降低。

第二节 混凝土缺陷的分类

混凝土的缺陷主要分为以下五类:

(1)混凝土的裂缝和层间缝;

(2)止排水渗漏和排水堵塞;

(3)混凝土表面缺陷(包括碳化、蜂窝、麻面、露筋、抹面层低强、气泡、砂线、错台等);

(4)混凝土内部缺陷(主要是架空串漏);

(5)混凝土表面碳化。

混凝土建筑物裂缝分类有一般分类法和实用分类法两种。

一、一般分类法

(一)按裂缝深度不同分类

裂缝按深度不同可分为表层裂缝、深层裂缝和贯穿性裂缝。

(二)按裂缝开度变化分类

裂缝按开度变化可分为静止裂缝、活动裂缝和在发展裂缝。

(1)静止裂缝:形态、尺寸和数量均已稳定不再发展的裂缝。

(2)活动裂缝:宽度在现有环境和工作条件下始终不能保持稳定,易随着结构构件的受力、变形或环境温度、湿度的变化而时张、时闭的裂缝。

(3)在发展裂缝:长度、宽度或数量尚在发展,但经历一段时间后将会终止的裂缝。

(三)按裂缝产生的原因分类

裂缝按产生的原因可分为温度裂缝、干缩裂缝、钢筋锈蚀裂缝、超载裂缝、碱集料反应裂缝、地基不均匀沉降裂缝等。

(四)按裂缝类型分类

按裂缝类型分类见表1-2。

表1-2 按裂缝类型分类

裂缝类型			所分析的开裂原因
开裂时间	规律性	形态	
数小时至1 d	有	网状	B2,B3
		表层	A8,B2,B3,B5,B14,B16
		贯通	B2,B3,B4,B10,B16
	无	网状	B8
		表层	A1,B5,B7,B8,B13
		贯通	B4,B10
数天	有	网状	
		表层	A2,B15,D5
		贯通	A2,B16
	无	网状	A4,B9
		表层	B7,B9
		贯通	
数十天以上	有	网状	A9,B2,B3
		表层	A7,A9,B2,B3,B11,B12,C1,C2,C7,C8,D1,D3,D5
		贯通	A9,B2,B3,B4,B10,C1,C2,C4,C5,C6
	无	网状	A3,A4,A6,B1,B9,C3,C4,C5,C6
		表层	A3,A4,A5,A6,B6,B9,C3,C4,C5,C6,D7
		贯通	B4,B10

（五）根据设计图、计算书等区分裂缝

根据设计图、计算书等区分裂缝见表1-3。

表1-3　根据设计图、计算书等区分裂缝

混凝土的变形因素	与裂缝有关范围●	所分析的开裂原因
收缩性★	材料	A1,A2,A4,A9,B1,C1,C3,C4,C5
	构件	A2,A9,B2,B3,B8,B14,B15,C1,C2,C3,C4,C5
	结构物	A9,B2,B3,B8,B15,C1,C4,C5
膨胀性▲	材料	A3,A5,A6,B1,C1,C3,C4,C5,C6
	构件	A7,B1,C1,C2,C3,C4,C5,C7,C8
	结构物	A7,C1,C4,C5
沉降、弯曲、剪切等	材料	A5,A6,C1
	构件	A8,B4,B5,B6,B7,B9,B10,B11,B12,B13,B16,C1,C2,D1,D2,D3,D4,D5,D7
	结构物	B6,C1,D1,D2,D3,D4,D6

注：表中★表示产生裂缝部位出现收缩现象。
表中▲表示产生裂缝部位出现膨胀现象。
表中●表示材料：需要根据材料分析开裂原因（以混凝土为主）；构件：需要根据构件分析开裂原因（梁、柱、墙、板）；结构物：需要根据结构物整体分析开裂原因（包括屋顶、基础在内）。

（六）根据混凝土配合比区分裂缝

根据混凝土配合比区分裂缝见表1-4。

表1-4　根据混凝土配合比区分裂缝

混凝土条件	所分析的开裂原因
富配合比	A2,A6,A9
贫配合比	A8,C3,C6,C7,C8

（七）根据浇筑混凝土时气象条件分类

根据浇筑混凝土时气象条件分类见表1-5。

表1-5　根据浇筑混凝土时气象条件分类

施工时的气象条件	所分析的开裂原因
高温	A2,B2,B8,B10
低温	B9
低湿	A5,A9,B8

二、实用分类法：葛洲坝工程裂缝分类评判标准（长办枢纽处制定）

（一）大体积混凝土

（1）Ⅰ类，即龟裂或细微裂缝。一般表面缝宽 $\delta \leqslant 0.1 \sim 0.2$ mm，裂缝深 $h \leqslant 30$ cm。

(2)Ⅱ类，指表面(浅层)裂缝。一般 $\delta\leqslant0.2$ mm，$h\leqslant1$ m。

(3)Ⅲ类，指深层裂缝。$\delta\leqslant0.2\sim0.4$ mm，$h=1\sim5$ m，且 $h<1/3$ 坝块宽度，缝长 $L>2$ m。

(4)Ⅳ类，即贯穿或基础贯穿裂缝。平面贯穿全仓(或一个坝块)，缝深超过两个浇筑层，侧(立)面 $L>10$ m、$h>5$ m 或 $h>1/3$ 坝块宽度。若从基础向上开裂且平面贯通全仓，则称之为贯穿裂缝。

(二)钢筋混凝土

参考葛洲坝工程的实际情况，常年处于水下的钢筋混凝土结构的裂缝分为以下四类：

(1) Ⅰ类，即 $\delta\leqslant0.2$ mm 的裂缝。

(2) Ⅱ类，0.2 mm $<\delta<0.4$ mm 的裂缝。

(3) Ⅲ类，$\delta\geqslant0.4$ mm，且 $h<1/2$ 结构厚度的裂缝。

(4) Ⅳ类，构件基本贯穿，且 $h\geqslant1/2$ 结构厚度的裂缝。

第三节　混凝土建筑物裂缝处理加固的标准

一、水工混凝土

裂缝产生后是否需要进行处理，要看裂缝发生部位的重要程度、裂缝是稳定的还是仍在发展变化、裂缝的深度、裂缝发生后的危害，并应结合工程实际，全面研判后决定。对于危害性裂缝和重要部位的裂缝无疑是必须进行处理的，对于一般表面裂缝(如龟裂)除属于重要部位(如过流面或高速水流区)外，一般不必处理或仅进行表面处理即可。

《混凝土坝养护修理规程》(SL 230—1998)对裂缝修补与补强加固的判断作以下规定：对于混凝土结构，从耐久性或防水性判断是否需要修补时，应将现场调查测得的裂缝宽度与表1-6对比，进行判断。

表1-6　钢筋混凝土结构需要修补的裂缝宽度

环境类别条件	按耐久性要求(mm)		按防水性要求(mm)
	短期荷载组合	长期荷载组合	
一	>0.4	>0.35	>0.10
二	>0.3	>0.25	>0.10
三	>0.25	>0.20	>0.10
四	>0.15	>0.10	>0.05

注：1. 环境类别条件。一类：室内正常环境；二类：露天环境、长期处于地下或水下的环境；三类：水位变动区或有侵蚀性地下水的地下环境；四类：海水浪溅区及盐雾作业区，潮湿并有严重侵蚀性介质作用的环境。

2. 大气区与浪溅区的分界线为设计最高水位加1.5 m；浪溅区与水位变动区的分界线为设计最高水位减1.0 m，水位变动区域水下区的分界线为设计最低水位减1.0 m；雾盐作用区为离海岸线500 m范围内的区域。

3. 冻融比较严重的三类环境条件的建筑物，可将其环境类别提高为四类。

(1)对于大坝上游面、廊道和大坝下游渗水裂缝应判断为需要修补和加固。

(2)对于坝顶和大坝下游不渗水裂缝，经研究后再判断是否需要修补。

(3)裂缝开裂处局部脱落、剥离、松动已威胁人和物的安全，应判断为需要修补。

(4)根据裂缝开裂原因分析构件的承载能力可能下降时,必须通过计算确定构件开裂后的承载能力,以判断是否需要补强加固。

二、裂缝修补标准(以葛洲坝工程为例)

(1)大体积混凝土和钢筋混凝土的Ⅲ类、Ⅳ类裂缝必须处理;Ⅰ类裂缝除抗冲耐磨区外,一般不处理;Ⅱ类裂缝则视所在部位而定,通常仅进行浅层化学灌浆和表面保护。

(2)大体积混凝土 $\delta>0.2$ mm,无缝深资料者,视为深层裂缝(Ⅲ类)处理。

(3)钢筋混凝土 $\delta>0.2$ mm,视为超过允许开度,有可能造成钢筋锈蚀,必须处理。

(4)位于有抗冲耐磨要求部位的裂缝,缝口应采取保护措施。

上述标准中的(1)、(2)两项在实际工程中,不宜笼统套用“0.2 mm”的标准,可将混凝土结构划分为若干小区,分别采用不同的标准。

三、混凝土表面破损评定标准

(一)建筑物破损

对于混凝土表面的蜂窝、麻面、冲蚀坑等表面不密实现象,可直接以肉眼观测;而内部架空则需通过钻孔及相应的检查手段(压水、注水、压风等)或物探手段才能判明。至于判定标准,除明显可观测到的外,国内目前尚无统一标准。在实际工程中,可根据工程的规模和重要性,制定检查项目和判定标准,现列举葛洲坝工程的标准。

建筑物混凝土内部缺陷判定标准见表1-7。

表1-7　建筑物混凝土内部缺陷判定标准

检查方法	适用钻孔类型	检查技术要求	检查成果	缺陷标准	
				Ⅰ	Ⅱ
压水	机钻孔	一般控制孔口压力为0.1 MPa,自上而下,边钻进边压水,段长与事故层相应,一般为2~5 m,稳定标准为30 min内 $Q_{max}-Q_{min}\leq 15\%Q_{cp}$($Q$为漏水率,L/min)	单位吸水率(L/(min·mm))	$\omega>0.01$	
			漏水率(L/min)	$\omega>0.1$	
			总进水量(L,去孔容)	甚多	≥6*
注水	风钻孔(干孔)	控制注水总量不大于孔容加15 L,观测15 min	总注水量(L,去孔容)	甚多	>6*
			漏水率(L/min)	$\omega>0.1$	
抽水	风钻孔(湿孔)或机钻孔	风钻孔不分段、机钻孔分段同压水,从孔口抽水至水位下降到距孔底0.5 m,计入抽水量;之后每隔5~10 min抽水至同样深度,计算孔内涌水量;每孔(段)历时不少于1 h	总抽水量(L,去孔容)	甚多	>6*
			涌水率(L/ min)	$\omega>0.1$	

续表 1-7

检查方法	适用钻孔类型	检查技术要求	检查成果	缺陷标准	
				Ⅰ	Ⅱ
压风	漏水严重的机钻孔、风钻孔	所用风压根据结构厚度确定，严防抬动，一般孔口压力控制在 $0.5\times10^5\sim1.0\times10^5$ Pa，压风时间不大于 15 min，在怀疑串漏部位贴纸或刷肥皂水，以利于直观检查，并注意有无回风	串漏范围	大	不串
			漏风量(进风量)	大	甚小
仪器	不用打孔	按仪器操作要求进行	缺陷范围大小		

注：* 表示孔深为 5 ~ 10 m 的钻孔的指标，孔深大于 10 m 时，依次类推。

(二)混凝土表面剥蚀评定标准

混凝土表面剥蚀程度分为 6 个级别，见表 1-8。

表 1-8　混凝土表面剥蚀程度分级标准

级别	评定标准	级别	评定标准
0 级	表面完好无损	3 级	表面砂浆剥落深度大于 5 mm，石子局部外露
1 级	表面砂浆轻微剥落，但表面仍保持平整	4 级	表面砂浆全部剥落，石子大面积外露
2 级	表面砂浆剥落深度约 3 mm 或形成明显麻面	5 级	石子大面积外露，表面石子松动

(三)混凝土渗漏评定标准

混凝土建筑物防水处理的标准参照地下工程防水等级和标准，见表 1-9。

表 1-9　地下工程防水等级和标准

防水等级	标准
Ⅰ级	不允许渗水，围护结构和内衬结构表面无湿渍
Ⅱ级	不允许漏水，围护结构和内衬结构可有少量偶见湿渍，总湿渍面积不应大于总防水面积的 6%；任意 100 m^2 防水面上的湿渍不超过 4 处，单个湿渍面积不大于 0.2 m^2
Ⅲ级	有少量漏水点，不得有线流和漏泥沙，任意 100 m^2 防水面上漏水点不超过 8 处，单个漏水点最大漏水量不大于 3 L/d，单个湿渍的最大面积不大于 0.4 m^2
Ⅳ级	有漏水点，不得有线流和漏泥沙，整个工程平均漏水量不大于 2 L/(m^2·d)；任意 100 m^2 防水面积的平均漏水量不大于 4 L/(m^2·d)

第四节　混凝土缺陷的检测和评估

混凝土建筑物的各种病害、缺陷大多始发于或显露在结构物表面,如裂缝破损、磨蚀、渗漏、钢筋锈蚀、表面碳化以及结构外观变形等。有些病害的起因比较简单,仅根据现场仔细检查、测绘病害的形态、范围和程度,就可以分析清楚和作出判断。实际上,许多严重病害都是可以用目测发现的,但目测必须系统化,由经验丰富的技术人员进行。而有一些病害的情况却很复杂,病因亦很多,需要结合具体工程条件进行多方面检测、试验或调查工程的设计、施工资料,经过综合分析后,才能得出比较清楚的认识和作出恰当的评估。要对建筑物的病害作出正确的评估,应做到以下两方面:一方面应重视原形观测资料的分析,在实测数据可靠的情况下,如位移、变形、渗水量、扬压力、裂缝扩展等,主要根据它们的变化趋势来评价建筑物的安全与否,这种方法简单易行,目前多以效应量的变化作为评估依据;另一方面离不开有经验的专业人员和专家相结合进行现场观察检查,以及对实测资料的全面综合分析并作出安全评价。由于对建筑物的安全评价还没有达到作出规范的程度,也不可能有不变的统一标准,所以主要还是靠有丰富经验的工程技术人员,凭他们的实践经验,对各种资料作出正确的解释,并依靠从类似工程或处理类似情况得来的经验谨慎地作出安全评价。

裂缝是混凝土建筑物最常见的病害之一,可以说所有混凝土建筑物都有裂缝存在,只是裂缝数量的多少及危害程度有所不同而已。裂缝大体可分为两类:一类是施工期出现的裂缝,主要是由湿度、干缩引起的;另一类是运行期引起的裂缝,其原因比较复杂,包括荷载、湿度、地震、基础变形及化学反应等。有些裂缝仅从外观形态、工程特征及环境条件上就可找到原因。例如,钢筋锈蚀后的沿筋裂缝,外观上容易判别,若从混凝土密实度、保护层厚度、碳化深度等方面进行检测,将有助于深入认识并制定合理的处理方案。

对于混凝土内部的缺陷,如蜂窝、孔洞、溶蚀及混凝土疏松部位等,可采用回弹仪测强法、超生法或超生—回弹综合法、射钉法等来检测评估。近年来国内在这方面有较大发展,应用面波仪、探地雷达进行缺陷检测。探地雷达是一种用于确定地下介质分布的广谱电磁波技术,利用一个天线发射高频宽频带电磁波,另一个天线接收来自地下介质界面的反射波。电磁波在介质中传播时,其路径、电磁场强度和波形将随所通过介质的电学性质及几何形态而变化。因此,根据接收到波的传递时间、幅度与波形资料可推断介质内部结构。

总之,各种类型的病害缺陷,需要有与之相应的检查诊断手段,需要有经验的专业人员进行检测评估。大多数病害检测仍需要检测混凝土的现实强度,最直观、最有效的手段仍是钻芯取样,同时可检查内部缺陷,如渗水路径、裂缝、孔洞、疏松夹层、混凝土与岩石结合情况等。当怀疑有碱集料反应时,应对芯样进行膨胀试验、切面观察、含碱量测定等,这有助于综合分析和作出合理评价。

一、混凝土建筑物的表面剥蚀检测

混凝土建筑物的表面剥蚀检测一般采用目测法和测量法进行检测和分级,主要检测混凝土表面有无疏松层、剥蚀深度、剥蚀等级和剥蚀面积，绘制表面剥蚀示意图，并分析剥蚀原因和危害。

二、混凝土建筑物的裂缝检测

混凝土建筑物裂缝检测主要调查裂缝的形式、宽度、长度及裂缝发生的部位和分布情况，并对裂缝成因和危害进行分析。

(一)混凝土建筑物的裂缝宽度检测

裂缝宽度采用读数显微镜和塞尺进行测定，塞尺由不同厚度的不锈钢钢片组成一套，将塞尺一片片插入缝中，用以测量裂缝表面宽度。目前国内市场上针对裂缝测量开发的无损裂缝宽度测定仪，使用方便，效率较高。测定裂缝宽度及其变动情况的方法见图1-1。

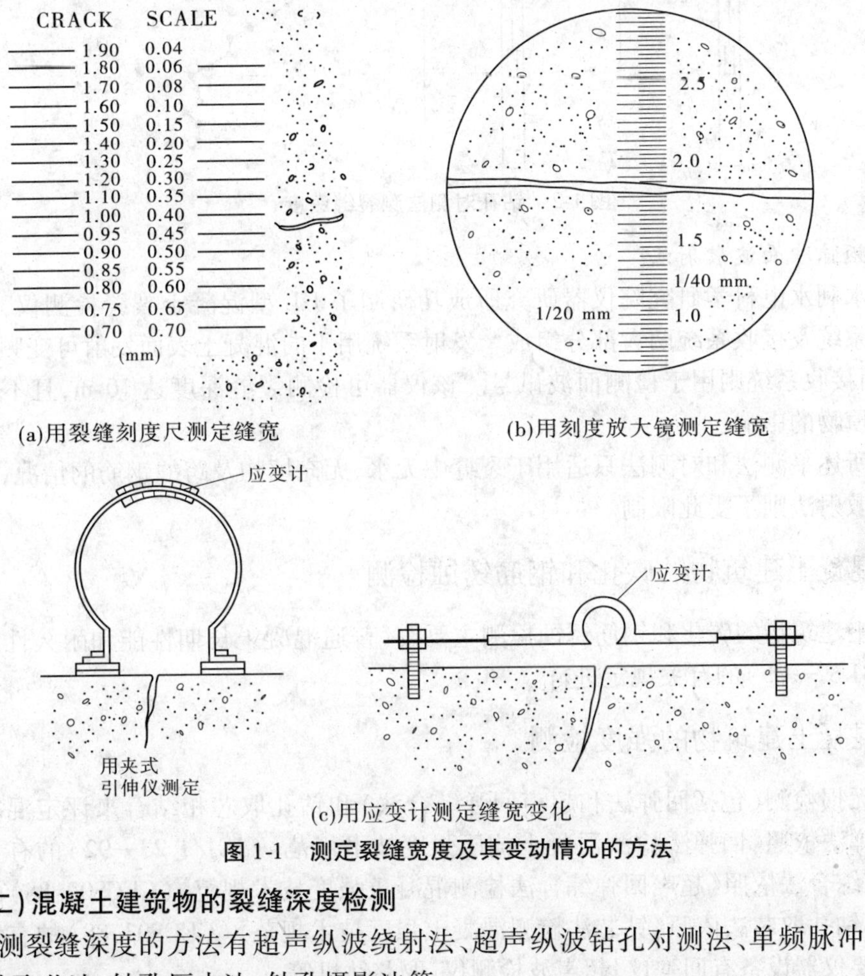

(a)用裂缝刻度尺测定缝宽　(b)用刻度放大镜测定缝宽

(c)用应变计测定缝宽变化

图1-1　测定裂缝宽度及其变动情况的方法

(二)混凝土建筑物的裂缝深度检测

检测裂缝深度的方法有超声纵波绕射法、超声纵波钻孔对测法、单频脉冲面波散射法、钻孔取芯法、钻孔压水法、钻孔摄影法等。

1.超声纵波绕射法(平测法)

超声纵波绕射法可用来测量无筋或少筋混凝土构筑物中深度不大于50 cm的裂缝，裂缝内有水时则不适用。采用的仪器为非金属超声波检测仪，最小读数0.1 μs，换能器工作频率在 500 kHz 以下。

2. 超声纵波钻孔对测法

当混凝土裂缝深度大于 50 cm 时，用平测法就不行了，需采用超声纵波钻孔对测法。因这种对测法的测距大，声时较长，裂缝存在所引起的声时变化只占整个声时的很小份额，而且声时测值往往受到混凝土不均匀性和换能器在钻孔中居中情况（即水层厚薄在钻孔各处有所变化）的干扰，所以在这种情况下声时往往不能作为判断裂缝的依据，主要依靠振幅值的变化来判断，如图 1-2 所示。

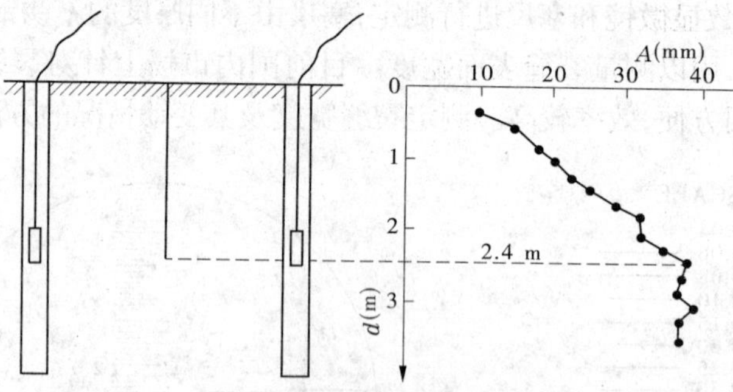

图 1-2　钻孔对测法测裂缝深度

3. 单频脉冲面波散射法

中国水利水电科学研究院仪器研究所成功研制了 HL 型混凝土裂缝检测仪，整套仪器由发射系统及接收系统两大部分组成。发射系统用于向混凝土表面发射可变频率的脉冲面波，而接收系统则用于检测面波讯号。该仪器可检测裂缝深度达 10 m，且不受缝中有水及冲填物的影响。

以上所述平测法和对测法只适用于裂缝中无水、无充填物及跨缝钢筋的情况，而单频脉动面波散射法则不受此限制。

三、混凝土建筑物的碳化和钢筋锈蚀检测

混凝土建筑物的碳化和钢筋锈蚀检测主要按《普通混凝土长期性能和耐久性能试验方法》（GBJ 82—85）的有关规定进行。

四、混凝土建筑物的强度检测

采用无损检测（包括回弹法和超声回弹综合法）和钻孔取芯相结合来评定混凝土的强度。回弹法依照《回弹法检测混凝土抗压强度技术规范》（JGJ/T 23—92）的有关规定进行；超声综合法依照《超声回弹综合法检测混凝土强度技术规范》（CECS02：88）的有关规定进行；钻孔取芯法依照《钻芯法检测混凝土强度技术规范》（CECS03：88）的有关规定进行。主要仪器设备有回弹仪、超声波检测仪、取芯钻机等。

五、伸缩缝检测

伸缩缝检测主要检测伸缩缝的宽度、嵌缝材料的老化情况。

第二章　混凝土缺陷处理技术

第一节　裂缝的修补方法

混凝土裂缝从动态发展而言,可分为静止裂缝、活动裂缝和在发展裂缝三种,对于裂缝应根据结构物运行的需要以及裂缝的特点采用不同的修补加固方法。由于裂缝受建筑物周边环境(如温度、湿度等)的影响较大,裂缝修补施工材料的选用以及施工时间的选择尤为重要。对于施工时间的选择,在条件许可的情况下应尽量安排在温度较低的时间段施工。对于静止裂缝,采用刚性或弹性材料充填或表面封闭;对于活动裂缝,采用弹性材料或黏结材料修补;对于在发展裂缝,首先必须消除引发裂缝的因素或进行加固处理,否则修补后裂缝仍会出现。

裂缝修补除以恢复混凝土的防水性和耐久性为主要目的外,也从结构安全和美观角度出发而进行修补。在满足修补目的的前提下,还必须考虑经济因素。

目前国内常用的混凝土裂缝修补加固方法很多,主要有以下一些方法:表面修补法,灌浆、嵌缝封堵法,结构加固法,混凝土置换法,电化学防护法以及仿生自愈合法等。

一、表面修补法

表面修补法是一种简单、常见的修补方法,适用于混凝土表面裂缝宽度 $\delta \leqslant 0.2$ mm 的裂缝,它主要适用于稳定和对结构承载能力没有影响的表面裂缝以及深层裂缝的处理。通常的处理措施是在裂缝的表面涂抹刚性或弹性材料(如水泥浆、水泥结晶型防水材料、环氧胶泥、结构胶),或在混凝土表面涂刷油漆、聚沥青等防腐材料,在防护的同时为了防止混凝土受各种作用的影响而继续开裂,通常可以采用在裂缝的表面粘贴玻璃纤维布或粘贴片材、锚固片材等措施。表面修补图见图 2-1。这种方法的缺点是修补工作无法深入到裂缝内部。

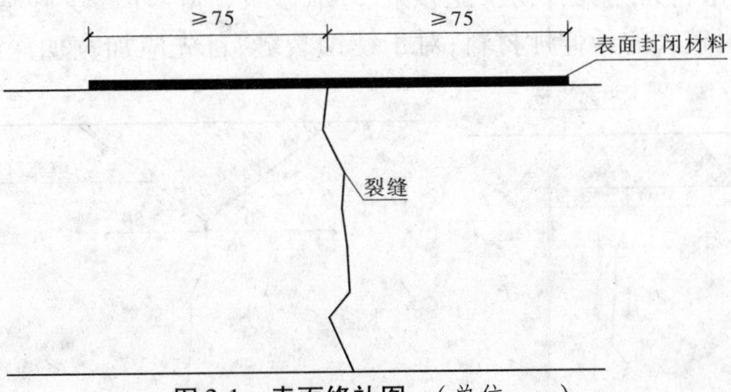

图 2-1　表面修补图　(单位:mm)

注:1. 表面裂缝处要求用砂轮机或人工表面打磨。

2. 表面封闭材料施工前将混凝土面清理干净,表面刷一层界面剂。

施工时,首先用磨光机或钢丝刷将混凝土表面打毛,清除表面附着物,用水或丙酮清洗施工面,然后进行表面修补施工。

二、灌浆、嵌缝封堵法

灌浆法又称注入法,是采用各种黏度较小的黏合剂及密封剂浆液灌入裂缝内部,达到恢复混凝土结构整体性、耐久性和防水的目的,适用于裂缝宽度大于0.2 mm、深度较深的裂缝修补。灌浆法主要适用于对结构整体性有影响或有防渗要求的混凝土裂缝的修补,它利用压力设备将胶结材料压入混凝土的裂缝中,胶结材料硬化后与混凝土形成一个整体,从而起到封堵加固的目的,如图2-2、图2-3所示。

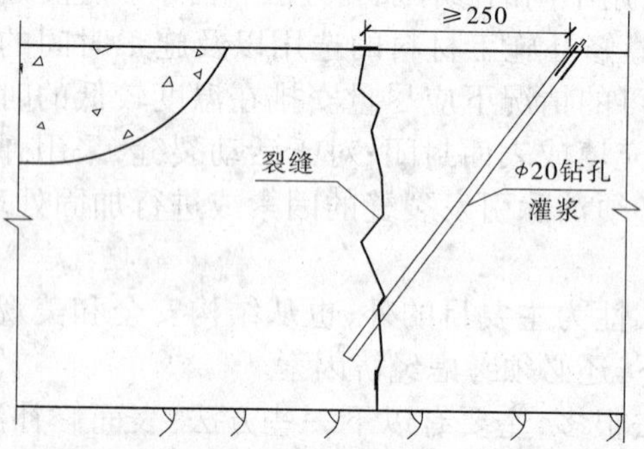

图2-2　浅裂缝灌浆处理示意图　(单位:mm)

注:钻孔深度要求≥300 mm。

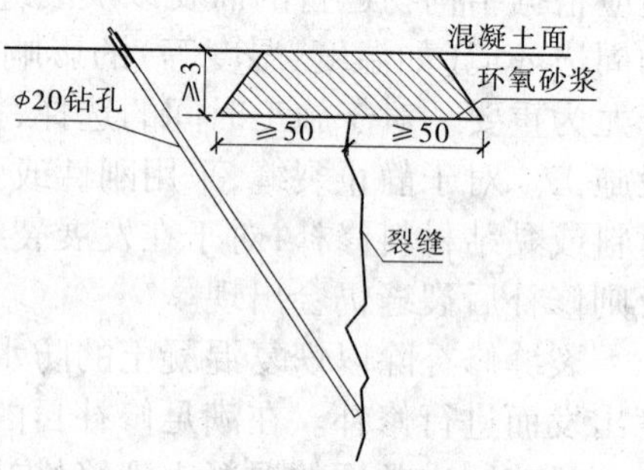

图2-3　贯穿性裂缝灌浆处理示意图　(单位:mm)

注:1. 环氧砂浆施工要求分层施工,每层厚度≤1 mm。
2. 槽内混凝土面用丙酮清理干净,表面刷一层环氧基液。
3. 灌浆孔钻孔位置现场确定。

常用的胶结材料有水泥浆、环氧树脂、甲基丙烯酸酯、聚氨酯等化学材料。

嵌缝法又称为填充法或凿槽法,是沿裂缝将混凝土凿成U形或V形槽(见图2-4),然后嵌填各种修补材料,以达到恢复防水性和耐久性以及部分恢复结构整体性的目的,适用于宽度大于0.5 mm的裂缝及钢筋锈蚀所产生的裂缝。嵌缝法是裂缝封堵中最常用的一种方法,填充所用的材料视修补目的而定,常用的塑性材料有聚氯乙烯胶泥、塑料油膏、丁基橡胶等;刚性止水材料为聚合物水泥砂浆、环氧砂浆、弹性环氧砂浆等。对于活动裂缝,应采用极限变形值较大的延伸性材料;对于锈蚀裂缝,首先应加宽加深凿深,直至完全露

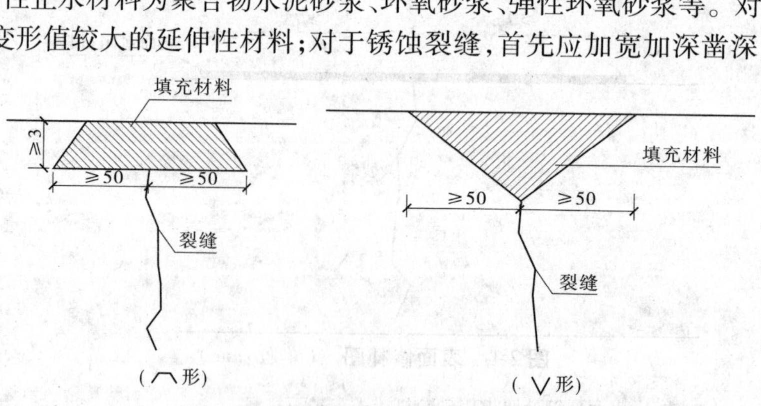

图2-4　嵌缝法　(单位:mm)

出钢筋生锈部位,对钢筋进行除锈,然后涂上防锈剂,再填充聚合物水泥砂浆和环氧砂浆等。为增强界面黏结力,在施工时应在槽面上涂一层界面剂。防水缝和锈裂缝处理见图 2-5。

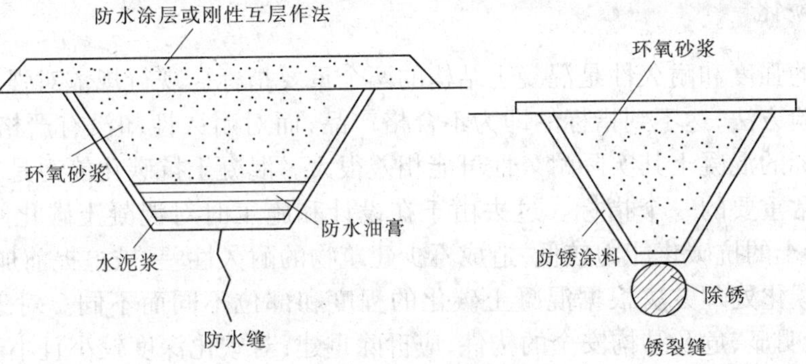

图 2-5　防水缝和锈裂缝处理

三、结构加固法

当裂缝影响到混凝土结构的性能时,就要考虑采用加固法对混凝土结构进行处理。结构加固常用的方法主要有以下几种:加大混凝土结构的截面面积、在构件的角部外包型钢、采用预应力法加固、粘贴钢板加固或碳纤维布加固、增设支点加固以及喷射混凝土补强加固。

四、混凝土置换法

混凝土置换法是处理严重损坏的混凝土的一种有效方法,此法是先将损坏的混凝土剔除,然后再置换入新的混凝土或其他材料。常用的置换材料有普通混凝土或水泥砂浆、聚合物或改性聚合物混凝土或砂浆。

五、电化学防护法

电化学防护法是利用施加电场在介质中的电化学作用,改变混凝土或钢筋混凝土所处的环境状态,钝化钢筋,以达到防腐的目的。阴极防护法、氯盐提取法、碱性复原法是化学防护法中常用且有效的三种方法。这种方法的优点是防护方法受环境因素的影响较小,适用于钢筋、混凝土的长期防腐,既可用于已裂结构也可用于新建结构。

六、仿生自愈合法

仿生自愈合法是一种新的裂缝处理方法,它模仿生物组织对受创伤部位自动分泌某种物质,而使创伤部位得到愈合的机能,在混凝土的传统组分中加入某些特殊组分(如含黏结剂的液芯纤维或胶囊),在混凝土内部形成智能型仿生自愈合神经网络系统,当混凝土出现裂缝时分泌出部分液芯纤维可使裂缝重新愈合。

第二节　混凝土破损修补方法

一、防碳化

混凝土的强度和耐久性是混凝土结构的两个重要指标。现行规范对强度指标有详细的计算和试验方法,达不到指标的即为不合格产品;而对耐久性却没有严格的衡量参数,同一强度指标的混凝土其实际耐久性可能相差很大。混凝土抗碳化能力是衡量混凝土结构耐久性非常重要的一个指标。过去由于在设计和施工时对混凝土碳化问题的重视不够,导致混凝土的抗碳化能力较低,造成不少建筑物的耐久性差,被迫提前加固。

混凝土碳化处理方法根据混凝土碳化的程度和部位不同而不同。对于碳化深度过大、钢筋锈蚀明显、危及结构安全的构件,应拆除重建;对碳化深度较小且小于钢筋保护层厚度、碳化层比较坚硬的构件,可用优质涂料封闭;对于碳化深度大于钢筋保护层厚度或碳化深度虽然较小但碳化层疏松剥落的构件,均应凿除碳化层,粉刷高强砂浆或浇筑高强混凝土;对于钢筋锈蚀严重的构件,应在修补前对钢筋进行除锈,并应根据锈蚀情况和结构需要加补钢筋。

防碳化处理的结果要达到阻止或尽可能减缓外界有害气体进入混凝土内,使混凝土内部和钢筋一直处在高碱性环境中的目的。

常用的防碳化处理有两种方法:表面涂层法和表面砂浆抹面法。

表面涂层法的施工比较方便,既适用于手工涂刷,又适用于机械喷涂。常用的材料有聚合物防水防腐涂料、环氧涂料等。

表面砂浆抹面法的施工方法与普通砂浆的施工方法相同。其常用材料如改性砂浆、硅粉砂浆等。

二、混凝土表面缺陷处理

混凝土表面的蜂窝、麻面、冲蚀坑、洼坑修补分无筋修补和有筋修补两种方法。

混凝土表面缺陷处理一般先进行凿除(凿除的深度由所选用的修补材料类型确定),再清理施工面,涂刷相应的黏合剂或界面剂和填补材料,填补后压实抹平。对于上述几类缺陷的处理原则是:“多磨少补、宁磨不凿”,尽量不破坏建筑物表面混凝土的完整性,以确保工程质量。

修补材料的选择应遵循以下原则:

(1)应与基材的变形性能和力学性能相一致;

(2)施工方便;

(3)修补材料与混凝土外观颜色基本相同;

(4)经济、安全和耐久性好。

对于抗冻修补材料,首先要满足工程要求的抗冻性能指标,即严寒地区大于F300,寒冷地区大于F200,温和地区大于F100。主要修补类材料有预缩砂浆、水泥石英砂浆、改性砂浆、环氧砂浆等。

第三节 混凝土裂缝修补施工工艺

一、表面修补法

表面修补法是针对微细裂缝(裂缝宽度小于0.2 mm)进行处理的。

表面修补法的施工程序为:裂缝调查—裂缝表面打磨—清理—涂刷封闭材料或安装片材。

表面修补法的施工要点是:表面打磨采用磨光机或钢丝刷进行清理,打磨宽度为10~15 cm,要求将混凝土表面浮层和松动层清理干净。缝面封闭施工前先将面上的小坑用修补材料找平,然后用高压水、风或丙酮冲洗施工面,冲洗方式根据使用材料确定。

表面修补法的主要施工设备有磨光机、空压机、高压水清洗机。

二、灌浆、嵌缝封堵法

(一)灌浆封堵法

灌浆封堵法又称为注入法。

1.施工程序

灌浆施工程序为:现场调查—搭设施工排架—查缝定位—布孔、钻孔—缝面封闭—安装灌浆塞(盒)、连接灌浆泵、压气检查—灌浆—封孔。

2.施工方法

灌浆封堵法的施工方法具体如下所述。

(1)查缝定位:调查裂缝情况,确定处理缝段,结合实际情况确定灌浆钻孔和灌浆盒的位置。深度较小的裂缝采用骑缝孔(盒)与斜孔相结合的方法;深度较大的裂缝则以斜孔为主。灌浆孔位置根据裂缝的宽度和通畅情况确定,一般孔距和排距为0.3~1 m。

(2)钻孔:采用电锤、风钻或地质钻机,钻孔的深度和孔径根据裂缝的类型和相配套的灌浆设备确定。

(3)缝面封闭:应根据施工现场实际情况确定。对于裂缝宽度较小或水平面施工的裂缝,无须进行封缝;对于裂缝宽度较大的或立面施工的裂缝,采用表面涂刷封闭材料或嵌缝封闭的方法进行封缝。

(4)压风检查:压风的主要目的是了解灌浆孔(盒)与裂缝畅通情况,以确定是否可以进行灌浆或补灌浆孔(盒),检查缝面封闭质量,有无漏气情况。

(5)灌浆:采用压力灌浆泵进行灌浆。灌浆开始时控制压力和进浆速率,逐渐提高灌浆压力(≤0.5 MPa),灌至相邻孔或缝面出浆后换孔灌浆。灌浆压力的确定可根据混凝土构件的强度作适当调整。

(6)封孔:灌浆结束后通过灌浆孔可以检查浆液的固化情况。浆液固化后清理孔内的杂物,然后用改性砂浆或环氧砂浆封孔。

3.设备冲洗

灌浆结束后,利用丙酮清洗管路和设备。

4. 主要施工设备

(1)压风设备:空气压缩机;

(2)钻孔设备:电锤、风钻、地质钻机;

(3)灌浆设备:电动隔膜泵、手压隔膜泵、电动活塞泵等;

(4)凿槽设备:磨光机、混凝土切割机、风镐、电镐等。

(二)嵌缝封堵法

嵌缝封堵法的施工程序为:现场调查—搭设施工排架—凿槽—基面涂刷界面剂—分层填筑嵌缝材料—表面防护—养护。

嵌缝封堵法的施工方法与灌浆封堵法相同。

三、防碳化施工

防碳化施工程序为:表面清理—防碳化层施工—养护。

混凝土表面清理是除掉混凝土上的污迹、浮物,一般有手工清理和机械清理两种方法。手工清理用钢丝刷在混凝土上来回拉刷,直至除掉混凝土表面的污迹,再用水清洗。机械清理常用喷砂及高压水、高压气冲洗,以不损伤混凝土表层为限。表面处理后,对于混凝土上显露出来的裂缝、蜂窝、麻面等缺陷要先进行修补,完全补好后才能进行涂装,这样才能彻底保护混凝土。混凝土表面处理后待完全干燥才能进行涂装。

表面涂层施工采用人工和机械喷涂的方法,人工涂装方法与一般涂料相同,机械喷涂采用高压无气喷涂工艺。

四、混凝土表面缺陷修补

混凝土表面缺陷修补分为无筋修补和有筋修补两种。

(一)无筋修补

无筋修补是简易修补工艺,适用于较小的冲蚀坑。无筋修补应注意以下方面:

(1)除去修补面上的疏松物质和充填物,打毛基面,修补面边缘凿成垂面,基面清洗、排净积水、用风枪吹干。

(2)根据所选修补材料种类对修补面打底,涂刷界面处理剂。使用水泥类修补材料(如水泥混凝土、聚合物水泥混凝土等)的,修补前须在修补面上均匀地涂刷薄层水泥净浆或聚合物乳液水泥净浆作黏结剂,然后再填补混凝土。使用环氧类修补材料的,填补前应在修补面上先均匀地涂刷一层环氧基液。

(3)修补面填补水泥混凝土的,用平板振捣器振捣密实,稍后抹平表面,终凝后养护。修补面填补铸石砂浆的须分层(3~5 cm)铺料振实、抹压平整,数小时后用湿草袋养护。修补面填补环氧砂浆的应分层(每层约2 cm)覆盖,每层要反复抹压,补完后数小时方可进水。纵横缝上填充修补材料时必须用硬纸板导缝。水下修补面浇筑PBM聚合物混凝土的,修补面应彻底清除淤物,有条件的压水冲洗干净,以利修补材料与基面的结合。

(二)有筋修补

有筋修补适用于较深的冲坑。有筋修补应注意以下方面:

(1)检查冲坑并测量,确定冲坑位置及修补面所需要的工程量。

(2)采用回弹仪对冲坑区底板进行原混凝土强度检测。

(3)确定基坑开挖边线和挖凿处理。采用液压切割机、镐铲设备进行基坑边界 10 cm 深的直立面切凿和坑内修凿。

(4)基坑布设锚筋、钢筋网片。冲坑范围内深度大于 15 cm 的区域,设置螺纹钢锚筋,锚筋间距及孔深为 30 cm,锚筋采用锚固剂锚固,锚筋顶应低于修补面 3 cm,钢筋网片与锚筋以及原混凝土内埋筋焊接连成整体。

(5)高压水清洗基坑面,根据浇筑材料作基坑分区、分仓,模板分片插设、相邻搭接,分仓一般不多于 3 个。

第三章 混凝土建筑物渗漏处理技术

第一节 混凝土建筑物渗漏水产生的原因及类型

工程中，无论是水库大坝、地下工程、屋面、厕所、卫生间、楼宇外墙板的渗漏水，还是水塔、水池、隧道渗漏水等，它们普遍都有一个共同特征，即潜伏期短，不需使用复杂仪器设备，用肉眼观察的方法就可以确定其渗漏程度。水工建筑物通过水库蓄水，民用建筑通过雨季或用灌水检验的方法就可以确定工程渗漏程度。

渗漏主要分为三类：漏水、渗水和潮湿。水工建筑物在水库蓄水后、民用建筑漏水在回填土之后明显地有大量控制水源通过一定部位向内或向外渗流，经过不长时间就可以积很深的水，有明显的流水和一定流速，用肉眼就可以鉴别出来。对于水塔、水池、卫生间、厕所等通过蓄水检验，在几天之内水位明显下降，由此就可以判定漏水。防水工程渗水比漏水难以治愈，对它的鉴别相对有一定难度，其表现为在混凝土或其他部位表面有明显水珠出现，俗称"出汗"。经过一段时间水珠会汇成细流，用干燥抹布将表面擦干，过一段时间又会有水珠，水珠出现比较慢，一般需在现场留心观察，有时要十几个小时才能判定该工程为渗水。工程潮湿现象与漏水和渗水有所区别，它的表现主要是混凝土或砂浆在表面没有水珠和水流现象，但总是阴湿。受季节、天气变化影响，潮湿程度有一定差别，有时在建筑物内墙面有发霉现象出现，潮湿部位与周围干燥部位相比，有明显反差，可能是有微小毛细孔透水气，用肉眼观察就可以鉴别出来。

从目前混凝土建筑物渗漏水的情况来看，产生渗漏的原因可归纳如下：

(1)目前混凝土建筑物大都存在渗漏水的现象，而且渗漏水会造成混凝土中氢氧化钙的溶出性侵蚀，从而在混凝土外部形成白色或其他颜色的钙质结晶物质。

(2)建筑物渗漏量的大小往往与水位和水压力大小有关，当水位变化时，渗漏量随之变化，有的可能暂时停止渗漏。

(3)裂缝是产生渗漏的主要原因，而漏水量的大小与裂缝的形状、温度变化、干湿循环有关。

(4)混凝土施工质量差，密实程度底，从而引起渗漏，主要表现在混凝土表面微渗和潮湿。

(5)变形缝止水结构失效也是建筑物渗漏的重要原因。如止水材料性能不佳、施工工艺不当、基础沉降等因素均会引起渗漏。

(6)地下工程防水层的破坏是引起渗漏的主要原因。如帷幕灌浆工程施工达不到设计要求，基础出现不均匀沉降等因素。

混凝土工程渗漏水的原因主要涉及材料、设计、施工和管理维修等多方面的因素。工程结构出现渗漏水主要是由混凝土密实性差，内部有空洞、裂缝，结构缝止水失效，基础灌浆帷幕在防水层破坏等原因引起的。

混凝土建筑物渗漏主要表现形式有：

(1)变形缝(伸缩缝和沉降缝的总称)渗漏水；

(2)水平施工缝、垂直施工缝、混凝土裂缝渗漏水；

(3)预埋件及穿墙管件、穿墙螺栓渗漏水；

(4)混凝土蜂窝麻面、孔洞渗漏水,混凝土面渗漏水。

按照渗漏的表面形状,可以把渗漏分为点(集中)渗漏、线(裂缝、施工缝、伸缩缝)渗漏和面渗漏(散渗)。

渗漏的危害视混凝土建筑物的种类、结构形式、环境条件和渗漏部位的不同而异,轻则会加速老化病害的发展,重则造成建筑物破坏甚至失事。危害性的大小决定着修补处理的必要性。针对具体工程,要通过调查、检测,进行成因分析和修补处理判断,并结合工程特点,选择合适的修补材料和修补处理方法。

第二节　渗漏现场调查

混凝土结构建筑物渗漏状况调查是渗漏处理前必须进行的一项重要工作,调查内容包括渗漏水状况调查和混凝土结构物状况调查。渗漏调查的目的是:通过收集有关渗漏状况和混凝土结构物缺损等老化病害的详细资料,为设计、施工、材料和运行管理等方面分析成因及制订安全合理、经济有效的处理方案提供依据。

一、渗漏状况调查

各类混凝土结构建筑物运营后均应作定期检查,应根据不同用途、不同要求,选择不同的调查频率。

混凝土结构建筑物渗漏水、裂缝与破碎等缺陷的检查频率应符合建筑物安全运行的要求。不同用途的建筑物检查的重点应有差别,如地铁隧道应重点检查道床位置的渗水、顶部的滴漏,挡水建筑物、隧道应检查漏入量,民用建筑应重点检查屋顶和地下室、墙体的渗水点和面。

渗漏状况调查主要是为防水堵漏设计和施工提供依据。渗漏状况调查包括资料调查与现场调查。资料调查与现场调查两者缺一不可,资料调查是对渗漏水发展历史的调查,追溯其变化的历程,注重病害原因的探查。现场调查则侧重于渗漏水等病害的现状,对渗漏水等状态予以全面反映。

(一)资料的调查

(1)设计资料的调查(设计图、计算书等)；

(2)施工记录的调查(材料、配比、浇灌、养护、工程进度、试验数据、环境条件、其他特殊情况)；

(3)维修资料的调查(历次治理位置、治理方法、治理材料,历次维修施工记录、治理前后渗漏等情况的变化)；

(4)建筑物环境变化的调查(气象灾害、地震、土地利用、周围建筑、植被等)。

(二)渗漏水现场调查

渗漏水现场调查的主要内容包括金属件及其预埋件的腐蚀、混凝土裂缝和破损情况、裂缝渗漏水、渗泥等情况。

(1)影响建筑物使用的调查漏水、析出物、钢筋锈蚀情况。

(2)裂缝产生与发现时间,裂缝发展变化情况,裂缝开展过程,裂缝与破损的形式、宽度、长度、是否贯通,缝内有无异物,干湿状况,污垢。

(3)渗漏与裂缝形式(孔洞、裂缝、蜂窝、麻面以及混凝土剥落污损等,位置、部位、滴漏、线漏、面漏、结冰、冻害)。

(4)沉降变形:变形缝、侧墙、金属件变形与开裂、漏水。

(5)防水材料老化:原施工防水材料、维修材料的劣化情况。

(6)混凝土质量:混凝土完好程度、混凝土强度(抗拉、抗弯、抗压强度)、混凝土碳化、混凝土空间与缺陷。

(7)在统计表中应标明建筑物的名称、工程项目、区段、延长米数、衬砌各部位(如环纵缝、螺栓孔、压浆孔、混凝土裂缝……)。检查结构物表面的渗漏点、渗漏裂缝和渗漏面,并根据部位进行相应编号。确定渗漏的位置,测量渗漏面的大小,测量每条渗漏裂缝的长度、宽度和倾角。按测量结果绘制渗漏分布图。

二、渗水来源和渗漏水途径

调查应尽可能查明渗水来源和渗漏途径。分布在混凝土结构物表面上的多个渗水点和渗水裂缝,在内部可能相互贯通或者有共同的渗水来源;而水总是沿着阻力最小的路径渗流。查明渗漏源头,并尽可能靠近水源堵漏是灌浆堵漏的基本原则之一 。通过射水试验或钻孔压气压水、超声波方法或其他探测手段,可以检测渗水出口之间的相互连通性和裂缝在混凝土内部的走向等。

三、裂缝渗漏水量测量

测定变形缝、裂缝或蜂窝、孔洞的渗漏水量、渗水压力和渗水流速;观测渗漏水量和水位、外界气温变化的关系;收集水质资料,从离子、矿化度及 pH 值等判断渗水有无侵蚀性。这些观测资料将有助于选择合适的堵漏方法、时机和材料。

(一)裂缝、破损和变形检测

(1)用应变计、百分表、刻度尺、放大镜等检测裂缝宽度及其发展变化;

(2)用水准仪、经纬仪测沉降与位移;

(3)电磁波检测仪和施米特锤检测混凝土的蜂窝与空洞;

(4)水质检测采用 pH 试纸、酚酞、茜素黄试剂等,检测水质的酸碱性、混凝土的碱度等。

(二)渗漏量检测

(1)混凝土湿度计和吸水纸检查混凝土微渗情况;

(2)目测量筒检测局部漏点渗漏量;

(3)集水坑、泵房、量水堰等检测统计总渗漏量。

第三节 渗漏处理施工方法

一、渗漏处理的原则

渗漏处理应遵循以下原则：

(1)处理渗漏的目的在于消除渗漏给混凝土建筑物带来的诸多危害，提高结构物的安全性、耐久性，延长其使用寿命。

(2)渗漏的处理应根据渗漏调查、成因分析及渗漏处理判断结果，结合具体混凝土建筑物的结构特点、环境条件（温度、湿度、水质）、时间要求、施工作业空间限制，选择适当的修补处理方法、修补材料、工艺和施工时机，以求以最低的工程费用达到预期的修复目标。

(3)防水堵漏应尽可能靠近渗漏源头。凡条件允许，应尽量在迎水面堵截，这样既可直接止住渗漏，成功率高，又可将水封闭在混凝土结构物外，防止渗漏水对结构物的侵蚀或溶蚀，降低内部渗透压，有利于建筑物稳定。对于复杂的散渗点或渗漏缝群，堵住渗水源头，可能会止住多个散渗点或裂缝的渗漏。

(4)渗漏处理最好在无水期或枯水期进行。如果必须在渗漏水状态下作业，应遵循“上截下排，先排后堵”的实施原则，按先止漏排水，然后再设置永久防水层两个步骤完成。

(5)选择修补材料时，要考虑修补材料对水质的污染和修补材料在特定环境下的耐久性。

二、工程防水堵漏方案的制订

根据地下工程渗漏水的各种不同情况可制订多种防水堵漏方案进行试验比较，最后确定最佳方案。防水堵漏以止水防水为目的，使工程消除水患，提高建筑物的使用寿命。后期的防水堵漏方案和早期的防水设计有着一定的区别：从时间上讲，早期的防水设计是在工程施工前进行的，后期的防水堵漏措施是在工程竣工后期进行的；从方法上讲，早期的防水设计采用“防排并重”的原则，后期的防水堵漏措施是以“以堵为主，排水为辅”为原则的。防水堵漏方案的实施效果是设计方案、选用材料、施工工艺及机具等多方面因素系统组合的具体体现。

(一)变形缝渗漏水防水堵漏方案

地下工程变形缝是伸缩缝和沉降缝的总称，是极易产生渗漏的部位。多年来，地下工程变形缝渗漏治理一直是维修中的一大难点，通常变形缝部位只要出现一个渗漏点，就说明预埋止水带失效，必须作整体封缝处理，如只对变形缝局部堵漏则会产生其他部位的串水而导致堵漏工作的失败。变形缝的作用主要是适应工程结构的不断伸缩、沉降、位移的变形而不产生结构的损坏。为了适应变形缝上述变化的需要，应制定“新优材料、刚柔结合、多道防线、综合整治”的防水堵漏原则。地下工程变形缝渗漏水治理一般是在衬砌后的地下工程内部进行的，这样就必须在有水的情况下堵漏施工，工程内部空间湿度很大，有时需要穿着高筒雨鞋工作，大大增加了工作的难度。对于地下工程变形缝渗漏水治理应采用图3-1～图3-4所示的4种防水堵漏方案。对于水工建筑物的垂直止水的沥青井采用钻机扫孔重新补灌沥青，也可采用化学灌浆，灌浆材料选用固化后弹性较大的化学材料，如聚氨酯等。对于未设置沥青井的建筑物，可在止水间采用地质钻机钻孔，孔径根据两个止水间距确定，通过钻孔灌入化学材料，在两个止水间形成一个弹性防水层。

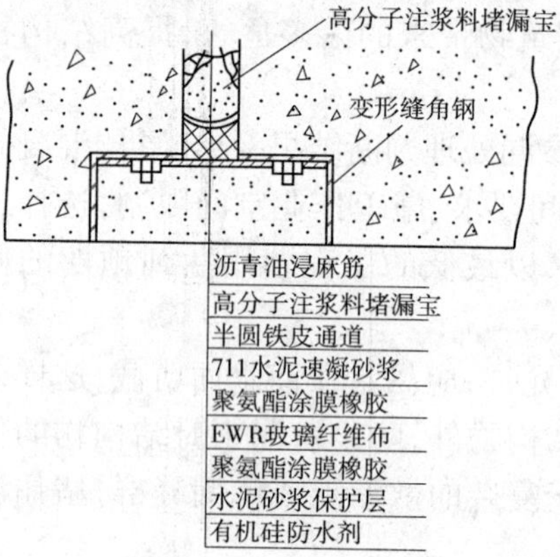

图3-1　二柔三刚防水堵漏方案（变形缝）

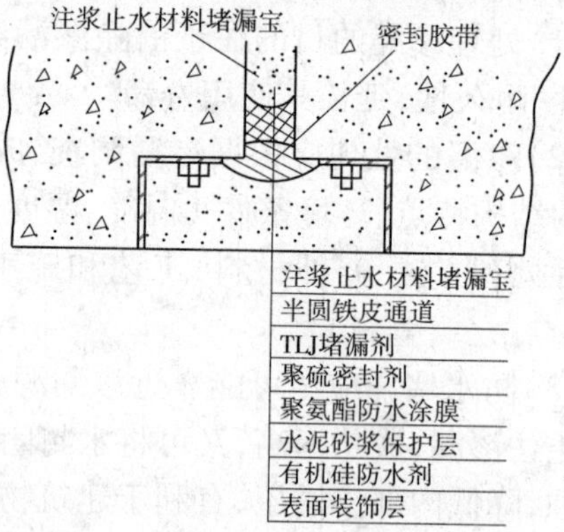

图3-2　三柔三刚防水堵漏方案（变形缝）

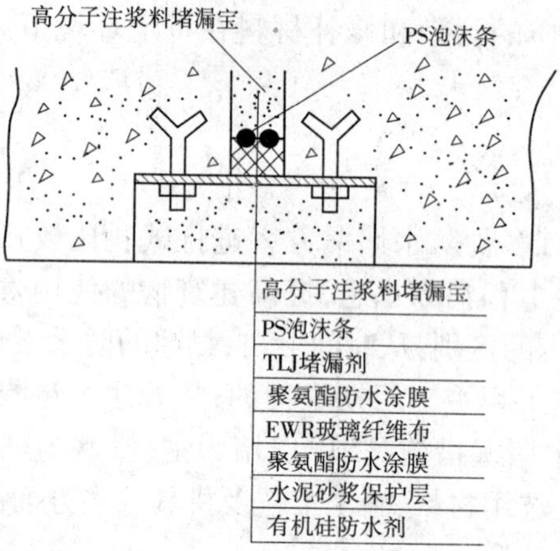

图3-3　PS泡沫条注浆堵漏方案（变形缝）

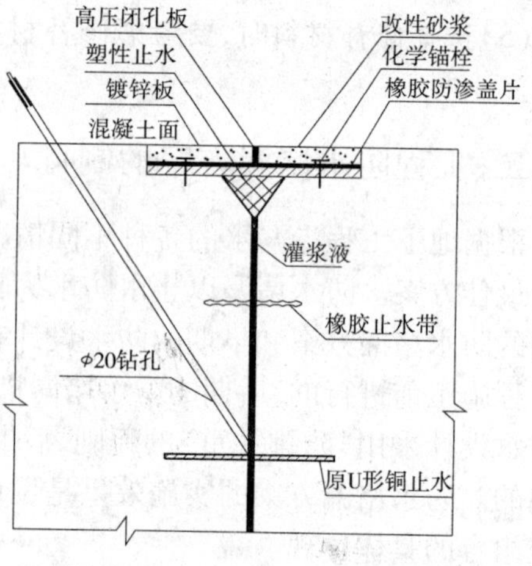

图3-4　结构缝渗漏处理示意图

（二）施工缝、混凝土裂缝渗漏水防水堵漏方案

由于施工缝位于施工接茬处，若处理不好就很容易产生渗漏水，因此最好不留或少留施工缝，但由于受到支模及施工条件的限制或混凝土一次浇筑不完时只得留设施工缝。目前国外施工缝在防水处理上大都采用止水带，并采取多层防水措施。我国由于各方面因素的限制，特别是受经济条件的限制，在施工缝防水处理上还很少采用止水带，采用钢

板止水的也不太多，一般都采用楔口缝、平口缝或阶梯缝刚性接茬处理，因此很容易产生渗漏水。

混凝土裂缝渗漏水主要发生在混凝土强度等级较低或剪力与弯矩最大的部位。处理方案的确定可根据裂缝所在的部位、渗漏量大小和集中分散情况，分别采用以下处理方案。

1. 表面处理

渗漏量较小的裂缝可用水泥砂浆、防水砂浆以及环氧砂浆等对裂缝部位进行涂抹、粘补、嵌缝以及喷浆修补等。对于裂缝渗漏量较大，但不影响建筑物正常使用的漏水裂缝，可采用埋管导渗或钻孔导渗。埋管导渗即沿漏水裂缝在混凝土表面凿成上小下大的槽型，并在渗漏集中部位埋设引流管，然后用棉絮或防水膨胀条沿缝填塞，使水集中从引流管排水，再用堵漏宝或防水砂浆迅速回填封闭槽口，最后根据建筑物运行的需要将水引到排水沟或将引水管封堵。钻孔导渗即用风钻或电锤在漏水缝一侧（水平缝则在缝的下方）钻斜孔，穿过裂缝面，使水从钻孔中导出，然后封闭裂缝。表面封闭和引排处理方案如图 3-6（a）和图 3-8 所示。

2. 内部处理

对于浅缝和只需防水堵漏的裂缝，一般可采用水泥灌浆结合化学灌浆，如对于开度小于 0.3 mm 或渗水量和流速较大的以及受温度变化影响的裂缝，应采用化学灌浆处理。

内部灌浆方案如图 3-5 、图 2-2 和图 2-3 所示。

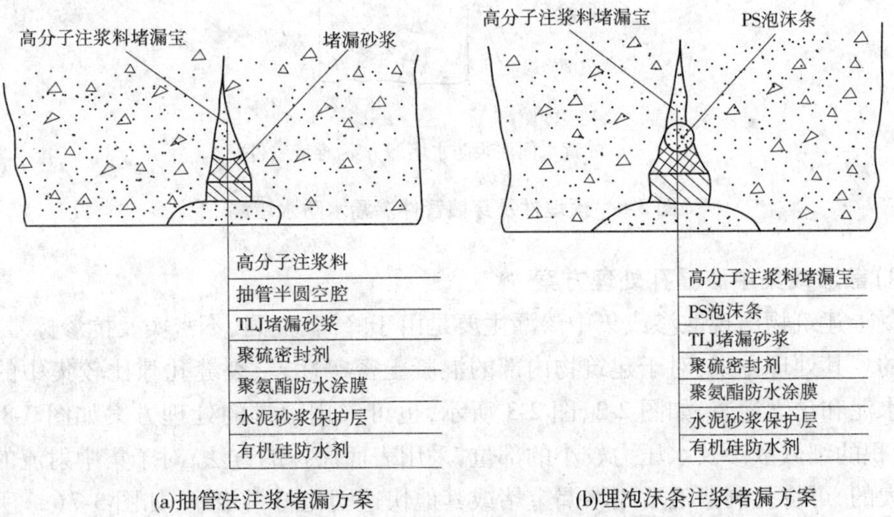

(a)抽管法注浆堵漏方案　(b)埋泡沫条注浆堵漏方案

图 3-5　施工缝注浆堵漏方案

（三）预埋件及穿墙管件渗漏水防水堵漏方案

预埋件及穿墙管件大都采用钢铁材料，由于混凝土抗拉强度较低，只有其抗压强度的 1/10 左右，所以与预埋件的抗拉及黏结强度较低，再加之黏结界面周围混凝土易收缩产生裂缝,所以选定如图 3-6(b)、(c)所示的两种注浆防水堵漏方案。

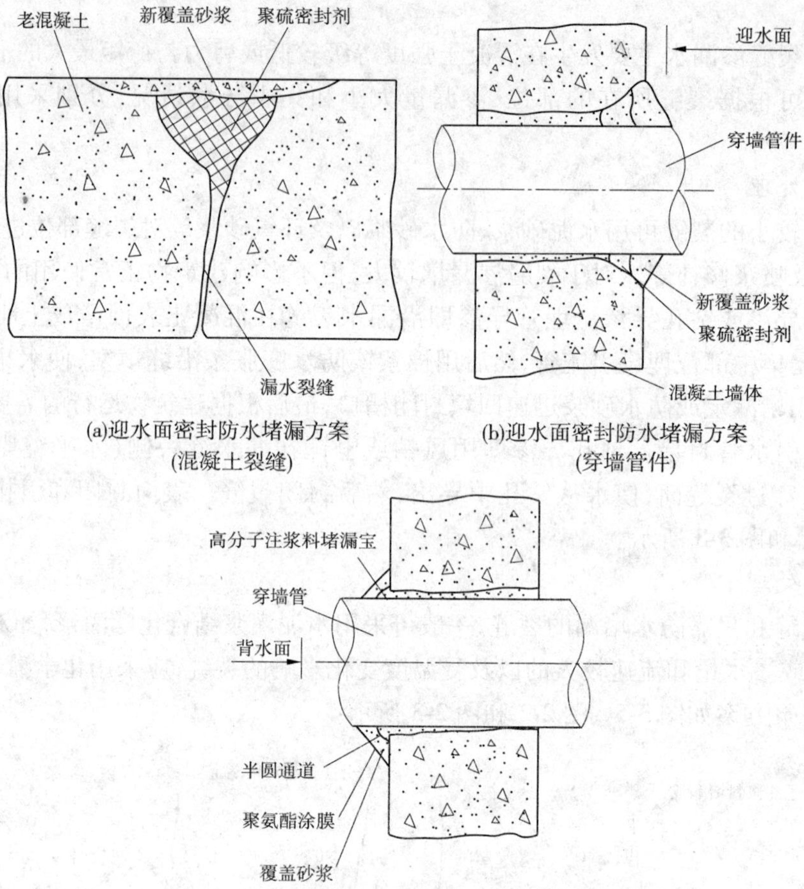

(a)迎水面密封防水堵漏方案(混凝土裂缝)　(b)迎水面密封防水堵漏方案(穿墙管件)

(c)背水面注浆防水堵漏方案(穿墙管件)

图 3-6　预埋件及穿墙管件渗漏水防水堵漏

(四)散渗或集中渗漏孔处理方案

混凝土建筑物出现散渗或集中渗漏主要是由于蜂窝、空洞、不密实及抗渗标号低等缺陷造成的。其处理方案:对于建筑物内部的混凝土密实性差、裂缝孔隙比较集中的部位,可采用水泥和化学灌浆,如图 2-2、图 2-3 所示,也可采用引排的处理方案如图 3-8(b)所示;大面积的细微散渗及水压力较小的部位,采用表面涂抹的方法;对于集中射流的孔洞,流速不大的,可将孔洞凿毛后用堵漏宝堵或其他快速固化材料堵塞,如图 3-7(a)所示;对于流速和流量较大的,可采用分流结合封堵的方法处理。表面封堵完成后采用内部灌浆的方法进行加固,如图 3-7(b)所示。大面积散渗的情况主要发生在混凝土浇捣不密实或由于混凝土搅拌不均局部强度低的地方。孔洞渗漏水根据水压及孔洞大小,分别采用堵漏或采用引水注浆加刚性防水抹面的方法堵漏。在地下洞室工程中,喷混凝土是最常用的一种支护和防水施工方法。如果采用灌浆和封堵的施工方法则成本较高。在工作环境许可的情况下采用引排的方案如图 3-8 所示。

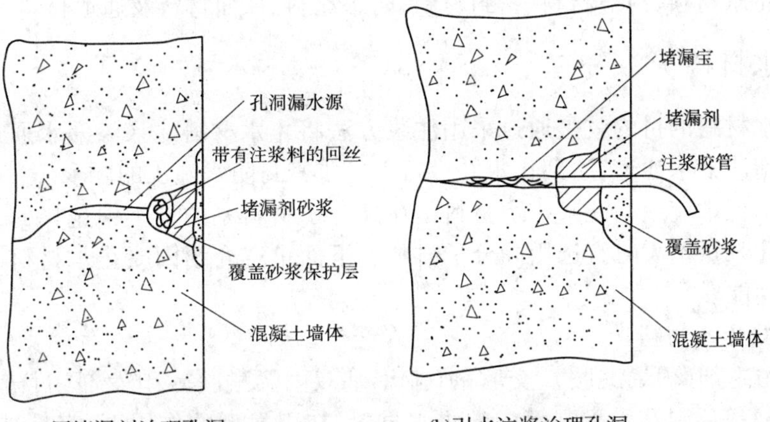

(a)用堵漏剂治理孔洞　(b)引水注浆治理孔洞

图 3-7　孔洞渗漏水防水堵漏方法

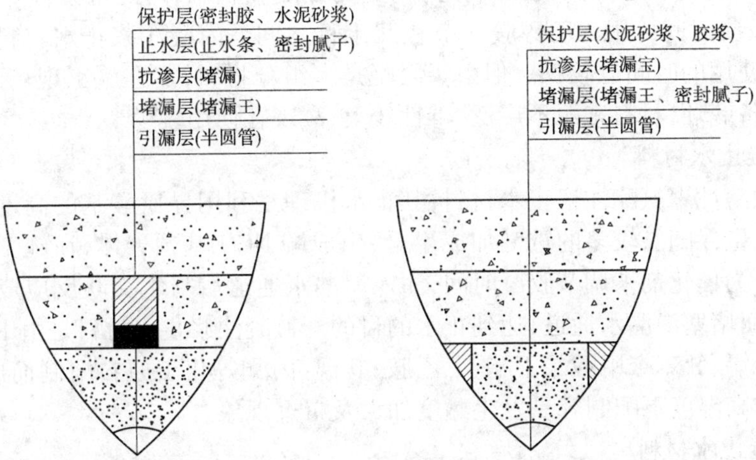

(a)喷混凝土点渗漏引排　(b)喷混凝土裂缝引排

图 3-8　喷混凝土引排示意图

(五)绕渗的处理方案

处理前先摸清建筑物两侧的地质情况和渗漏部位,采取相应的措施进行处理,有开挖回填、钻孔灌浆和加深墙等基础渗漏处理方案。

基础渗漏处理方案应根据渗漏的原因、基础情况和施工条件进行综合分析,确定处理方案。对于非岩性基础,可在建筑物上游做黏土铺盖、黏土截水墙或进行黏土灌浆和化学灌浆以及改善下游的排水条件等;对基岩渗漏,采用加深加厚阻水帷幕、帷幕补强灌浆以及下游增设排水孔、改善排水条件等方法。

第四节　地下工程防水堵漏材料的选择

地下工程的防水堵漏工作是在有水或潮湿的情况下进行的,所以选择防水堵漏材料必须满足带水操作的施工要求。根据地下工程防水堵漏材料的应用研究及实践情况,其一般可分为止水材料、封缝材料、密封材料、防水涂料、抹面材料及通道材料六种。

一、止水材料

使用止水材料的目的就是通过采用注浆方法将止水材料注入渗漏水通道，与水反应并固结后堵塞渗漏水通道，达到止水并进行下一步密封防水施工的要求。

在典型工程中应用的注浆止水材料是在高分子材料系的种类中选择的，这是由于渗漏量较大而注浆量不大时宜选用高分子材料。下面重点介绍丙凝止水材料、氰凝止水材料等材料的性能。

（一）丙凝止水材料

丙凝是由主剂（丙烯酰胺）、交联剂（亚甲基双丙烯酰胺）、引发剂（过硫酸胺）、促凝剂（三乙醇胺）等原料和水配制而成的止水材料，在引发剂的作用下，容易进行连锁聚合反应，形成具有弹性、不溶于水的聚合体，将裂缝空隙填满，阻止水通过。丙凝浆液黏度为 1.2×10^{-3} Pa·s（与水近似），凝固前保持初始的黏度和状态，因此可灌性好，能注入 0.1 mm 的裂缝，胶凝时间可用三乙醇胺调节在几十秒之间。丙凝注浆止水材料在人防系统中用得较多，使用的时间也较长。但由于丙凝是多组分材料，需在施工现场配制，用双泵注浆，清洗设备麻烦，材料来源不广泛，毒性较大，故现在使用较少。

（二）氰凝止水材料

氰凝即油溶性聚氨酯注浆止水材料，其止水机理是利用异氰酸基的高度活性与多元醇中的羟基发生伴随氢较多的重键加成聚合，生成端 NCO 基预聚体，在施工前加入有机锡和三乙胺作为催化剂来调节胶凝时间，注入渗漏水通道后与水交联反应成多元网状结构凝胶体，从而堵塞渗漏水通道，达到止水的目的。氰凝注浆止水材料是由甲苯二异氰酸酯、聚醚、有机锡、邻苯二甲酸二丁酯、三乙胺、吐温、丙酮等化工原料配制而成的，但这种止水材料在较高温度下配制容易发生黏度加大及自聚现象。

（三）甲凝止水材料

甲凝浆液的初始黏度很小，可灌性好，但甲凝的聚合反应起点温度很低，在正常温度下迅速胶凝，如使用不当往往容易失去控制而产生爆聚，而且施工麻烦。

（四）聚氨酯止水材料

聚氨酯（DLB）是一种新型的高分子化学注浆止水材料，它是由 ZS 型三羟基水溶性聚醚、甲苯和二异氰酸酯进行化学合成反应后形成的端基含有过量游离异氰酸根基团的高分子化合物，适用于地下工程的堵漏和地基加固。该材料注入地下工程渗漏水部位后，遇水立刻进行化学反应，释放出 CO_2，CO_2 逆水而上，进行扩散，产生二次渗透压并与周围的砂、石、泥土等固结成弹性凝胶体，最终达到以水止水的目的。

聚氨酯浆液具有以下特点。

（1）亲水性好：遇水后立即分散乳化，然后进行聚合反应，固结体具有良好的弹性和延伸性，还有较好的抗渗性；

（2）诱导时间可控制：遇水后诱导时间可控制在几十秒到几十分钟；

（3）发泡膨胀性：遇水后边发泡膨胀边固结，膨胀值可通过配方进行调整；

（4）黏度低，可灌性好：即使在低温条件下黏度增加不大，仍可注浆使用；

(5)污染少,毒性小:材料中所含游离异氰酸酯遇水后完全和水反应生成稳定的氨基甲酸酯,材料中不添加有毒促凝剂及苯类溶剂;

(6)施工方便:可单液注浆,施工时不需再配制浆液,所以施工非常方便;

(7)力学性能好:固结体具有较高的物理力学性能;

(8)诱导时间:几十秒至几分钟;

(9)黏结强度:大于0.75 MPa(水中混凝土光洁面);

(10)固结体抗渗性:大于0.8 MPa;

(11)固结体延伸率:大于250%;

(12)自由发泡固结体抗拉强度:大于0.8 MPa。

由于浆液有上述优良性能,所以可选用该材料作为地下工程堵漏止水材料,其止水效果很好。

二、封缝材料

封缝材料的主要作用是为注浆止水提供通道及背衬,该材料一般是在有水的情况下封堵的。上海生产的801堵漏剂、北京生产的901堵漏剂及苏州生产的TLJ型堵漏剂、防水剂等封缝堵漏材料均满足带水作业的施工要求。另外,在选择时还应考虑到产品性能、材料运输、价格等因素。试验证明,TLJ型堵漏剂及SH外掺剂是较好的封缝堵漏材料。

三、密封材料

使用密封材料是为了起到在堵漏止水后建筑物重新位移时不再产生渗漏水的作用。现在通常使用的密封材料有PG321双组分聚硫密封剂、遇水膨胀橡胶腻子和堵漏密封胶带。考虑到使用寿命、防水性能及施工方便性等因素,常采用新型多用途防水密封材料——堵漏密封胶带,经试验证明其在地下工程防水密封中使用具有良好的密封效果。另外,采用PG321双组分聚硫密封剂在伸缩缝上作嵌缝防水密封效果较好,经密封后混凝土结构产生规定范围的位移和变形一般不会再发生开裂漏水现象。

四、防水涂料

在地下工程渗漏水治理中,使用防水涂料的目的是配合注浆止水密封防水而形成多道防水防线。目前防水涂料的品种较多,其中双组分聚氨酯防水涂料性能好,冷作业施工性好,在国外使用很普遍,是国际防水施工材料中公认的新型优质防水涂料。国内在这方面的研究工作始于20世纪70年代,80年代中期实现了工业化生产,目前使用量已呈大幅度上升趋势。双组分聚氨酯防水涂膜的主要性能特点如下:

(1)它是双液化学反应型涂膜防水材料,将甲液和乙液按比例混合均匀后,涂在防水基层面上,数小时后经反应得到一种富于弹性的整体无接缝的橡胶防水层。

(2)冷施工,不含溶剂,施工方便,防水质量可靠,适用于屋面及地下工程防水。

(3)主要技术数据见表3-1。

表 3-1　双组分聚氨酯防水涂膜主要技术数据

序号	性能	技术数据	序号	性能	技术数据
(1)	抗拉强度	>1.65 MPa	(6)	耐热抗寒性	-30~150 ℃
(2)	黏结强度	>0.8 MPa	(7)	耐久性	>10 年
(3)	延伸率	>350%	(8)	硬度	30~60 邵氏
(4)	抗裂性	涂膜厚 1.2 mm,基层开裂 1.5 mm 涂膜不裂	(9)	相对密度	1.01~1.10
			(10)	施工基层面温度	0~65 ℃
(5)	不透水性	>0.8 MPa	(11)	指触干时间	1~6 h

(4)耐腐蚀性状况见表 3-2。

表 3-2　双组分聚氨酯防水涂膜耐腐蚀性状况

序号	溶液	影响状况	序号	溶液	影响状况
(1)	5%盐酸	不受影响	(8)	饱和食盐水	不受影响
(2)	38%盐酸	受影响	(9)	20%氢氧化钠	不受影响
(3)	12%硫酸	不受影响	(10)	氨水	不受影响
(4)	20%硫酸	有些影响	(11)	98%酒精	不受影响
(5)	20%硝酸	不受影响	(12)	二甲苯	有些影响
(6)	20%磷酸	不受影响	(13)	丙酮	受影响
(7)	40%氢氟酸	不受影响	(14)	机油	不受影响

注:表中为试件在常温下浸泡 1 年的状况。

五、抹面材料

为了对已进行防水堵漏处理的表面进行装饰层处理及增加不透水性能,需用抹面材料进行处理。用抹面材料进行处理时,可采用水泥基防水材料、改性砂浆分多次抹面,使经过处理的界面形成多层不透水保护层兼装饰层,具有一定的效果。

第五节　地下工程防水堵漏的施工工艺

一、主要施工程序

(一)变形缝渗漏水堵漏施工程序

变形缝渗漏水堵漏施工程序为:凿槽—清理界面—下半圆铁皮—封缝埋管—试水检查—喷干界面—注浆止水—清理界面—喷干界面—刷底涂料—嵌缝处理—涂防水涂料—抹保护层。

(二)施工缝及混凝土裂缝渗漏水防水堵漏施工程序

施工缝及混凝土裂缝渗漏水防水堵漏施工程序为:凿 V 形槽(表面封闭)—试水检

查—注浆止水—喷干界面—清理界面—涂防水涂膜—抹保护层。

(三)预埋件及穿墙管件渗漏防水堵漏施工程序

(1)预埋件及穿墙管件渗漏背水面防水堵漏施工程序为:凿V形槽—埋高泡条—封堵—试水检查—注浆止水—清理界面—涂防水涂膜。

(2)预埋件及穿墙管件渗漏迎水面防水堵漏施工程序为:凿槽—清理界面—喷干界面—涂底涂料—嵌缝处理—抹保护层。

(四)孔洞渗漏水堵漏施工程序

孔洞渗漏水堵漏施工程序为:剔槽—清理界面—填塞带有堵漏宝浆液棉纱—堵漏剂封口—分二次抹保护层。

二、施工方法

以变形缝渗漏水防水堵漏施工方法为例作如下说明:

(1)原有的嵌缝材料已经失效,应该清理干净。缝两侧不平处用扁钢凿凿平,并用水冲洗干净,为下一步压注新型化学注浆材料提供清洁平整的黏结界面。

(2)灌浆方法与裂缝方法相同,在施工时一定要视渗漏水的大小情况确定用单泵注浆还是采用双泵注浆。

(3)作柔性防水处理。先用汽油喷灯烘干施工界面,再用钢丝刷将界面刷干净,接着用丙酮擦洗界面,待丙酮挥发后,做堵漏密封胶或回填密封材料。表面压板和粘贴板根据设计方案施工。

(4)做刚性抹面保护层。采用改性砂浆或环氧砂浆等进行表面保护层施工。

(5)施工设备与裂缝处理设备相同。对于渗漏量较大的伸缩缝,施工时钻孔采用地质钻机,灌浆设备可采用水泥灌浆泵进行灌浆。

第六节　防水堵漏效果检查及出现问题的处理

地下工程渗漏水经前述防水堵漏处理后,在一般情况下,效果是比较好的,可达到《地下工程防水技术规范》(GBJ 108—2008)规定的一级防水标准或二级防水标准,但在个别部位有时仍会出现滴水渗漏现象,这是由于局部封堵不严,堵漏宝浆液没有渗透到该部位所致,必须采取其他补救措施,所以对地下工程的防水堵漏效果必须在一定时间内进行检查观察。例如,在地下商场顶板缝及变形缝渗漏水治理中经过防水堵漏处理后大部分区域效果较好,但个别部位仍有滴水渗漏现象,滴水速度较慢,而对于地下商场来说,即使是这种小水滴现象也不允许存在。采用E-44环氧树脂及潮湿环氧固化剂T-31加以玻璃纤维布增强涂覆渗漏表面(当平均气温为0℃左右时,可采用水浴法软化环氧树脂),用30%~35%的T-31固化剂掺入环氧树脂内搅拌均匀后使用,涂覆后渗水滴还没形成,环氧树脂就固化成膜了,堵塞了渗水源,这种处理方法适用于大量喷涌水止住后仍有少量渗水的部位。对于灌浆法施工的部位出现渗漏采用补深的方法进行修补。

第四章 混凝土结构加固处理技术

第一节 结构加固总则

一、一般规定

(1)混凝土结构经可靠性鉴定确认需要加固时，应根据鉴定结论和委托方提出的要求，由有资格的专业技术人员按《混凝土结构加固设计规范》(GB 50367—2006)的规定和业主的要求进行加固设计。加固设计的范围可按整幢建筑物或其中某独立区段确定，也可按指定的结构、构件或连接确定，但均应考虑该结构的整体性。

(2)加固后混凝土结构的安全等级应根据结构破坏后果的严重性、结构的重要性和加固设计使用年限由委托方与设计方按实际情况共同商定。

(3)混凝土结构的加固设计应与实际施工方法紧密结合，采取有效措施，保证新增构件、部件与原结构连接可靠，新增截面与原截面黏结牢固，形成整体共同工作；并应避免对未加固部分以及相关的结构、构件和地基基础造成不利的影响。

(4)对于高温、高湿、低温、冻融、化学腐蚀、振动、温度应力、地基不均匀沉降等影响因素引起的原结构损坏，应在加固设计中提出有效的防治对策，并按设计规定的顺序进行治理和加固。

(5)混凝土结构的加固设计应综合考虑其技术经济效果，避免不必要的拆除或更换。

(6)对加固过程中可能出现倾斜、失稳、过大变形或坍塌的混凝土结构，应在加固设计文件中提出相应的临时性安全措施，并明确要求施工单位必须严格执行。

(7)混凝土结构的加固设计使用年限应按下列原则确定：

①结构加固后的使用年限应由业主和设计单位共同商定。

②一般情况下，宜按 30 年考虑；到期后，若重新进行的可靠性鉴定认为该结构工作正常，仍可继续延长年限。

③对使用胶粘方法或掺有聚合物加固的结构，尚应定期检查其工作状态。检查的时间间隔可由设计单位确定，但第一次检查时间不应迟于 10 年。

(8)未经技术鉴定或设计许可不得改变加层和使用环境。

二、设计计算原则

混凝土结构加固设计计算应遵循以下原则：

(1)混凝土结构加固设计采用的结构分析方法应遵循现行国家标准《混凝土结构设计规范》(GB 50010—2002)规定的结构分析基本原则，并且在一般情况下，应采用线弹性分析方法计算结构的作用效应。

(2)加固混凝土结构时,应按下列规定进行承载力极限状态和正常使用极限状态的设计、验算:

①结构上的作用应经调查或检测核实,并应按《混凝土结构加固设计规范》(GB 50367—2006)附录A的规定和要求确定其标准值或代表值,若此项工作已在可靠性鉴定中完成,则宜加以引用。

②被加固结构、构件的作用效应应按下列要求确定:结构的计算图形应符合其实际受力和构造状况。作用效应组合、组合值系数以及作用的分项系数应按现行国家标准《建筑结构荷载规范》(GB 50009—2001)确定,并应考虑由于实际荷载偏心、结构变形、温度作用等造成的附加内力。

③结构、构件的尺寸:对于原有部分应采用实测值,对于新增部分可采用加固设计文件给出的名义值。

④原结构、构件的混凝土强度等级和受力钢筋抗拉强度标准值应按下列规定取值:当原设计文件有效且不怀疑结构有严重的性能退化时,可采用原设计的标准值;当结构的可靠性鉴定认为应重新进行现场检测时,应采用检测结果推定的标准值;当原构件混凝土强度等级的检测受实际条件限制而无法取芯时,可采用回弹法检测,但其强度换算值应按相关规范的规定进行龄期修正,并且仅可用于结构的加固设计。

⑤加固材料的性能和质量应符合《混凝土结构加固设计规范》(GB 50367—2006)的规定。

⑥验算结构、构件的承载力时,应考虑原结构在加固时的实际受力状况,包括加固部分应变滞后的特点以及加固部分与原结构共同工作程度。

⑦加固后改变传力路线或使结构质量增大时,应对相关结构、构件及建筑物地基基础进行必要的验算。

⑧对地震区的结构、构件加固时,除应满足承载力要求外,还应复核其抗震能力,不应存在因局部加强或刚度突变而形成的新薄弱部位;同时,还应考虑结构刚度增大而导致地震作用效应增大的影响。

(3)为防止结构加固部分意外失效而导致的坍塌,采取胶粘剂或掺有聚合物(如改性混凝土、聚合物砂浆等)的加固方法时,其加固设计除应按《混凝土结构加固设计规范》(GB 50367—2006)的规定进行外,还应对原结构进行验算。验算时,应要求原结构、构件能承担n倍恒载标准值的作用。当可变荷载(不含地震作用)标准值与永久荷载的比值不大于1时,取$n=1.2$;当该比值等于或大于2时,取$n=1.5$;其间按线性内插法确定。

三、加固结构受力特征

加固结构受力性能与一般未经加固的普通结构有较大的差异。首先,加固结构属于二次受力结构,加固前原结构已经载荷受力(即第一次受力),尤其是当结构因承载能力不足而进行加固时,截面应力、应变水平一般都很高。然而,新加部分在加固后并不立即分担荷载,而是在新增荷载下,即第二次加载的情况下,才开始受力。这样,整个加固结构在其后的第二次载荷受力过程中,新加部分的应力、应变始终滞后于原结构的累计应力、累计应变,原结构的累计应力、累计应变值始终高于新加部分的应力、应变值,原结构达到极限状态时，新加部分的应力、应变可能还很低，破坏时，新加部分可能还达不到自身的极限状态，其潜力可能得不到充分发挥。其次，加固结构属于二次组合结构，新旧两部分存在整体工作共同受力问题。整体工作的关键主要取决于结合面的构造处理及施工做法。由于结合面混凝土的黏结强度一般总是远远低于混凝土本身的强度，因此二次组合结构的总体承载力比一次整浇结构一般要低一些。加固结构受力特征的上述差异决定了各类结构加固计算分析和构造处理不能完全沿用普通结构的概念进行设计，在实际加固设计时，加固结构承载力的这些降低因素应采用加固承载力降低系数来考虑。

四、加固结构共同工作问题

加固结构受力时，尤其是当结构临近破坏时，结合面会出现拉、压、弯、剪等复杂应力，特别是受弯或偏压构件的剪应力，有时可能是相当大的。加固结构新旧两部分整体工作的关键主要在于结合面能否有效地传递和承担这些应力，而且变形不能过大。结合面传递压力，一般不存在问题，主要是剪力和拉力。由于黏结强度低，并且离散性大，结合面混凝土所具有的黏结抗剪和抗拉能力有时远不能满足受剪和受拉承载力要求，例如梁、柱采用后浇混凝土加固时，尚需配置一定数量的贯通结合面的剪切－摩擦筋，利用钢筋所产生的剪切－摩擦力来抵抗结合面所出现的剪力和拉力。混凝土加固结构结合面受剪承载力根据中国建筑科学研究院结构所的试验研究，可按下式计算：

$$\tau \leqslant f_v + 0.56\rho_{sv} f_y \tag{4-1}$$

$$\rho_{sv} = A_{sv}/bs \tag{4-2}$$

式中　τ——结合面剪应力设计值；

f_v——结合面混凝土抗剪强度设计值；

ρ_{sv}——横贯结合面的剪切－摩擦筋配筋率；

A_{sv}——配置在同一截面内箍筋各肢的全截面面积；

b——截面宽度；

s——箍筋的间距；

f_y——剪切－摩擦筋抗拉强度设计值。

对于四面采用混凝土围套加固的梁、柱来说，由于配置有贯穿结合面的封闭式箍筋，并且混凝土围套在结合面受力过程中，部分是以整浇混凝土形式参与抗剪和抗拉的，结合面的承载能力较之非封闭的单面或双面加固情况要大得多，一般都已足够。

式(4-1)是保证混凝土加固结构新旧两部分按整体截面共同工作的必要条件，但并非充分条件，因为结合面混凝土的受力性能与整体一次浇筑结构相比，总是受力上的一个薄弱环节。试验表面，即使是轴心受压，加固柱的初始纵向裂缝也总是最先出现在结合面，致使新旧两部分过早分离而单独受力，降低了结构的整体刚度，因此加固柱的试验破坏荷载比整体对比柱的要低。

在实用设计中，加固结构承载力的这一降低因素可采用共同工作系数 ψ 考虑。根据有关试验研究，ψ 主要与结合面的构造处理和施工做法有关。

五、混凝土结构加固工作程序

混凝土结构加固一般应遵循以下工作程序：结构可靠性鉴定—加固方案确定—加固

设计—施工组织设计—施工—验收。

结构可靠性鉴定如前所述，它好比医生看病，主要是对病态结构的病情诊断，加固方案好比处方，处方有好有坏，受主客观等多方面因素的制约。加固设计是按现行加固规范及相关标准对加固方案的深化过程，加固施工是对被加固结构按加固设计进行加固的实施过程。对于大型结构及复杂结构的加固改造，为确保质量和安全，施工前应编制施工组织设计。

六、卸载对加固结构承载力的影响

加固结构的新加部分因应力、应变滞后而不能充分发挥其效能，尤其是当原结构的工作应力、应变值较高时，对于以混凝土承载力为主的受压构件和受剪构件，往往会出现原结构与后加部分先后破坏的各个击破现象，致使加固效果很不理想或根本不起作用。相反，加固时若进行卸荷，情况则完全不同。由于应力、应变滞后现象得以降低乃至消失，破坏时，新旧两部分就可同时进入各自的极限状态，结构总体承载力可显著提高。卸荷对加固结构承载力提高的影响主要表现在原结构第一次载荷应力、应变水平指标的降低方面，如前所述，这对于以混凝土围套加固的受压结构及增设支点加固的受弯结构，效果特别明显。

卸荷加固结构的截面承载力计算原则上仍按二次受力结构进行，但当卸荷达到一定程度时，可近似简化按一次受力组合结构计算，特别是以钢筋为主要承力的受拉、受弯及大偏心受压结构。

卸荷可以是直接卸荷，也可以是间接卸荷。直接卸荷是全部或部分地直接搬走作用于原结构上的可卸荷载；间接卸荷是用反向力施加于原结构，以抵消或降低原有作用效应。直接卸荷直观、准确，但可卸荷载量有限，一般只限于部分活荷载。间接卸荷量值无限，甚至可使作用效应出现负值。间接卸荷有楔升卸荷和顶升卸荷两种，前者以变形控制，误差较大；后者以力控制，较为准确。预应力加固法使加固与卸荷合二为一，是将原结构所受荷载通过预应力手段部分地转移到新加结构上的一种方法。

为保证和提高结构加固的实际效果，加固时原结构的应力水平指标值不得超过卸荷加固的原结构水平指标值。

七、混凝土结构加固方法选择

混凝土结构补强加固方法很多，常用的有加大截面法、外粘型钢加固法、外部粘钢加固法、预应力加固法、增设支点加固法、托梁拔柱加固法、增设支撑体系和剪力墙加固法，以及各种裂缝修补技术等，各种方法的特点及适用范围见表 4-1。加固方法的选择应根据可靠性鉴定结果、结构功能降低及加固原因（如完好情况下的加固及受损状态下的加固），结合结构特点、当地具体条件、新的功能要求等因素，并按加固效果可靠、施工简便、经济合理的原则，综合分析确定。应该注意的是：静力加固必须考虑结构二次受力问题，加固重点侧重于结构承载力的提高；抗震加固一般不必考虑结构二次受力问题，加固重点侧重于结构的延性和整体性。

表 4-1　混凝土结构常用加固方法的特点及适用范围

加固方法	主要特点	适用范围
加大截面法	是传统的加固方法,以同种材料增大结构截面面积,提高结构的承载能力	梁、板、柱、墙等一般结构
外粘型钢加固法	截面尺寸和外观影响很小,承载能力提高较大,施工简便,现场工作量较小,受力较为可靠	大型结构及大跨结构
外部粘钢加固法	是国际上较先进的加固方法,简单、快速,对生产和生活影响很小	正常环境下的一般受弯、受拉构件,以及中轻级工作制吊车梁
预应力加固法	是卸荷、加固及改变结构受力合三为一的加固方法,承载力、抗裂性及刚度可同时得以提高	大跨结构及大型结构
增设支点加固法	增设支承点,减小结构跨度和内力,相应提高结构的总体承载能力	梁、板及桁架等
托梁拔柱加固法	在不拆或少拆上部结构的情况下,拆除、更换、接长柱子的技术	改变使用功能及增大室内空间的旧房改造
增设支撑体系及剪力墙加固法	增强结构抵抗水平荷载能力和侧向刚度及稳定性	抗侧力加固及抗震加固
增设系加固法	在房屋周边、纵向、横向、竖向增设相应的拉结连系,增强结构整体稳定性,防止偶然事故下发生连续倒塌	装配式结构抗连续倒塌及抗震加固
裂缝修补技术	恢复或部分恢复结构因裂缝所丧失的承载能力、耐久性、防水性及美观等	各种混凝土结构

第二节　裂缝修补技术

一、裂缝修补的种类及适用范围

混凝土结构裂缝会造成构件整体刚度和强度下降、加速钢筋锈蚀、缩短建筑使用寿命等不利影响。因此,应及时修补混凝土结构裂缝,恢复混凝土结构的整体刚度和强度。对于承载力不足引起的裂缝,除对裂缝修补外,还应采取适当的加固方法进行加固。裂缝修补技术主要有以下几种(一般以 0.2 mm 和 0.5 mm 为界线将裂缝分为三个宽度等级,不同裂缝宽度应采用不同流动性能的灌浆液)。

(一)表面封闭法

表面封闭法是利用混凝土表层微细独立裂缝(裂缝宽度 $\delta \leqslant 0.2$ mm)或网状裂纹的毛细作用吸收低黏度且有良好渗透性的修补胶液,封闭裂缝通道。对于楼板和其他需要防渗的部位,尚应在混凝土表面粘贴纤维复合材料(可选用碳纤维织物、E 玻璃或 S 玻璃纤维织物)以增强封护作用。

(二)注射法

注射法是以一定的压力将低黏度、高强度的裂缝修补胶液注入裂缝腔内。此方法适用于0.1 mm≤δ≤0.15 mm 静止的独立裂缝、贯穿性裂缝以及蜂窝状局部缺陷的补强和封闭。注射前,应按产品说明书的规定对裂缝周边进行密封。

(三)压力注射法

压力注射法是在一定的时间内,以较高压力(按产品使用说明书确定)将修补裂缝用的注浆料压入裂缝腔内。此法适用于处理大型结构的贯穿性裂缝、大体积混凝土的蜂窝状严重缺陷以及深而蜿蜒的裂缝。

(四)填充密封法

填充密封法是在构件表面沿裂缝走向骑缝切出深度为20 mm、宽度为15 mm 的U形沟槽,槽内清理干净后用改性环氧树脂或弹性填缝材料充填,并粘贴纤维复合材料封闭其表面。此方法适用于裂缝宽度大于0.5 mm 的活动裂缝和静止裂缝。填充完毕后,其表面应做防护层。

裂缝的修补必须以结构可靠性鉴定为依据,通过现场调查、检测和分析,对裂缝的起因、属性和类别作出判断,并根据裂缝的发展程度、所处的位置与环境,对受检裂缝可能造成的危害作出鉴定,这样才能有针对性地选择适用的修补方法进行防治。

二、裂缝修补的作用

(1)抵御诱发钢筋锈蚀的介质侵入,延长结构实际使用寿命;

(2)通过对混凝土补强,保持结构、构件的完整性;

(3)恢复结构使用功能,提高其防水、抗渗能力;

(4)消除裂缝对人们形成的心理压力;

(5)改善结构外观。

三、施工步骤(压力注射法)

以压力注射法为例说明裂缝修补的施工步骤:裂缝处理—埋设灌浆嘴、盒、管—封缝—密封检查—配制浆液—灌浆—封堵灌浆口—结束检查。

四、设计构造注意事项

(1)对混凝土结构不同形式的裂缝采用不同的修补方法。对于静止裂缝,修补时,仅需根据裂缝粗细选择修补材料和方法。对于活动裂缝,修补时,应先消除其成因,并观察一段时间,确认已稳定后,再按静止裂缝的处理方法修补;若不能完全消除其成因,但确认对结构、构件的安全性不构成危害时,可使用具有弹性和柔韧性的材料进行修补。对于尚在发展的裂缝,应待其停止发展后,再进行修补或加固。

(2)化学灌浆材料多属易燃品,应密封贮存,远离火源并配备消防设施。

(3)验收时,灌浆及黏结材料应有材料合格证明。

(4)当加固设计对修补混凝土裂缝有补强要求时,应在胶粘材料到达7 d 固化期时,立即钻取芯样进行检验。

第三节 粘贴碳纤维布加固法

一、特点及适用范围

碳纤维是以纤维为增强材料、合成树脂为基料复合而成的一种加固工程材料,加固构件受力时各种材料能够形成新的统一体而共同工作,既可充分利用表层纤维的高强特征,又可充分利用原混凝土结构的刚度和强度。对于钢筋混凝土梁、板、柱、壳结构,表面粘贴加固后,结构承载能力较原结构有较大幅度的提高(其正截面受弯承载力提高的幅度不应超过40%)。

粘贴碳纤维布加固法适用于钢筋混凝土受弯、受拉、轴心受压、大偏心受压构件的加固,不适用于素混凝土构件,包括纵向受力钢筋配筋率低于现行国家标准《混凝土结构设计规范》(GB 50010—2002)规定的最小配筋率的构件加固,不推荐用于小偏心受压构件的加固。被加固构件的现场实测混凝土强度等级不得低于C15,并且混凝土表面的正拉黏结强度不得低于1.5 MPa。

二、设计依据

粘贴碳纤维布加固法设计时应遵循的依据有:

(1)《混凝土结构加固设计规范》(GB 50367—2006)、《混凝土结构设计规范》(GB 50010—2002);

(2)《建筑抗震加固技术规程》(JGJ 116—98);

(3)原结构竣工图或施工图及施工资料、必需的检测报告或新增荷载资料。

三、施工步骤

(一)准备工作

施工前应做的准备工作有:

(1)熟悉图纸,明确碳纤维加固的范围及部位,然后在构件上标出粘贴位置;

(2)施工材料须提供测试报告或质量保证书后方可进场。

(二)底层处理

底层处理应注意以下事项:

(1)以砂轮机或磨光机将混凝土表面劣化层(风化、游离石灰、脱模剂、剥离的砂浆、粉刷层、污物等)除去并研磨至粗集料出现为止。

(2)研磨完后以毛刷或高压空气枪将粉尘及松动物质除去,并确保其充分干燥,表面要平整无灰尘。

(3)若补强施工标的为具有锐利隅角,须将其磨成半径为2~2.5 mm以上的圆弧角,以免围束时造成应力集中而降低补强效果,但若补强位置仅为单面时则不需磨成圆弧角。

(4)若补强施工标的属于凹角部位,则须使用环氧树脂砂浆修整(补土工作),使其凹面成曲线平滑化,以利贴片贴覆。

(三)不平整面修整处理

不平整面修整处理时应注意以下事项:

(1)钢筋露出部位需作防锈处理,如损坏程度严重,需采取换新或预应力钢筋等措施以确保安全。

(2)断面面层上有剥落、孔隙、蜂窝的部位要先研磨去除,再以与混凝土具有相同强度及以上的高分子砂浆(环氧树脂砂浆或亚克力树脂砂浆)进行修复,而对于大区域凹洞的修补则以无收缩水泥砂浆进行填补。

(3)不平整面须以砂轮机磨平(含钻石砂轮片),如模板间段差太大则可使用环氧树脂砂浆修整。

(四)涂刷底漆

(1)确认施工环境。混凝土表面会结露或接触到水处不得施工,湿气太大将导致树脂与水气产生作用而干扰胶化过程。若迫于工期或其他因素必须施工时,必须做到以下两点:①施工现场有保温和除湿设备,以降低湿度,确保施工品质;②选用湿润面专用底漆来施工。

(2)施工环境确认后,即可选用合适的底漆材料针对上述处理后的施工面进行底漆施工。施工过程及注意要点如下:

①将底漆的主剂和硬化剂依规定配比,置于搅拌槽中以低速电动搅拌器充分且均匀搅拌,一次搅拌量为在可使用时间(可使用时间依材料使用说明书指示)内的施工量,超过可使用时间的材料不可再使用。

②施工面以滚筒毛刷含浸底漆均匀涂布,涂布量随施工面的状况不同而异,要斟酌使用,涂布次数依现场状况决定是否涂布第二道,涂布第二道时须等第一道初干后。底漆的指触干燥时间一般为3~12 h。

(五)碳纤维贴覆

1. 确认施工环境

混凝土表面会结露或会接触到水处不得施工,湿度太大会导致树脂与水汽产生作用而干扰胶化过程。当迫于工期或其他因素而必须施工时,则施工现场必须有保温设施和除湿设备,以确保底漆表面或贴片表面不会有水分存在。

2. 施工过程与注意要点

(1)涂布树脂前必须先确认底漆状况为指触干燥。

(2)纤维加劲材贴片预先以剪刀或刀片依所设计尺寸裁切。

(3)将环氧树脂主剂及硬化剂依所规定配比称重后置于搅拌槽中,以低速电动搅拌器充分均匀搅拌,一次搅拌量为在可使用时间内用完的施工量,超过可使用时间的材料不可再使用。

(4)施工面以滚筒毛刷含浸着树脂均匀涂布,其使用量随混凝土表面状况不同而斟酌使用。应避免树脂过量导致纤维滑移或扭曲,抑或树脂不足导致含浸不足。

(5)将纤维贴片平顺地贴合在含浸树脂的涂布面,并用刮刀沿着纤维方向用力刮平,以除去气泡和贴平贴片,然后移除离形纸。

(6)用脱泡滚轮或具凹槽形式塑料滚轮沿着纤维方向来回滚压,以使贴布充分含浸树脂和除去气泡,拱起部位及角落容易产生气泡,须小心除泡。

(7)在已贴妥的纤维贴片上,再度以含浸树脂的滚筒毛刷将树脂均匀涂布后重复步骤(6),务必使贴布含浸完全。纤维贴片贴覆30 min后才可进行上层树脂涂抹,此期间要注意贴片是否有浮起或错位现象,若有则以滚轮或刮刀压平修正。

(8)两层以上积层,重复步骤(4)~(7),但以相隔1 d的效果最好,若迫于工时,则至少要间隔1 h。冬季以1 d一层施工,品质最好。

(9)纤维贴片搭接时,纤维方向交接处搭接长度须大于20 cm。

(10)施工中若发生结露现象,则须擦干和保持干燥才可施工,同时在贴覆后要考虑施工环境对贴覆的影响(如风压效应、端部的固定等)。

(11)施工人员须穿戴保护工具(如面罩、眼镜、手套等)。

(六)养护

室外施工时为不使雨水、砂、灰尘等覆着于贴片上,须使用塑料布养护。其养护原则如下:

(1)纤维贴片施工后要用塑料布覆盖24 h以上,以防止雨淋或风沙、灰尘的污染,注意覆盖布不可碰触到施工面。

(2)温度20 ℃时须养护1周,温度10 ℃时须养护2周。

(3)平均温度在10 ℃以下时,初期硬化养护时间约2 d;平均温度在10~20 ℃时,初期硬化养护时间一般为1~2 d;平均温度在20 ℃以上时,初期硬化养护时间约1 d。

四、设计构造注意事项

粘贴施工前应凿除松散、表面已碳化的混凝土,粘贴面不平处采用高标号改性砂浆修补平整,并应在找平材料完全干燥后才能进行下一道工序的施工;混凝土表面应清理干净并保持干燥。

多层粘贴(对于预成型板,不宜超过2层;对于湿法铺层的纤维布,不宜超过4层)时,应在最后一层碳纤维布的表面均匀涂抹浸渍树脂。

施工安全应注意的事项有:

(1)碳纤维片材为导电材料,施工碳纤维片材时应远离电气设备和电源,或采取可靠的防护措施;

(2)施工过程中应避免碳纤维片材弯折;

(3)碳纤维片材配套树脂的原料应密封贮存,远离火源,避免阳光直接照射;

(4)树脂的配制和使用场所应保持通风良好;

(5)现场施工人员应采取相应的劳动保护措施;

(6)工作场所应配备必要的灭火器以备救护。

碳纤维粘贴位置偏差不应大于10 mm,总有效粘贴面积不应低于95%。

碳纤维布沿受力方向的搭接长度不应小于200 mm。当采用多条或多层碳纤维布加固时,各条或各层碳纤维布的搭接位置应相互错开200 mm以上。

用碳纤维加固混凝土构件时,如遇构件直角部位应将其打磨成圆角(其中梁 $r \geqslant 20$ mm,柱 $r \geqslant 25$ mm)。

为保证加固构件的耐久性,所有粘贴碳纤维加固的构件表面应采用抗裂砂浆粉刷,厚度不小于25 mm,当被加固构件有防火要求时,应按《建筑防火设计规范》(GB 50016—2006)的规定执行。一般做法是采用厚度不小于30 mm、直径为1.5～2 mm钢丝网水泥砂浆粉刷。

用粘贴碳纤维加固法加固的构件及相应部位在以后的使用过程中应注意以下几点:

(1)不得撕扯粘贴面,不得用锐器重击粘贴表面;

(2)严禁在加固部位打孔、开设洞口,不得对结构进行破坏性扰动;

(3)严禁在粘贴部位施焊或高温作业,以免胶层碳化而失效。

采用纤维复合材加固时,应采取措施卸除或大部分卸除作用在结构上的活荷载。采用此方法加固的混凝土构件,其长期使用的环境温度不应高于60 ℃。对于特殊环境(如高温、高湿、介质侵蚀、放射等)的混凝土结构,除应按国家现行有关标准的规定采取相应的防护措施外,还应采用耐环境因素作用的胶粘剂,并按专门的工艺要求进行粘贴。

第四节　粘钢板加固法

一、特点及适用范围

粘钢板加固技术是采用具有良好性能的建筑结构胶把钢板与混凝土牢固地黏结,并能有效地传递应力形成整体来联合工作,从而提高混凝土受弯构件的承载能力和构件刚度(其正截面受弯承载力提高幅度不应超过40%)。

该方法适用于钢筋混凝土受弯、受拉、大偏心受压构件的加固,不适用于素混凝土构件,包括纵向受力钢筋配筋率低于现行国家标准《混凝土结构设计规范》(GB 50010—2002)规定的最小配筋率的构件加固。被加固构件的现场实测混凝土强度等级不得低于C15,并且混凝土表面的正拉黏结强度不得低于1.5 MPa。

二、设计依据

(1)《混凝土结构加固设计规范》(GB 50367—2006);

(2)《混凝土结构设计规范》(GB 50010—2002);

(3)《建筑抗震加固技术规程》(JGJ 116—98);

(4)原结构竣工图或施工图及施工资料、必需的检测报告或新增荷载资料。

三、施工步骤

(1)对混凝土构件表面进行处理:

①对原混凝土构件的黏合面,可用硬毛刷蘸高效洗涤剂,刷除表面油垢、污物后用冷水冲洗,再对黏合面进行打磨,除去2～3 mm厚表层,直至完全露出新面,并用无油压缩空气吹除粉粒。如混凝土表面不是很脏很旧,则可直接对黏合面进行打磨,去掉1～2 mm厚的表层,用压缩空气除去粉尘或用清水冲洗干净,待完全干燥后用脱脂棉蘸丙酮擦拭表面即可。

②对于新混凝土黏合面,先用钢丝刷将表面松散浮渣刷去,再用硬毛刷蘸洗涤剂洗刷表面,或用有压冷水冲洗,待完全干后即可涂黏结剂。

③对于龄期在3个月以内,或湿度较大的混凝土构件,尚须进行人工干燥处理。

(2)须对钢板粘贴面进行除锈和粗糙处理。如钢板未生锈或轻微锈蚀,可用喷砂、砂布或平砂轮打磨,直至出现金属光泽。打磨粗糙度越大越好,打磨纹路应与钢板受力方向垂直。然后,用脱脂棉蘸丙酮擦拭干净。如钢板锈蚀严重,须先用适度盐酸浸泡20 min,使锈层脱落,再用石灰水冲洗,中和酸离子,最后用平砂轮打磨出纹道。

(3)黏结剂为甲、乙两组分,使用前应进行现场质量检验,合格后方能使用,按产品使用说明书的规定配制。注意搅拌时应避免雨水进入容器,按同一方向进行搅拌,容器内不得有油污。

(4)黏结剂配制好后,用抹刀同时涂抹在已处理好的混凝土表面和钢板上,厚度为1~3 mm,中间厚边缘薄,然后将钢板贴于预定位置。如果是立面粘贴,为预防流淌,可加一层脱脂玻璃丝布。粘好钢板后,用手锤沿粘贴面轻轻敲击钢板,如无空洞声,则表示已粘贴密实,否则应剥下钢板,补胶,重新粘贴。

(5)钢板粘贴好后立即用夹具夹紧,或用支撑固定,并适当加压,以使胶液刚从钢板边缝挤出为度。

(6)黏结剂在常温下固化,保持在20 ℃以上,24 h即可拆除夹具或支撑,3 d后可受力使用。若低于15 ℃,应采取人工加热,一般用红外线灯加热。

(7)加固后,钢板表面应粉刷水泥砂浆保护。如钢板表面积较大,为利于砂浆黏结,可粘一层铅丝网或点粘一层豆石。

(8)黏结剂施工必须遵守以下安全规定:

①配制黏结剂用的原料应密封贮存,远离火源,避免阳光直接照射;

②配制和使用场所必须保持通风良好;

③操作人员应穿工作服、戴防护口罩和手套;

④工作场所应配备各种必要的灭火器以备救护。

(9)工程质量及验收:

①撤除临时固定设备后,应用小锤轻轻敲击黏结钢板,从音响判断黏结效果或用超声波法探测黏结密实度。如锚固区黏结面积少于90%,非锚固区黏结面积少于70%,则此黏结件无效,应剥下重新粘贴。

②对于重大工程,为真实检验其加固效果,尚需抽样进行荷载试验,一般仅做标准使用荷载试验,即将卸去的荷载重新全部加上,其结构的变形和裂缝开展应满足设计使用要求。

四、设计构造注意事项

(1)粘贴施工前应凿除松散、碳化混凝土直至完全露出新面,粘贴面不平处采用改性砂浆修补平整,并待完全干燥。原混凝土表面采用机械打磨到结构层,清理干净后再用丙酮擦拭干净。

(2)钢板粘贴面须进行除锈和粗糙处理。如钢板未生锈或轻微锈蚀,可用喷砂、砂布或平砂轮打磨,直至出现光泽。打磨粗糙度越大越好,打磨纹路应与钢板受力方向垂直,然后用脱脂棉蘸丙酮擦拭干净。

(3)黏结剂应用抹刀同时涂抹在已处理好的混凝土和钢板表面,厚度 1 ~ 3 mm,中间厚边缘薄。

(4)钢板粘贴好后立即用夹具夹紧或用支撑固定,并适当加压。黏结剂在常温下固化;环境温度在 20 ℃以上时,24 h 可拆除夹具或支撑,3 d 可受力作用。

(5)黏结剂施工必须遵守以下安全规定:

①配制黏结剂用的原料应密封贮存,远离火源,避免阳光直接照射;

②树脂的配制和使用场所应保持通风良好,现场施工人员应采取相应的劳动保护措施;

③工作场所应配备各种必要的灭火器以备救护。

(6)钢板锚固区黏结面积不得少于 90%,非锚固区黏结面积不得少于 70%,否则应剥下重新粘贴。

(7)为保证加固构件的耐久性,所有粘贴钢板加固的构件表面采用抗裂砂浆粉刷,其厚度对梁柱为 25 mm,对板为 15 mm。当被加固构件有防火要求时,应按《建筑防火设计规范》(GB 50016—2006)的规定执行,一般做法是采用厚度不小于 30 mm、直径为 1.5 ~ 2 mm钢丝网水泥砂浆粉刷。

(8)用粘贴钢板加固法加固的构件及相应部位在以后的使用过程中应注意以下几点:

①不得用锐器重击粘贴表面,不得对结构进行破坏性扰动;

②严禁在粘贴部位施焊或高温作业,以免胶层碳化而失效。

(9)采用该方法的胶粘剂粘贴钢板加固混凝土结构时,其长期使用的环境温度不应高于 60 ℃;对于特殊环境(如高温、高湿、介质侵蚀、放射等)的混凝土结构,除应按国家现行有关规范的规定采取相应的防护措施外,还应采用耐环境因素作用的胶粘剂,并按专门的工艺要求进行粘贴。

(10)粘贴钢板的加固量,对于受拉区和受压区,分别不应超过 3 层和 2 层,并且钢板总厚度不应大于 10 mm。采用手工涂胶时,单层钢板厚度不应大于 5 mm;采用压力注胶时,单层钢板厚度不应大于 10 mm。

第五节　外粘型钢加固法

一、特点及适用范围

外粘型钢(角钢或槽钢)是将型钢与原构件间采用改性环氧树脂灌注胶黏结,使两者能黏结成整体并共同受力工作的加固方法。外粘型钢加固法适用于需要大幅度提高截面承载力和抗震能力的钢筋混凝土梁、柱构件的加固。

二、设计依据

(1)《混凝土结构加固设计规范》(GB 50367—2006)、《混凝土结构设计规范》(GB 50010—2002);

(2)《建筑抗震加固技术规程》(JGJ 116—98);

(3)原结构竣工图或施工图及施工资料、必需的检测报告或新增荷载资料。

三、施工步骤

(一)构件表面处理

为增强结合能力,应凿去结合面风化疏松层、碳化锈裂及严重油污层,直至完全露出坚实基层。在此基础上将结合面打磨平整,四角磨出小圆角,并用钢丝刷刷毛,用压缩空气吹净。角钢及箍板结合面应除锈,并打磨出金属光泽,然后用丙酮、二甲苯等洗涤剂擦净。

(二)环氧树脂灌浆工艺

(1)用卡具将角钢及扁钢箍卡贴于构件的预定结合面,经校准后彼此焊接(平焊)固定。

(2)用环氧胶泥将型钢架全部构件的边缘缝隙嵌补严密,在利于灌浆的适当位置钻孔,粘贴灌浆嘴(一般在较低处),并留出排气孔,间距为 2 ~ 3 m。待胶泥完全固结后,通气试压。

(3)以 0.2 ~ 0.4 MPa 的压力将环氧树脂浆从灌浆嘴压入;当排气孔出现浆液后停止加压,以环氧胶泥封堵排气孔;再以较低压力维持 10 min 以上,以环氧胶泥堵孔。灌浆应由下至上,由左至右,依次进行灌注,直至全部灌完为止。应该注意的是,灌浆后不应再对钢架进行锤击、震动和焊接。

(三)表面进行防腐处理

型钢表面应用厚度不小于 25 mm 的高强水泥砂浆(应加钢丝网防裂)作防护层,也可采用其他具有防腐蚀和防火性能的饰面材料加以保护。

四、设计构造注意事项

(1)采用外粘型钢加固法时,应优先选用角钢。角钢的厚度不应小于 5 mm,角钢的边长,对于梁和桁架不应小于 50 mm,对于柱不应小于 75 mm。

(2)箍板与缀板均应在胶粘前与加固角钢焊接。箍板或缀板截面不应小于 40 mm × 4 mm,其间距不应大于 $20r$(r 为单根角钢截面的最小回转半径),且不应大于 500 mm,在节点区,宜采用 200 mm。

(3)外粘型钢加固结构,尤其是框架结构,节点区受力最为复杂,构造处理相当别扭。为保证力的有效传递,在加固区,框架柱的外包角钢应通长设置,中间不得断开;下端应视柱根弯矩大小,伸到基础顶面或锚固于基础;中间应穿过各层楼板;上端应延伸至加固层的上层楼板(或屋面板)底面。对于框架梁或连系梁,梁角钢无法连续通过梁柱节点,可在梁上下面相应位置的柱设置加强型钢箍，并采用化学植筋或附加弯折钢筋与梁角钢相互焊接传力，加强型钢箍筋、植筋或弯筋的截面面积应不小于梁受力角钢的截面面积，并考虑弯折角度对拉（压）力的增大影响（见图4-1）。对于二阶排架柱，上下柱交接节点或牛腿节点，应用斜杆特别加强，加强范围从牛腿上下沿算起，各取梁高，且不小于500 mm，钢筋应插入节点，并保证与下柱角钢的搭接长度不小于500 mm。对此，在整个节点区段，此角钢可改换成相同截面面积的扁钢；原柱顶部埋设件（承压钢板）应与角钢相互焊接，以增强柱端抗剪能力（见图4-2）。

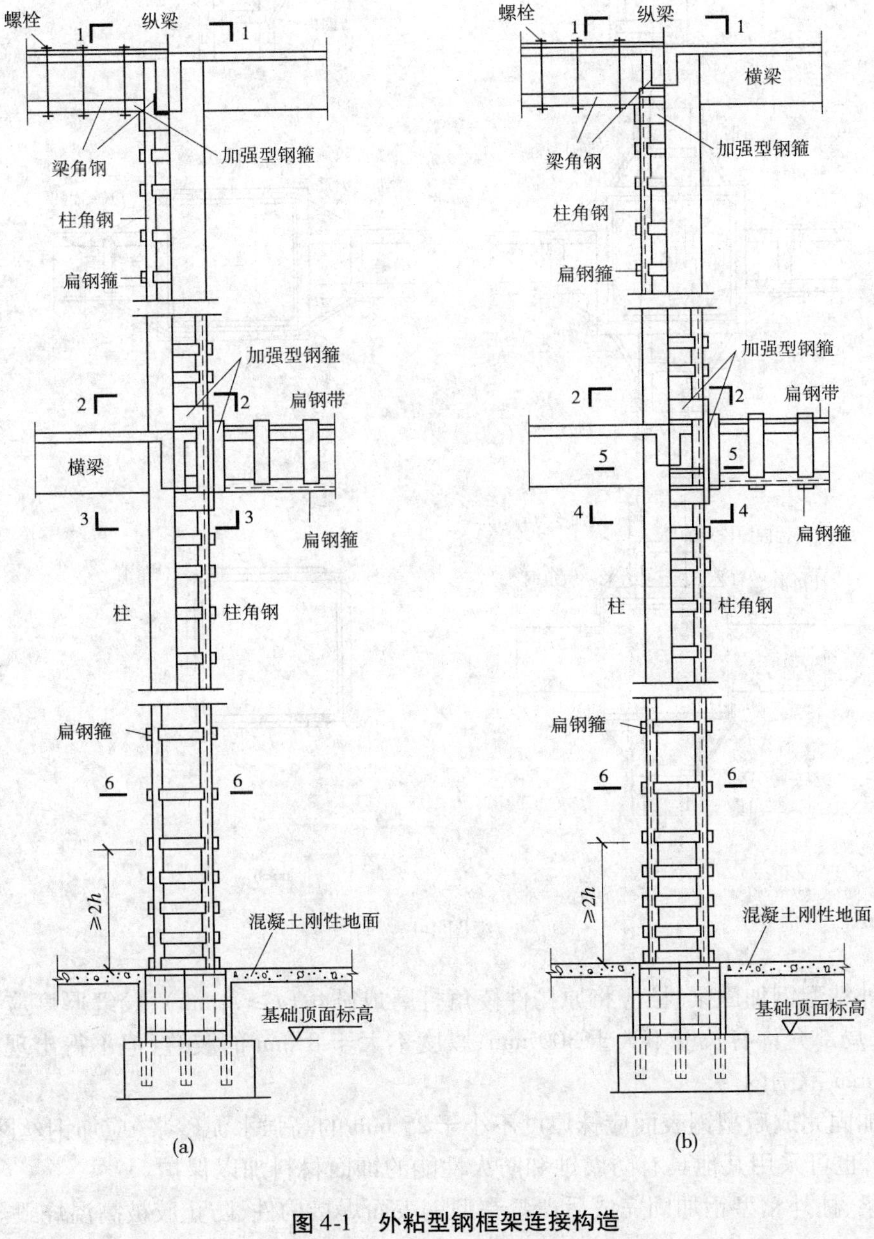

图4-1　外粘型钢框架连接构造

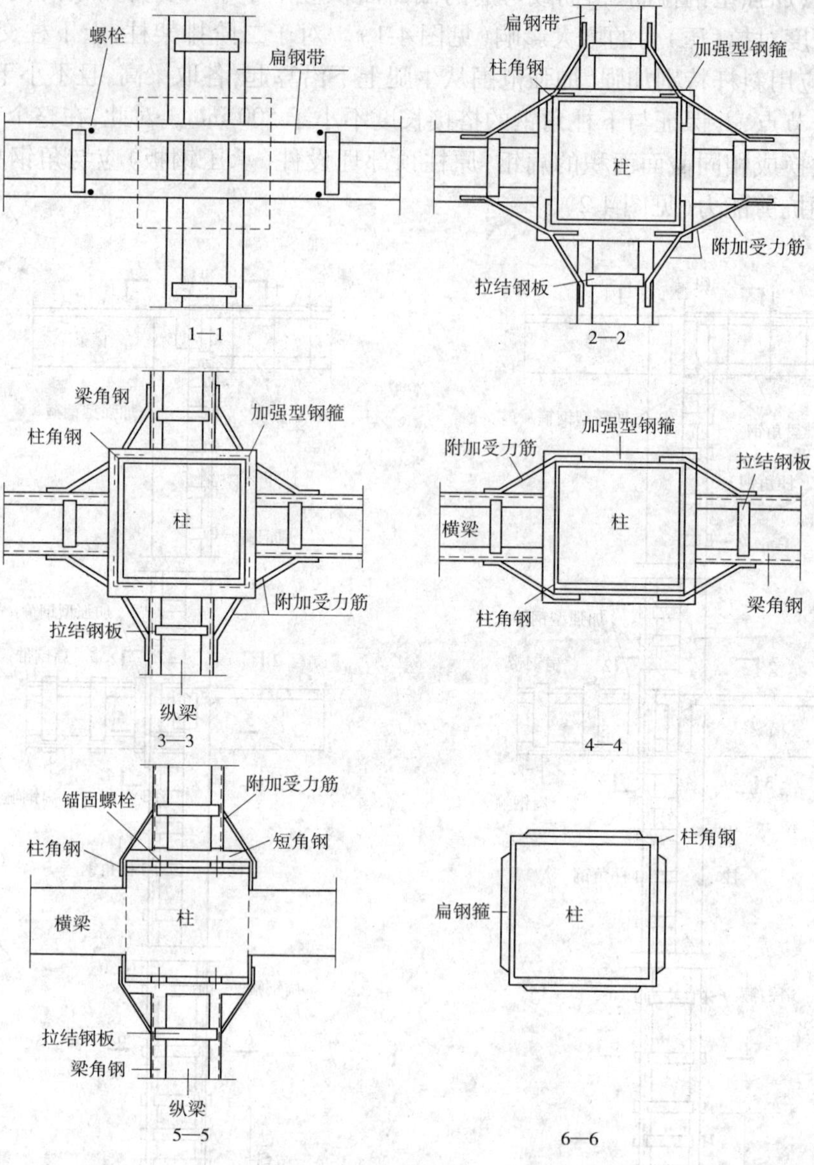

续图 4-1

(4)外粘型钢加固梁、柱应将原构件棱角打磨成圆角($r \geq 7$ mm),胶缝厚度应控制在 3 ~5 mm,局部允许有长度不大于 300 mm、厚度不大于 8 mm 的胶缝,但不得出现在角钢端部 600 mm 范围内。

(5)加固完成后型钢表面应抹厚度不小于 25 mm 的高强水泥砂浆(应加钢丝网防裂)作防护层,也可采用其他具有防腐蚀和防火性能的饰面材料加以保护。

(6)梁、柱外粘型钢加固完成后严禁在型钢表面焊接构件,防止胶被高温烧毁。

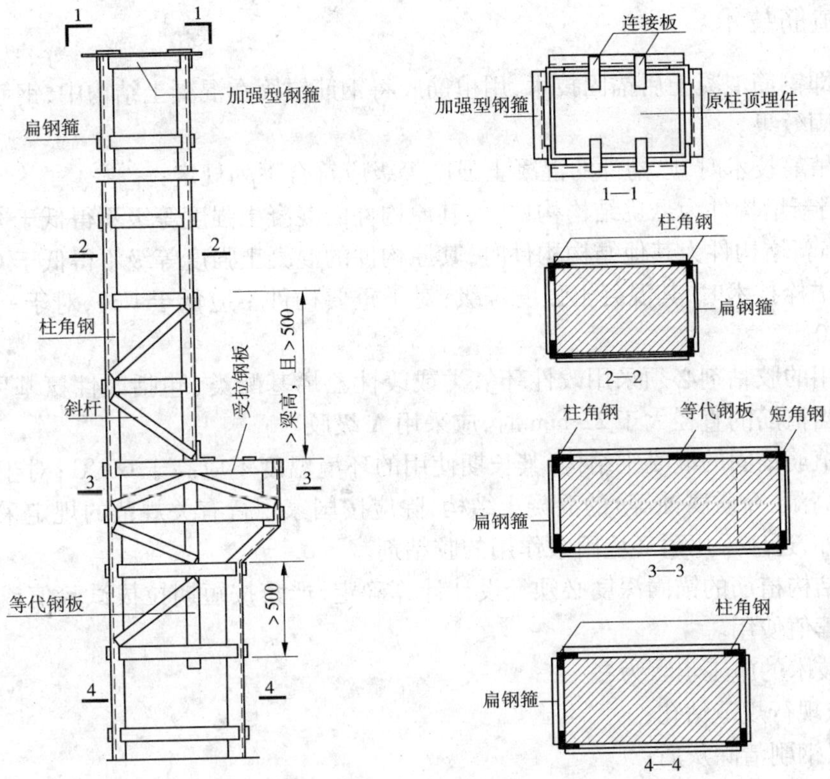

图4-2　外粘型钢排架柱连接构造　（单位：mm）

第六节　种植钢筋（化学螺栓）锚固

一、特点及适用范围

采用化学植筋法将钢筋植入混凝土结构中，相当于在结构体内加上了预埋钢筋。对植筋后的钢筋进行抗拔试验表明，对不同标号的混凝土满足不同的植筋深度要求以后，可以将钢筋拔断，而钢筋不被拔出。植筋黏结材料抗腐蚀、耐老化、黏结强度远大于混凝土的抗剪强度，并且固化速度快，能使植入钢筋尽早承受外力作用。多用于结构改造、接建、续建时新旧混凝土间钢筋锚固和采用加大截面法加固时新增钢筋的锚固。

植筋技术适用于钢筋混凝土结构构件的受力钢筋锚固；不适用于素混凝土构件，包括纵向钢筋配筋率低于最小配筋百分率规定的构件锚固。素混凝土构件及低配筋率构件的植筋应按锚栓进行设计计算。

锚栓技术适用于普通混凝土承重结构；不适用于轻质混凝土结构及严重风化的结构（如必须使用锚栓，应先对被锚固的构件进行混凝土置换，然后再植入锚栓，才能起到承载作用）。

二、植筋技术

植筋即钢筋混凝土后锚固技术，用植筋胶将钢筋锚固在混凝土结构中，钢筋达到如同预埋的锚固效果。

采用植筋技术时，原构件的混凝土强度等级应符合下列规定：

(1)当新增构件为悬挑结构构件时，其原构件的混凝土强度等级不得低于C25；

(2)当新增构件为其他结构构件时，其原构件的混凝土强度等级不得低于C20。

采用锚栓技术时，其混凝土强度等级：对于重要构件不应低于C30，对于一般构件不应低于C20。

植筋用的胶粘剂必须采用改性环氧类或改性乙烯基酯类（包括改性氨基甲酸酯）的胶粘剂。当植筋的直径大于22 mm时，应采用A级胶。

采用植筋锚固的混凝土结构，其长期使用的环境温度不应高于60 ℃；对于特殊环境（如高温、高湿、介质腐蚀等）的混凝土结构，除应按国家现行有关规范的规定采取相应的防护措施外，还应采用耐环境因素作用的胶粘剂。

承重结构植筋的锚固深度必须经设计计算确定，严禁按短期拉拔试验值或厂商技术手册的推荐值使用。

植筋技术的施工步骤为：

(1)依现行规范钻孔；

(2)以钢刷清除灰屑；

(3)以压缩空气将孔内清洁干净；

(4)将药剂注入孔中；

(5)将钢筋缓缓旋入孔中，在胶凝时间内，切勿移动；

(6)待硬化完成后，即可进行负载或施工。

三、定型化学锚栓技术

化学锚栓主要应用于钢筋混凝土结构中对新增钢质构件的连接锚固，其具有锚固力强、非膨胀性、耐酸碱、抗老化、可在潮湿环境使用等特点。

在考虑地震作用的结构中，严禁采用膨胀型锚栓作为承重构件的连接件。

定型化学锚栓可用于承重结构，其产品说明书标明的有效锚固深度：对于承受拉力的锚栓，不得小于$8.0d_0$（d_0为锚栓公称直径）；对于承受剪力的锚栓，不得小于$6.5d_0$。当定型化学锚栓产品说明书标明的有效锚固深度大于$10d_0$时，应按植筋的设计规定核算其承载力。

锚栓防腐蚀标准应高于被固定物（钢结构）的防腐蚀标准。

定型化学锚栓技术的施工步骤为：

(1)依现行规范钻孔；

(2)孔内清洁；

(3)将药剂管圆头（或植筋胶）向内置入；

(4)用电钻驱动螺杆将药剂管搅拌（将螺杆旋转置入）；

(5)螺杆安装后请勿碰撞,经硬化时间后才可固定对象。

四、设计依据

(1)《混凝土结构加固设计规范》(GB 50367—2006)、《建筑抗震加固技术规程》(JGJ 116—98);

(2)相关植筋胶(黏结剂)技术资料(仅作参考);

(3)原结构竣工图或施工图及施工资料、必需的检测报告或新增荷载资料。

五、设计构造注意事项

设计构造时,应注意以下事项:

(1)植筋时,其钢筋宜先焊后种植;若有困难必须后焊,其焊点距基材混凝土表面应大于$15d$,并且应以水浸渍的湿毛巾包裹植筋外露部分的根部。

(2)用于植筋的钢筋混凝土构件,其最小厚度应大于种植埋深加$2D$(D为钻孔直径);用于种植化学锚栓的钢筋混凝土构件,其最小厚度不应小于种植埋深的1.5倍且不小于100 mm。

(3)锚栓的最小边距不应小于$0.8h_{ef}$(h_{ef}为锚固深度),临界边距不应小于$1.5h_{ef}$,群锚最小间距不应小于h_{ef},临界间距不应小于$3h_{ef}$。

第七节　增大截面加固法

一、特点及适用范围

增大截面加固法是采用与原构件相同的材料(钢筋混凝土)来增大原混凝土结构构件的截面面积,以达到提高承载力的一种加固方法。由于它具有工艺简单、施工经验丰富、受力可靠、加固费用经济等优点,很容易为人们所接受;但它的固有缺点,如湿作业工作量大、养护期长、占用建筑空间较多等,也使得其应用受到限制。该方法适用于钢筋混凝土受弯、受压构件的加固。采用该方法加固时,被加固构件按现场检测结果确定的原构件混凝土强度等级不应低于C10,否则应采用置换混凝土法进行加固。

二、设计依据

(1)《混凝土结构加固设计规范》(GB 50367—2006)、《混凝土结构设计规范》(GB 50010—2002);

(2)《建筑抗震加固技术规程》(JGJ 116—98);

(3)原结构竣工图或施工图及施工资料、必需的检测报告或新增荷载资料。

三、施工步骤

增大截面加固法的施工步骤为:基层混凝土凿毛—种植(焊接)钢筋连接—支设构件模板—隐蔽工程检查—浇水湿润—新老混凝土结合面涂刷界面剂—浇筑混凝土—混凝土养护—拆模—外粉刷保护。

四、设计构造注意事项

设计构造时应注意以下事项：

(1)加固前,应对原构件混凝土存在的缺陷清理至密实部位,被包混凝土梁、柱棱角应打掉,除去浮渣、尘土并冲洗干净。浇筑前应刷界面剂处理。

(2)对原有和新设受力钢筋应进行除锈处理;在与原受力钢筋施焊前应采取卸荷或支顶措施,并应逐根分区分段分层进行焊接。

(3)梁的新增纵向受力钢筋,其两端应可靠锚固;柱的新增纵向受力钢筋的下端应伸入基础并应满足锚固要求,上端应穿过楼板与上层柱脚连接或在屋面板处封顶锚固。

(4)模板搭设、钢筋安置以及新混凝土的浇筑和养护应符合国家标准《混凝土结构工程施工质量验收规范》(GB 50204—2002)的要求。

(5)新增混凝土层的最小厚度:板不应小于 40 mm;梁、柱采用人工浇筑时不应小于 60 mm,采用喷射混凝土施工时不应小于 50 mm。

(6)加固用的钢筋应采用热轧钢筋。板的受力钢筋直径不应小于 8 mm,梁的受力钢筋直径不应小于 12 mm,柱的受力钢筋直径不应小于 14 mm。

(7)新增受力钢筋与原受力钢筋的净间距不应小于 20 mm,并应采用短筋或箍筋与原钢筋焊接。当受构造条件限制必须采用植筋方式埋设 U 形箍时,应采用锚固专用胶种植,不得采用自行配制的环氧树脂砂浆或其他水泥砂浆。

(8)加固混凝土用的石子宜选用坚硬耐久的卵石或碎石,最大粒径不宜大于 20 mm。

第八节　外加预应力加固法

一、特点及适用范围

外加预应力加固法是通过对钢筋混凝土梁、板、柱或桁架构件反应力、应变方向施加应力荷载,以抵消或降低构件内部由于已承担荷载所产生的应力、应变,增强构件承载能力的一种加固方法。该加固法适用于原构件截面偏小或需要增加其使用荷载,处于高应力、应变状态且难以直接卸除其结构上的荷载或需要改善其使用性能的梁、板、柱或桁架等构件的加固。

二、设计依据

(1)《混凝土结构加固设计规范》(GB 50367—2006)、《混凝土结构设计规范》(GB 50010—2002);

(2)《建筑抗震加固技术规程》(JGJ 116—98);

(3)原结构竣工图或施工图及施工资料、必需的检测报告或新增荷载资料。

三、设计要求

采用外加预应力加固混凝土结构时,应根据被加固构件的受力性质、构造特点和现场条件，选择适合的预应力预加方法：

(1)对于正截面受弯承载力不足的梁、板构件，可采用预应力水平拉杆进行加固；对于正截面和斜截面均需加固的梁式构件，可采用下撑式预应力拉杆进行加固；若工程需要且构造条件许可，也可同时采用水平拉杆和下撑式拉杆。

(2)对于受压承载力不足的轴心受压柱、小偏心受压柱以及弯矩变号的大偏心受压柱，可采用双侧预应力拉杆进行加固；若弯矩不变号，则可采用单侧预应力拉杆进行加固。

(3)对于桁架中承载力不足的轴心和偏心受拉构件，可采用预应力拉杆进行加固；对于受拉钢筋配置不足的大偏心受压柱，也可以采用预应力拉杆进行加固。

四、设计构造注意事项

采用预应力拉杆进行加固时，其构造设计应考虑施工采用的张拉方法。当采用机张法时，应按现行国家标准《混凝土结构设计规范》(GB 50010—2002)及《混凝土结构工程施工质量验收规范》(GB 50204—2002)的规定进行设计；当采用横向张拉法时，应满足下列规定：

(1)采用预应力水平拉杆或下撑式拉杆加固梁且加固的张拉力在 150 kN 以下时，可用 2 根直径为 12 ~ 30 mm 的 HPB235 级钢筋；若加固的预应力较大，应用 HRB335 级筋。当加固梁的截面高度大于 600 mm 时，应用型钢拉杆。

(2)采用预应力拉杆加固桁架时，可采用 HRB335 钢筋、HRB400 钢筋、精轧螺纹钢筋、碳素钢丝或钢绞线等高强度钢材。预应力水平拉杆或预应力下撑式拉杆中部的水平段距被加固梁或桁架下缘的净空宜为 30 ~ 80 mm。

(3)预应力下撑式拉杆的斜段宜紧贴在被加固梁的梁肋两旁；在被加固梁下应设厚度不大于 10 mm 的钢垫板，其宽度宜与被加固梁宽相等，其梁跨度方向的长度不应小于板厚的 5 倍；钢垫板下应设直径不小于 20 mm 的钢筋棒，其长度不应小于被加固梁宽加 2 倍拉杆直径再加 40 mm；钢垫板宜用结构胶固定位置，钢筋棒可用点焊固定位置。

(4)预应力拉杆端部的锚固构造应满足：

①被加固构件端部有传力预埋件可利用时，可将预应力拉杆与传力预埋件焊接，通过焊缝传力。

②当无传力预埋件时，宜焊制专门的钢套箍，套在混凝土构件上与拉杆焊接。钢套箍可用型钢焊成，也可用钢板加焊加劲肋。钢套箍与混凝土构件间的空隙应用细石混凝土填塞。钢套箍对构件混凝土的局部受压承载力应经验算合格。

(5)横向张拉应采用工具式拉紧螺杆。拉紧螺杆的直径应按张拉力的大小计算确定，但不应小于 16 mm，其螺帽的高度不得小于螺杆直径的 1.5 倍。

采用预应力撑杆进行加固时，其构造设计应遵循下列规定：

(1)预应力撑杆用的角钢，其截面不应小于 50 mm × 50 mm × 5 mm；压杆肢的两根角钢用缀板连接形成槽形的截面，也可用单根槽钢作压杆肢。板的厚度不得小于 6 mm，宽度不得小于 80 mm，其长度应按角钢与被加固柱之间的空隙大小确定。相邻缀板间的距离应保证单个角钢的长细比不大于 40。

(2)压杆肢末端的传力构造应采用焊在压杆肢上的顶板与承压角钢顶紧，通过抵承传力。承压角钢嵌入被加固柱的柱身混凝土或柱头混凝土内不应少于 25 mm。传力顶板宜用厚度不小于 16 mm 的钢板，其与角钢肢焊接的板面及与承压角钢抵承的面均应刨平。承压角钢截面不得小于 100 mm × 75 mm × 12 mm。

(3)当预应力撑杆采用螺栓横向拉紧的施工方法时，双侧加固的撑杆的两个压杆肢的中部应向外弯折，并应在弯折处采用工具式拉紧螺杆建立预应力并复位。单侧加固的撑杆只有一个压杆肢，仍应在中点处弯折，并应采用工具式拉紧螺杆进行横向张拉与复位。

(4)压杆肢的弯折与复位应符合下列规定：

①弯折压杆肢前，应在角钢的侧立肢上切出三角形缺口。缺口背面应补焊钢板加强。

②弯折压杆肢的复位应采用工具式拉紧螺杆，其直径应按张拉力的大小计算确定，但不应小于 16 mm，其螺帽高度不应小于螺杆直径的 1.5 倍。

五、施工要点

预应力拉杆或撑杆的锚固件应用乳胶水泥或铁屑砂浆，并通过膨胀锚栓固定在坚实的混凝土基层上，结合面应进行粗糙和清洁处理。拉杆或撑杆预应力施加方法应根据施工条件及预应力值的大小确定。预应力值较大(>150 kN)时，宜用机械法张拉或电热法张拉；预应力值较小时，可用横向张拉、竖向张拉及花篮螺栓等张拉方法。对于预应力撑杆还可以采用钢楔楔顶法。对于以变形控制的横向张拉和竖向张拉，张拉前应进行预紧和调直。对于大跨结构高空作业，为了便于拉杆能准确就位，宜采用螺栓张拉头或花篮螺栓作为辅助的就位措施，此时，应于拉杆两端或中部焊上相应的螺丝端杆；对于直接焊接连接，拉杆应在绷直定位的情况下与锚件焊接。

电热法、横向张拉、竖向张拉及楔顶法等预应力施加方法，其变形控制量 Δ，应以拉杆或撑杆真正开始受力时的值作为张拉的起始点(零点)。多点横向张拉及竖向张拉时，各点张拉螺栓应同步进行拧紧。拉杆、撑杆张拉控制应力值不宜超过规定的数值，对于预应力撑杆，张拉控制应力取值还必须受施工阶段的稳定要求控制，否则应采取多道专用卡具等辅助防失稳措施。

预应力撑杆加固柱、撑杆与构件之间宜采用环氧树脂灌浆湿式连接，此时缀板(连接箍板)宜紧贴构件结合表面与角钢平焊连接。为避免撑杆因焊接受热而产生过大的预应力损失，施焊应采取上下缀板轮流进行。

预应力拉杆、撑杆、缀板及各种锚固连接件均应采取有效的防腐、防火保护措施。

第九节　托梁拔柱加固法

一、特点及适用范围

托梁拔柱是托屋架拔柱、托梁拆墙及托梁拔柱的总称，是在不拆或少拆上部结构的情况下实施拆除、更换、接长柱子的一门综合性技术，其包括相关结构加固技术、上部结构顶升技术及断柱技术等。托梁拔柱加固法适用于因使用功能改变及生产工艺更新，要求改变平面布局、增大使用空间的旧房改造及老房改造。与传统的大掀盖改造相比：托梁拔柱具有对生产及生活影响较小、改造时间短、费用低等优点；其缺点是技术要求较高，安全措施必须周密。托梁拔柱按施工方法的不同可分为有支撑托梁拔柱和无支撑托梁拔柱。有支撑托梁拔柱是在待拔柱墙旁另设临时支柱，利用此柱顶升上部结构，制作安装托架或托梁，然后将上部结构支撑关系转换于托架或托梁，拆除柱子或墙，施工较为安全，但增设临时支撑结构费用较高。无支撑托梁拔柱是不另设支托上部结构的临时支撑结构，直接安装永久性托梁，然后拆除下部柱或墙。如利用原吊车梁及吊车架顶升上部结构；或先安装托架，利用托架本身顶升上部结构，实现支撑关系的转换。无支撑托梁拔柱按构造方法的不同又可分为双托梁反牛腿托梁及凿孔高空焊制托架两种。双托梁反牛腿托梁适用于钢柱情况，是采用两榀托梁对称设于两边支撑柱内外侧，并在被拔柱保留的上柱部分设置反向牛腿，上部结构的重量及支撑关系是通过反牛腿来进行转换的。凿孔高空焊制托架一般适用于工字柱或双肢柱情况。无支撑托梁拔柱较为经济，但技术难度较大。

二、设计依据

(1)《混凝土结构加固设计规范》(GB 50367—2006)、《混凝土结构设计规范》(GB 50010—2002)；

(2)《建筑抗震加固技术规程》(JGJ 116—98)；

(3)原结构竣工图或施工图及施工资料、必需的检测报告或新增荷载资料。

三、托梁拔柱设计

托梁拔柱在一定范围内完全改变了结构的传力途径和计算简图，增大了结构的内力，其影响程度与结构性质有关。对于超静定结构，如框架结构，影响范围较大；对于静定结构，如排架结构，则影响范围较小。我国托梁拔柱技术的应用，过去一般多局限于单层工业厂房排架结构的改造，现今则多用于增设大厅的综合楼改造。托梁拔柱结构的设计原则是：对于静定结构，被拔柱和墙受外力应全部由新增设的托架及侧向支撑承受；对于超静定结构，也可考虑内力重分布来转移部分荷载，但须进行较大范围的结构加固处理。

托梁拔柱应根据结构的实际受力情况，按下列步骤进行计算分析：

(1)计算拔柱前原结构的内力。

(2)根据被拔柱所受外力大小及新的使用要求确定拔柱的传力方案。对于静定排架结构，应采用托架及侧向支撑传力体系，此时被拔柱所受竖向及水平力全部转由托架及侧向支撑承受，并以此设计托架及侧向支撑；对于被拔柱所受力较小的超静定结构(框架)可考虑内力重分布，采用对原结构进行加固处理方案。

(3)按托梁拔柱后新的荷载传力途径计算结构内力。

(4)根据托梁拔柱后计算所得的内力对有关梁柱及地基基础进行加固设计。

(5)根据具体施工方案和实际受力情况对结构在施工阶段的强度和稳定进行验算。

四、设计构造

托梁拔柱设计构造对于设置托架方案来说，托架两端在旁柱上的支承固定，一般是采用现制牛腿来实现的，旁柱上端若为薄壁工字形截面，也可直接开凿孔洞支承。牛腿中的钢筋一般是采用化学植筋技术在钢筋混凝土柱上生根的，柱应局部凿去保护层。若采用外包封闭式钢板套箍连接，为增强套箍的抗剪能力，套箍应与柱主筋焊接，或者附加预应力螺栓或打孔穿入方钢销等。当为钢柱时，牛腿与柱可直接焊接。对于无支撑托梁拆墙，一般是采用双面钢筋网混凝土夹板墙对原上部（砖）墙加固，再与托梁组合为一根墙梁，以增大抗弯刚度，并且在梁中配置一定数量的后张预应力筋，利用预应力时的反拱来部分抵消拆墙后的挠曲变形。

五、施工要点

托梁拔柱的主要施工顺序及要点是：

（1）对被拔柱所支承的上部结构或屋盖系统在施工过程中的安全问题进行全面分析和检查，凡不符合安全要求者均应进行补强加固，或采取其他安全措施。

（2）按设计要求加固旁柱、柱基及相关结构，增设支承托架的牛腿，加工制作托架（梁）。

（3）对于有支撑托梁拔柱，应从地面设置支顶上部结构的临时支柱。

（4）对于无支撑托梁拔柱，可利用原吊车梁、吊车端架或原柱牛腿等设置支顶屋盖系统的临时支架。与此同时，对于保留上柱方案，需打凿出穿入托架弦杆的孔洞，或设置支撑托架（梁）反牛腿及临时加荷反牛腿。

（5）安装托架。除保留上柱的无支撑托梁拔柱外，安装托架时，应先顶升屋架或上部结构，并安放临时支柱或支架，拆除上柱，然后安装托架。应该注意的是：顶升时，全部千斤顶应同步进行；顶起后，千斤顶两旁应有防回落装置。

（6）顶升屋架，转换安装固定于托架，对于保留上柱的反牛腿方案，是通过临时加荷反牛腿顶升屋架的，顶起后，紧接着在支撑反牛腿上加塞垫片，然后回落顶升千斤顶，将支撑关系转换于托架。

（7）拆除待拔柱及连接吊车梁、临时支柱、支架等。

第十节 增设支点加固法

一、特点及适用范围

增设支点加固法是用增多支撑点来减小结构的计算跨度，达到减小结构内力和提高其承载能力的加固方法。其优点是简单可靠，缺点是使用空间会受到一定影响。这种方法适用于梁、板、桁架、网架等水平结构的加固。该法按支承结构的变形性能，又分为刚性支点和弹性支点两种情况。刚性支点法是通过支承结构的轴心受压或轴心受拉将荷载直接传给基础或柱子的一种加固方法。由于支承结构的轴向变形远远小于被加固结构的挠曲变形，对于被加固结构而言，支承结构可简化按不动支点考虑，结构受力较为明确，内力计算大为简化。弹性支点法是以支承结构的受弯或桁架作用间接传递荷载的一种加固方法。由于支承结构和被加固结构的变形同属一数量级，支承结构只能按可动点－弹性支点考虑，内力分析较为复杂。相对而言，刚性支点加固对结构承载能力提高影响较大，弹性支点加固对结构使用空间影响较小。增设支点加固法支承结构所受外力，应根据被加固结构是否预加支承力，分两种情况计算。有预加支承力时，支承预加力可视为外力计算，由于此力与外荷载方向相反，因此对结构内力减小较多；无预加支承力时，在正常使用工作状态下，被加固结构所能传给支承结构的力一般只是加固后使用中所增加的荷载 Δq 的部分荷载，对结构内力减小有限。因此，除新增荷载 Δq 量值较大的情况外，为充分发挥支承结构的潜力，提高结构加固效果，在增设支点的同时，一般都要采取预加支承力或卸荷等辅助措施，尤其是弹性支点加固。

二、设计依据

(1)《混凝土结构加固设计规范》(GB 50367—2006)、《混凝土结构设计规范》(GB 50010—2002)；

(2)《建筑抗震加固技术规程》(JGJ 116—98)；

(3)原结构竣工图或施工图及施工资料、必需的检测报告或新增荷载资料。

三、施工要点

增设支点加固法在工艺上应保证支撑点的紧密结合和支承结构的有效传力。支撑节点若用湿式连接，节点被连接部位的梁或柱周围的保护层应全部凿掉，露出箍筋，表面凿毛，清除浮渣，洒水湿润，然后浇筑微膨胀混凝土。为增强黏结力，浇筑前最好先于结合面涂刷一层混凝土界面剂。若采用型钢套箍干式连接，型钢套箍与梁柱接触面间应用干捻砂浆填塞紧密。采用预加力增设支点加固时，支点预加力原则上应采用测力计控制。若采用打入钢楔以控制变形，则应进行计算分析，最好辅以必要的试验，在确知支承力与变形的关系后，方可应用。对于楔块楔顶预加力时，楔顶完毕，应将所有楔块与锚板焊接，再用环氧砂浆封闭。

第五章　修补材料及检测方法

第一节　表面修补材料

一、界面处理剂

混凝土界面处理剂的主要功能是增强新老混凝土(砂浆)界面的黏结能力,是一种改善新老混凝土基面黏结性能的砂浆外加剂。在对老混凝土进行维护、修复时,在老混凝土表面涂刷界面剂,能使新浇筑的混凝土与已硬化的混凝土很好黏结,提高混凝土结构物的整体性。因此,选择一种好的界面剂就成为保证新老混凝土浇筑后保持整体性和质量的关键。

(一)界面处理剂的种类

界面处理剂按组成分为以下两种类型。

(1)无机类:由水泥等无机胶凝材料、填料和有机外加剂等组成的干粉状产品。

(2)有机类:含聚合物分散液的产品,分为单组分和多组分界面处理剂。此类产品需与水泥等无机胶凝材料和水按适当比例拌和后使用。

有机类界面处理剂常用的聚合物有:丁苯乳胶、丙烯酸酯共聚乳液、氯丁胶乳液、聚氯乙烯－偏氯乙烯乳液、聚乙烯醇、丙烯酸乳液和醋酸乙烯共聚乳液等。

(二)界面剂改善新老混凝土黏结强度的机理

新老混凝土黏结的整体宏观力学性能其实是界面的微观结构的具体表现,一般认为,范德华力、化学力、机械咬合力和表面张力是界面黏结力的主要来源。

新老混凝土的黏结层是叠合层面,其内部存在着许多不利于黏结的因素。新混凝土浇筑之前,老混凝土黏结面除凿毛外,还必须洇水。洇水饱和度对黏结强度有一定影响。当洇水不足时,老混凝土将从新混凝土中吸收水分,如果黏结面附近的新混凝土失水过多,那么这部分的水化反应将不充分,影响黏结强度。当洇水充足时,老混凝土黏结面上的粗集料周围将形成薄层水膜,这部分集料将同新混凝土中的集料一样,在周围形成过渡层。过渡层内水灰比高,水化晶体尺寸大,结构疏松,是低强区。当新老混凝土中的集料相接近时,其叠加效应将更显著,此局部黏结层的黏结强度会更低。

也有人认为,在进行新老混凝土黏结试验及实际混凝土修补时,新混凝土有唯一的一个结合曲面,但新老混凝土黏结破坏曲面不是唯一的(即不一定在原来的结合面处破坏),在原结合曲面附近有无数个可能的破坏曲面,这些曲面构成一个“新老混凝土黏结破坏区”。实际上,新老混凝土破坏区是老混凝土、黏结界面和新混凝土所组成的一个特殊的新老混凝土过渡层。新老混凝土黏结的成败取决于这一过渡层混凝土的微观结构和力学特性。黏结区的混凝土破坏机理与整浇混凝土的破坏机理基本相同,所不同的是其内部的潜在缺陷比整浇混凝土更严重,并且内部初应力和应变更复杂,这是黏结区混凝土力学性能较整浇混凝土低的主要原因。黏结区内部潜在的缺陷比整浇混凝土严重得多,造成这种严重缺陷的原因主要有以下几点:①黏结界面附近老混凝土的强度劣化及黏结界面处理时,对老混凝土石子的扰动;②新老混凝土黏结界面处,新老混凝土结合不良;③新混凝土浇筑不实及新混凝土本身固有的结构组织特性(如轻集料混凝土)。造成黏结区混凝土破坏的主要原因之一是黏结区混凝土内部严重的潜在缺陷,原因之二是其内部复杂的初应力(应变)。由于黏结区有已受力的老混凝土和新浇筑的混凝土,老混凝土中的应力与新浇筑混凝土时产生的温度应力、收缩应力等交织在一起,在黏结区混凝土中构成复杂的初应力。这些复杂的初应力和严重的混凝土内部缺陷影响了黏结区混凝土的力学性能。

(三)影响新老混凝土黏结强度的因素

在混凝土修补加固后,要使新老混凝土真正成为一个整体来共同工作,关键所在是新老混凝土的界面要有良好的黏结。有很多修补加固的结构在工作一段时间后,黏结面就出现裂缝,新补混凝土也出现剥落和裂缝现象,使整体结构的使用功能和安全性再次受损,没有能够很好地达到加固修补的目的。影响新老混凝土的黏结性能的因素很多,归结起来有以下几个方面:

(1)新老混凝土的强度等级对新老混凝土的黏结强度有一定程度的影响。新混凝土强度等级越高,新老混凝土的黏结强度越高,而且新混凝土的强度对黏结强度的影响较显著。老混凝土的强度等级对新老混凝土黏结强度的影响不如新混凝土显著,随着老混凝土强度提高,新老混凝土黏结强度有下降的趋势。

(2)老混凝土表面的含水状态对新老混凝土的黏结强度也有一定程度的影响。老混凝土表面含水过少对黏结强度有不利的影响,经过试验得出:为了获得较高的黏结强度,在老混凝土表面浇筑新混凝土之前,老混凝土表面应至少明水润湿1.5 h以上。

(3)老混凝土表面的处理方式也是影响新老混凝土黏结强度的一个因素。局部凿毛法(凿坑深度为1.5~2 cm)比整体凿毛法对提高新老混凝土的黏结强度更有利。

(4)在老混凝土表面涂刷界面剂是提高新老混凝土黏结强度的技术措施。

(5)不同的修补方位获得不同的黏结强度,其中斜上补、上补和侧补对新老混凝土的黏结强度是有利的,而下补和斜下补对黏结强度是不利的。在实际工程中,应该尽量采用斜上补、上补和侧补。

(四)产品介绍

下面以KLY界面处理剂为例进行介绍。

KLY混凝土界面处理剂是新型水性高分子乳液类产品,可大幅度提高水泥砂浆的黏结性能,取代人工凿毛,并能使混凝土获得防水效能。该产品无毒、无味、无污染,是一种环保型建材。其具有黏结力强、强度高、隔潮、防水、耐冻融、抗老化等优良性能,可长期用于潮湿、有酸碱腐蚀的场合,以及需耐久保护的混凝土表面。

该产品使用范围为:

(1)砖板铺贴防脱落;

(2)油污、起砂基层处理;

(3)光滑基层抹灰防空鼓;

(4)混凝土连接防脱层;

(5)防水、隔潮、防腐涂层;

(6)混凝土界面耐久保护层;

(7)修补混凝土。

施工方法如下。

1.界面处理

(1)抹灰、新老混凝土连接及贴面砖时,按乳液:水泥为4:3~4:5的比例调成稀浆,用毛刷涂于混凝土基层或面砖背面,然后趁湿抹灰、打混凝土。

(2)乳液直接涂刷于混凝土基层或面砖背面,趁湿抹灰或抹砂浆贴砖,也可拉毛处理。

2.拉毛处理

若施工原因不能趁湿处理时,可做拉毛处理,按乳液(加水1倍稀释后):水泥:砂=1:1.5:2配出浆,甩刷于基层成粗糙面,待干硬后再抹灰或打混凝土。

3.混凝土耐久保护和墙、地面防水

按乳液:水泥=4:3~4:6配出稀或稠浆,均匀涂刷于清理干净的混凝土基层上,第一道用稀浆,第二道、第三道用稠浆。混凝土保护可刷1~2道,防水需刷2~3道。每道工序间隔须4 h以上。

4.砖板粘贴、起砂面层的处理

按乳液(加水1倍稀释后):水泥:砂=1:1.5:3拌成砂浆后直接粘贴砖板;处理起砂面层时,适当增加乳液比例,用胶液刷涂一遍,再用砂浆刮涂平整即可。

5.修补混凝土

按乳液(加水1倍稀释后):水泥:砂=1:1.5:3拌成砂浆,刮涂于混凝土基层。

二、水泥基修补砂浆

(一)产品介绍

民用及水工建筑物在建设和使用过程中经常会遇到混凝土质量问题,如蜂窝麻面、空洞、大面积损坏等,为了恢复其使用功能,需进行修补。一般的修补方法是采用普通混凝土或砂浆作为修补材料,但普通混凝土黏结强度低,将其用于混凝土修补,容易造成界面黏结不牢、开裂而导致混凝土再度损坏等质量问题。

新型高性能混凝土修补砂浆具有低成本、高性能、使用可靠方便的特点,该种材料由普通砂石料、525号优质水泥、高分子聚合物、水泥塑化剂、增强剂、调凝剂、改性剂、膨胀剂、优质活性混合材等组成,各原材料的性能特点分述如下:

(1)优质水泥采用铁铝酸盐525号水泥,该种水泥具有快凝、快硬、水化时能快速产生大量的铁凝胶体的特点,因而混凝土收缩小,表面坚硬,早期强度高,抗腐蚀、抗冲刷性能优良。

(2)高分子聚合物采用可溶性高黏型聚合物粉料,黏度高达10 000 Pa·s,该剂有极好的保水黏聚性,以适当掺量加入混凝土中可成倍地提高混凝土的黏结强度。

(3)助剂有塑化剂、增强剂、调凝剂、改性剂等,其中塑化剂可调整混凝土拌和物的黏度,使其有较好的施工性能;增强剂可与混凝土内部的高聚物形成网络状结构,提高混凝土的韧性及强度;调凝剂则可任意调整混凝土的凝结时间;改性剂可改变混凝土内部的水化产物 $Ca(OH)_2$ 的结晶度,使其以小分子形态出现,从而提高混凝土的密实度和强度。

(4)优质活性混合材,由硅灰、沸石粉、优质粉煤灰和膨胀剂以合适的比例混合而成,将其加入混凝土中可大大提高混凝土的密实度、强度及抗收缩性能。

(二)新型修补材料的作用机理

一般来说,混凝土修补材料应具有如下基本性能:对老混凝土基面有足够高的黏结强度、较高的抗裂性和抗渗能力、优良的耐久性及抗冻融性。新型修补材料的成分以普通砂石、水泥为主,辅以少量有机高分子聚合物及助剂,通过大大改善混凝土的施工性能来保证混凝土具有正常的使用功能。当进行混凝土拌制时,聚合物分子与水泥颗粒间仅发生化学吸附作用,聚合物分子吸水而增稠,提高材料的吸附黏结力。同时各种助剂的存在又使混凝土浆体具有较好的施工性能,如流动性和保水性等。在水泥凝结硬化过程中,水泥从聚合物中不断吸收水分而充分水化,同时聚合物分子由于脱水而逐渐聚集,并在混凝土内部空间形成网络状骨架,加上活性混合材及塑化剂引入的封闭型微小气泡,有效地封堵了混凝土内部的毛细管道,从而形成具有较高强度和密实度的带韧性的高性能混凝土。

(三)新型修补材料的应用

1.一般建筑物混凝土修补

对于一般建筑物的少量混凝土修补可使用高性能砂浆。不需浇水润湿混凝土基面,砂浆可直接用于干净的光滑混凝土基面或破损混凝土基面,并能够和基层牢固黏结为一体,表面形成的一层致密坚固的砂浆层,能够隔断水分的透过,有效地保护破损混凝土面。

2.大体积混凝土修补

大体积混凝土破损一般发生在水工建筑物的过水部分,如溢流坝、泄洪道等。过水部分的混凝土由于长期受水流、泥沙的冲刷及气蚀作用,普通混凝土在此条件下极易被破坏。因此,要求修补材料具有黏结牢固、密实抗裂、耐冲刷等性能,针对这一特性配制的新型修补材料具有黏结强度高、与基层混凝土的变形协调能力好、抗冻融和抗冲刷性能优良,并且价格便宜,是目前较好的一种高性能混凝土修补材料。

3.用于建筑物饰面板粘贴

一般建筑物均需进行外装饰,如贴瓷砖、大理石、花岗岩等,使用高性能砂浆作为胶粘剂,可以从根本上消除用传统普通水泥粘贴所造成的工艺复杂、易变形脱落、污染饰面等弊病,并有效地解决墙体渗漏水的难题。

新型修补材料根据混凝土修补的特点进行配方设计,选用耐腐蚀、耐磨损、高早强水泥及水溶性高分子聚合物材料,形成无机胶凝材料与有机高分子聚合物材料的完美结合,并能使修补过的混凝土具有比原来更优异的性能。高性能修补混凝土成本不高,甚至可以代替普通混凝土直接在工程中使用,使建筑物具有更优异的性能。

(四)JC 高强混凝土修补砂浆的简介

JC 高强混凝土修补砂浆的应用范围:

(1)混凝土结构中破损的构件、梁、板、柱、楼梯等部位的修补。

(2)建(构)筑物使用高强不锈钢绞线网加固的抹灰找平保护砂浆。

(3)道路、桥梁中混凝土破损部位的修补。

(4)停车场、仓库地坪破损部位的修补。

(5)机场跑道、高速公路车道及匝道破损部位的修补及抢修。

(6)工业厂房混凝土地坪破损部位的修补及抢修。

典型用途:

该产品主要适用于混凝土结构的空洞、蜂窝、破损、剥落、露筋等表面损伤部分的修复,以恢复混凝土结构的优良使用性能;也可作为碳纤维加固用找平砂浆、高性能砌筑砂浆以及建(构)筑物使用钢绞线加固的抹灰找平保护砂浆。该产品加有多种高分子聚合物改性剂、胶粉及抗裂纤维,因此具有良好的施工和易性、黏结性、抗渗性、抗剥落性、抗冻融性、抗碳化性、抗裂性、钢筋阻锈性及高强度等性能。

产品特点:

(1)施工方便。JC 具有良好的施工和易性能。施工时无须振捣,在现场加水搅拌即可使用。

(2)早强、高强。1 d 抗压强度可达 25 MPa,能最大限度地加快工程进度。

(3)抗渗性能高。1.7 MPa 抗渗压力不透水,符合 P16 混凝土抗渗性能的要求。

(4)黏结性能好。如使用混凝土界面处理剂,与其老混凝土的黏结强度大于 1.8 MPa,可最大程度地保证 JC 高强混凝土修补料与修补基层间的紧密黏结。

(5)可冬季施工。JC 高强混凝土修补料允许在环境温度为 -5 ℃以上时进行混凝土结构的立面、水平面及顶面的室外修补施工。

(6)耐久性强。50 次冻融循环后强度无明显变化,在机油中浸泡 30 d 后强度提高。

产品性能见表 5-1。

表 5-1　产品性能

稠度(mm)	密度(t/m^3)	抗压强度(MPa)			正拉黏结强度(MPa)	
		1 d	3 d	28 d	14 d	28 d
≥75	2.2	≥25	≥40	≥60	≥1.8	≥2.5

施工步骤和要求:

(1)准备好必要的工具及养护物品。

(2)确定修补区域,其修补处理范围应比实际破损范围向外扩大 100 mm,切割或剔凿出混凝土修补区域的垂直边缘,其深度应不小于 5 mm,以免修补区域边缘薄片化。

(3)将修补区域内混凝土基层表面浮尘、油污清理干净,并剔除疏松部分。

(4)清理修补区域内裸露钢筋表面的锈质和杂物。

(5)将清理好的修补区域内的混凝土基层进行凿毛处理或用混凝土界面处理剂进行界面处理。

(6)用气泵或水将处理过的修补区域内的混凝土基层表面清扫干净,进行下道工序时不得有明水存留。

(7)按推荐加水量(水:JC 高强混凝土修补料 = 3:20 ~ 3:25)(质量比)的配合比搅拌 JC 高强混凝土修补料。采用机械搅拌 2 ~ 3 min 即可以有利于搅拌的质量和速度,人工搅拌 5 min 以保证搅拌均匀。

(8)拌和好的 JC 高强混凝土修补料即可进行抹灰。一次抹灰厚度不宜超过 15 ~ 20 mm;若抹灰层较厚,应采用分层多次抹灰的施工方法。

(9)由于 JC 高强混凝土修补料含有多种高分子聚合物改性外渗料及胶粉,使拌和好的 JC 高强混凝土修补料较黏稠,抹灰时应保持抹刀光洁。

(10)对于表面需压光处理的,最外层的抹灰应拌和略稀,并掌握好时间,以利于压光处理。

(11)严禁在 JC 高强混凝土修补料中掺入任何外加剂或外掺料。

(12)使用温度为 -5 ~ 40 ℃。

养护:

(1)夏季施工作业完毕 2 ~ 4 h 后,应及时浇喷水或喷洒养护剂或覆盖湿草袋进行养护,并保持表面湿润 2 ~ 3 d。

(2)冬季施工作业完毕后,应立即覆盖塑料薄膜并加盖棉被进行保温养护。

三、环氧树脂修补砂浆

(一)简介

环氧树脂是一种具有多种优良性能、应用广泛的材料。它固化前溶解性和相容性好,可溶于苯类和酮类,稳定性好,在阴凉、干燥、常温下放置 2 ~ 3 年不变质。环氧树脂是热塑性、线性高分子树脂,本身不会硬化,加入固化剂后形成不熔不溶的体型网状结构的热固性树脂。

因环氧树脂含有环氧基、羟基、醚基,其固化物黏合力高,对许多金属和非金属材料(如钢、铁、铝玻璃、混凝土、木材等)都能很好黏结,机械强度高,稳定性好,耐一定酸碱和溶剂,电绝缘性能好,抗冲刷、磨损等能力强,固化物收缩小(仅为 2%)。如再加入填料,则既可减少树脂用量、降低成本,又能改善其性能,如降低热膨胀系数、收缩率、放热温度等;并能提高黏结性、抗冲击性、耐磨性等。因此,早在 20 世纪 60 年代起,它就在水利水电及工业与民用建筑的混凝土修复工程中大量使用。

(二)主要原材料

1. 环氧树脂

选用双酚 A 型环氧树脂,按对环氧树脂砂浆流动性的要求可选择EP 01441 - 310 型(E - 51)和 EP 01451 - 310 型(E - 44)。当要求黏度低、使用方便时用 EP 01441 - 310 型,其技术性能指标见表 5-2;一般性要求时用 EP 01451 - 310 型,其技术指标见表 5-3。

2. 固化剂

采用改性胺或缩胺类固化剂,胺值在 200 ~ 700 mgKOH/g,并且能常温固化环氧树脂,其固化时间符合使用单位的施工要求。

应尽量选用挥发性小、毒性小、对人体皮肤和呼吸系统刺激性小的固化剂。不得选用低分子量、挥发性大且毒性较大的胺类作固化剂,如乙二胺、二乙烯三胺等。

表 5-2 EP 01441－310 型环氧树脂技术指标

项目	技术指标
外观	无明显机械杂质
色度号	≤5
黏度(25 ℃)(Pa·s)	6～26
环氧当量(g/Eq)	184～210
挥发组分含量(110 ℃,3 h)(%)	≤1.8

表 5-3 EP 01451－310 型环氧树脂技术指标

项目	技术指标
外观	无明显机械杂质
色度号	≤8
黏度(25 ℃)(Pa·s)	12～20
环氧当量(g/Eq)	210～250
挥发组分含量(110 ℃,3 h)(%)	≤1.0

选用的固化剂要求反应平缓,反应放热峰值温度低,性能满足设计要求。在潮湿或低温条件下使用时,应选用适合潮湿或低温条件的专用固化剂。

3. 增塑剂

应尽量选用与环氧树脂混溶性好、挥发性小、毒性小、对皮肤和呼吸系统刺激性小的增塑剂。尽量选用活性增塑剂,以使固化物性能稳定。

4. 稀释剂

应尽量选用挥发性小、毒性小、对皮肤和呼吸系统刺激性小的活性稀释剂。苯基缩水甘油醚类稀释剂对皮肤刺激性大,不宜采用。稀释剂与环氧树脂要有良好的混溶性。

5. 填料

填料应选用弱碱性或中性硬质粉料和粒料。粉料有石英粉、辉绿岩铸石粉、硅粉、普通水泥等,粒料有石英砂、硬质河砂等。

填料应烘干,含水量不得大于 0.5%。粉料粒径为 100～200 目,粒料的最大粒径不得大于 2 mm,宜选用石英砂,如用硬质河砂,应注意水洗、烘干。

(三)主要特性

环氧树脂修补砂浆具有如下主要特性:

(1)可在常温下施工。常温条件下各组分材料、施工器具及混凝土基面均不需要加热,易于施工操作。

(2)不粘器具、施工方便快捷。外观颜色与混凝土基本一致,施工时类似于水泥砂浆,不粘工器具,成品包装,使用操作简单,施工方便快捷,施工面平整、光洁,易于保证施工质量。

(3)无毒、无污染。国家建筑材料测试中心的毒性试验检测结果表明:NE－Ⅱ型环氧砂浆的各项主要毒性成分的含量均远低于国家室内装修材料标准。

(4)柔韧性良好。具有良好的柔韧性和抗冲击性能,能够抵抗外力引起的变形,降低体系产生的内应力,提高材料的适应性能。

(5)与混凝土的匹配性和耐久性能优良。具有良好的抗老化和抗碳化性能,其线性热膨胀系数($9.2\times10^{-6}/℃$)较普通环氧砂浆(一般为$(30\sim60)\times10^{-6}/℃$)大大降低,与混凝土(一般为$(8\sim11)\times10^{-6}/℃$)基本一致,涂层能与混凝土在不同温度条件下实现同步变形,避免了因两种材料的胀缩性能差异太大而使界面应力过大,造成涂层脱空、开裂的现象。

(6)主要力学性能优良。抗冲磨强度是C50硅粉混凝土的3~5倍,与混凝土黏结牢固。

(7)产品系列化。系列化产品能够适用于干燥面、潮湿面、低温环境以及抗推移质等不同条件下的施工需要。

(四)应用领域

(1)用于水工建筑物过流面的抗冲磨损、抗气蚀与抗冻融保护,以及破坏后的修复;

(2)用于混凝土建筑物的缺陷修补以及补强与加固处理;

(3)用于化工、石油、工厂、码头等混凝土或金属构件抗酸碱盐腐蚀的防护与修补;

(4)用于公路、桥梁、机场跑道、车间等工程部位的抗磨损防护与修补等。

(五)主要性能指标

环氧树脂修补砂浆的主要性能指标见表5-4。

表5-4　环氧树脂修补砂浆主要性能指标

主要技术性能	检测指标	备注
抗压强度	≥85.0 MPa	
抗拉强度	≥10.0 MPa	
与混凝土黏结抗拉强度	>4.0 MPa	“>”表示破坏在C50混凝土本体
与钢板黏结抗拉强度	>6.0 MPa	
抗冲磨强度	7.6 h·m²/kg	冲磨速度为14.3 m/s(水工混凝土试验标准)
	2.79 h·cm²/g	冲磨速度为40 m/s(环氧树脂砂浆试验标准);C50硅粉混凝土的抗冲磨强度为1.09 h·cm²/g
抗压弹性模量	2 150 MPa	
线性热膨胀系数	$9.2\times10^{-6}/℃$	
碳化深度	0.86 mm	相当于自然界空气中50年
抗冲击性	2.1 kJ/m²	
老化性能	优良	相当于自然界空气中20年
毒性物质含量　苯	合格	按室内装修材料测试方法检测

(六)施工流程

施工流程见图5-1。

（七）基层混凝土的处理

1. 基层混凝土的要求

（1）混凝土的强度等级：环氧砂浆面层施工时，基层混凝土应达到一定的强度等级，应不低于C25。

（2）混凝土的干燥要求：应按配方的要求测量并控制混凝土表面的干燥程度，可使用混凝土表面含水量测定仪测控混凝土的干燥程度。

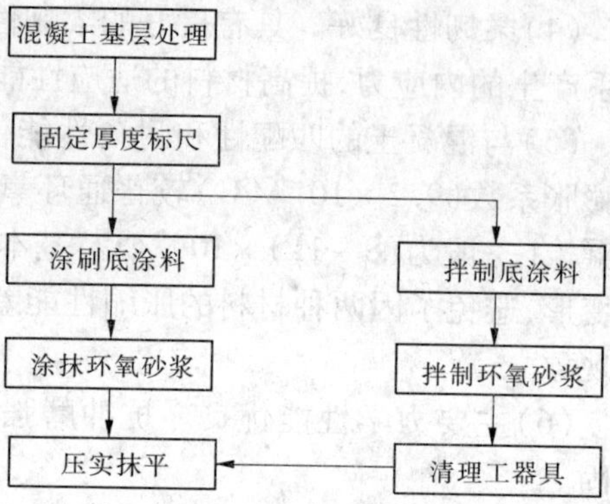

图5-1　施工流程

2. 基层混凝土处理要求和方法

（1）要求：清除混凝土表面的灰尘、乳皮、松动颗粒等，处理过的表面应露出新鲜的混凝土集料，并且不对集料产生扰动，用压力水冲洗干净、风干。

（2）采用有效的打毛方法：打毛深度因混凝土质量而异，控制在1～3 mm。宜采取喷砂、混凝土抛丸机、混凝土表面铣刨机等打毛方法或压力水喷毛。用喷砂法时可用粒径为0.8～2.0 mm的硬质中粗干砂，风压为0.5～1.0 MPa，喷射距离为30～60 cm，喷射角度为50°～80°。喷嘴移动速度宜均匀，以免混凝土表面处理不均匀或过度磨损。

3. 特殊情况的处理

有以下情况者需处理后再打毛：

（1）混凝土表面有超出平面的局部凸起，需用磨平机磨平；表面的蜂窝、麻面等缺陷，需用切割机切除薄弱部分。

（2）混凝土表面的裂缝：视裂缝的位置、长度、宽度判定是否需要进行处理，区分裂缝的宽度和类型以确定处理方法。确需处理的可沿缝凿出一条宽和深为30～50 mm（或50～100mm）的U形（或V形）槽，清除槽内松动颗粒，用修补材料回填并压实、抹平。待回填部分的强度不低于周围混凝土的强度时，再打毛处理。

（3）混凝土表面的油渍等污染物可用汽油、丙酮等有机溶剂或烧碱等碱性溶液洗刷去污。若污染层较深，则需凿除污染层，再回填补强。

4. 拌料工艺与要求

1）底涂料拌和

（1）采用低速（≤300 r/min）专用电动搅拌器，在广口容器中拌和。

（2）材料拌和量应视施工面积和施工人员组合而定，一般一次拌料量不多于4 kg。

（3）拌和时各组分应按配方要求的加料顺序依次倒入拌和容器中，用搅拌器拌和至颜色均匀为止，一般应搅拌3～5 min。

2）砂浆拌和

（1）采用专用砂浆拌和机：转速约为30 r/min。

（2）拌和量：视施工面积和施工人员组合而定，一般一次拌料量为20～40 kg。

（3）拌和时配方各组分应按配方要求的加料顺序依次加料，边搅拌边加料，至颜色均匀一致后，再搅拌5～10 min。

3)特殊情况下的人工拌料

(1)遇到施工现场停电、无电源或只需少量材料等特殊情况时,可进行人工拌和。拌和时先把环氧砂浆 A 组分倒入容器中,用铁铲翻拌 2 ~ 3 遍,然后再把适量的 B 组分分散地倒在 A 组分上,用铁铲翻拌 5 ~ 8 min,直至环氧砂浆的颜色均匀一致为止。

(2)人工拌和时需要注意容器边角部分的材料必须翻拌均匀。

5. 涂抹工艺和技术要求

1)底涂料的施工工艺和技术要求

(1)选用口齐、根硬、头软、不掉毛的扁形毛刷。新刷使用时应先将不牢固的刷毛搓揉掉, 以免影响涂刷质量。

(2)方法:刷涂,一般先由上向下纵向涂刷一遍,然后左右横向涂刷,再对角线交叉涂刷,最后再收面和修整边角。做到薄而均匀,无流挂,无露底。

(3)质量要求:涂料应随用随拌,如已凝胶,应废弃不再用,以保证施工质量。底涂料如已失去乳性,应重新涂抹之后再涂环氧砂浆。

(4)每次涂刷的面积应视现场气温、人员组合等条件而定。

(5)陈化时间:底涂料涂刷后应陈化 20 ~ 60 min(视现场温度而定),以连续 3 次手触拉丝至 1 cm 断开为准,达到要求后方可涂抹环氧砂浆。

2)环氧砂浆的施工工艺和技术要求

(1)环氧砂浆施工应沿逆水流方向进行,全断面涂抹时宜按先顶面、再侧面、后底面、先上后下的顺序施工。

(2)大面积施工时,宜采用分块施工法,每一施工块宽 3 ~ 5 m,施工块间预留 30 ~ 50 mm 的间隔缝,待 1 ~ 3 d 环氧砂浆固化后再填补间隔缝。填补施工时要求压实抹平,施工面要与两边的施工块保持齐平,无错台,无明显接缝。

(3)施工前先在施工块的边缘固定厚度标尺,然后再涂环氧砂浆。施工时要边涂抹、边压实、边找平,涂完环氧砂浆 30 ~ 60 min(具体时间视现场温度而定)后,待砂浆初凝时再进行提浆、收面(表面提浆、收面的时机以环氧砂浆即将失去塑性,仍能压抹出光泽为宜)。

(4)涂层提浆收面后,表面要密实、平整,不得有明显的搭接痕迹、下坠、裂纹、起泡、麻面等现象。如果发现,应及时处理,严重者必须凿除重抹。

(5)施工中出现的施工缝应做成斜面(即与水平面成45°)。再次施工时,应先将斜面清洁处理并涂底涂料,要着重做好接缝处砂浆的压实、抹平,避免出现冷缝接茬。

(6)环氧砂浆的稠度以满足施工层不脱落、不起皮、不起皱、不流坠等施工性能为宜。拌和好的环氧砂浆超过适用期时,应废弃,不再使用。

(7)环氧砂浆厚度为 5 ~ 20 mm。涂层厚度允许误差范围按表 5-5 的规定执行。

表 5-5　涂层厚度允许误差范围

设计厚度(mm)	允许误差范围(mm)
5 ~ 10	±1
11 ~ 20	±1.5

(8)每一施工层的厚度为5～10 mm,待前一施工层环氧砂浆完全失去塑性不再变形时方可进行下一道施工。

3)施工环境要求

环氧砂浆的施工环境日温差不宜太大,施工温度在15～30 ℃比较合适,应按配方使用要求确定使用温度。露天施工时应避免日光直射施工面,应搭设遮阳棚。

6. 质量检查、控制与检测

(1)基层混凝土面处理。

方法和标准应符合设计和施工技术规范的要求。

(2)施工员对每一道工序应进行质量检查并作详细记录。

(3)施工过程中对施工材料要进行质量抽检,一般每一施工班次抽检一次。抽检项目一般为抗压强度或按设计要求确定。

(4)环氧砂浆涂层的质量检查、控制与检测。

①厚度的检测:施工员随时采用插针法进行厚度抽检,每平方米抽检点数不少于3个,不合格者应及时处理直到复检合格。涂层厚度允许误差按表5-5的规定执行。

②平整度的检测:砂浆表面的平整度用2 m直尺检测,允许空隙不大于5 mm。

③砂浆涂层与基础面黏结强度的检测:采用拉拔强度试验法,检测龄期为7 d或28 d,每200 m^2 为一个取样单元(不足200 m^2 者,按200 m^2 计),每单元取5个试样。

7. 环氧砂浆涂层的养护

不同类型的环氧砂浆应保证不同的养护温度。养护期间,涂层应避免受到行车、人踏、撞击以及水浸、雨淋、雪盖、暴晒等,养护龄期一般为7 d。

8. 施工安全与劳动保护

(1)脚手架的搭设应符合安全要求,验收合格后方可使用,每班施工前要进行安全检查。

(2)施工用材料应存放在干燥、通风的库房内。防止日光直接照射,并隔绝火源,远离热源,防潮防水。

(3)施工现场避免使用明火,施工现场要求不进食、不吸烟,有明显疾病或过敏者不得参加环氧砂浆施工。

(4)不慎将材料溅入眼中,切忌用手揉搓,应及时用清水冲洗。

(5)施工人员应穿工作服、戴手套,基层混凝土面处理人员应戴防尘面具。

(八)KLY－柔性高抗冲耐磨环氧树脂砂浆

KLY－柔性高抗冲耐磨环氧树脂砂浆是由有机高分子树脂、固化剂、稀释剂、助剂、耐磨粉填料等配制而成的。固化物强度高,收缩小,抗裂。掺加有柔性组分,砂浆强而韧,抗冲刷、耐磨蚀性能优良,施工方便,储运安全,耐久性好,是一种应用广泛的混凝土缺陷修补材料。

1. 性能

(1)密度大于2.0 g/cm^3;

(2)抗压强度不小于70 MPa;

(3)抗拉强度不小于10 MPa;

(4)黏结强度不小于3 MPa(与混凝土黏结);

(5)固化收缩率不大于0.06%;

(6)吸水率不大于0.5%;

(7)耐久性:优良。

2. 用途

KLY-柔性高抗冲耐磨环氧树脂砂浆可广泛用于水利水电、交通、人防、冶金、矿山、工业与民用建筑混凝土缺陷的修补、加固和防腐。用于水工建筑物有抗冲刷、耐磨蚀要求部位的补强效果尤佳。

3. 用法

本品分为A、B两组分:A组分包括高分子树脂、稀释剂、助剂、粉填料等,B组分含有固化剂、固化促进剂、柔性剂、粉填料等。A、B组分分别密封装桶。使用时A、B两组分以A∶B为3∶1混合,充分搅拌均匀即可。混合后应在30 min内用完。使用时应计量准确,应少配勤配,避免浪费。

4. 应用实例

经过在黄河上几个大型工程高速水流、高泥沙含量过流面混凝土修补应用,以及在高速公路混凝土缺陷修补中的应用,证明KLY-柔性高抗冲耐磨环氧树脂砂浆性能优良。在青铜峡水电站大坝溢流面、泄水管、蜗壳等部位数千平方米的应用实践证明,效果良好。

第二节　裂缝灌浆材料

裂缝是混凝土结构中普遍存在的一种现象,它的出现不仅会降低建筑物的抗渗能力,影响建筑物的使用功能,而且会引起钢筋的锈蚀、混凝土的碳化,降低材料的耐久性,影响建筑物的承载能力。因此,要对混凝土裂缝进行认真研究、区别对待,采用合理的方法进行处理,并在施工中采取各种有效的预防措施来预防裂缝的出现和发展,保证建筑物和构件能够安全、稳定的工作。

混凝土裂缝的修补方法有很多,如表面修补法、灌浆嵌缝封堵法、结构加固法、混凝土置换法、电化学防护法、仿生自愈合法等。其中灌浆嵌缝封堵法又可分为压力注浆法、开槽填补法和涂膜封闭法三种。裂缝灌浆是最常用的一种方法,对混凝土结构的补强和堵漏效果最为明显。

裂缝的主要灌浆材料有水玻璃系列、木质素类、丙凝、丙烯酸盐类、聚氨酯类、甲凝、环氧树脂类。各种灌浆材料的主要性能分述如下。

一、水玻璃系列

水玻璃是一种碱性金属(钠或钾)的硅酸盐,一般分子式为$Me_2O \cdot nSiO_2$,式中Me代表碱金属。灌浆用的水玻璃材料是一种灰蓝色黏稠液体。水玻璃溶液物理性质的主要参数有模数、波美度和黏度等。

市售的水玻璃溶液模数为1.5~3.5。灌浆用水玻璃溶液的模数,一般可在2.4~3.0之间选择。由于市售水玻璃的浓度都大于灌浆所需要的浓度(35~45波美度),故灌浆时需要用水稀释。

(一)水溶液型碱性水玻璃

以碱性水玻璃为主剂,添加凝胶剂(固化剂)的溶液,即碱性水玻璃溶液。其胶凝剂有无机的、有机的和混合型的。

(1)无机型胶凝剂配方和配比为:

水玻璃:$M=2.3\sim3.4$(M为氧化钠与二氧化硅的分子比值,$M\geqslant3$为中性,$M<3$为碱性);

硅酸钠:Al_2O_3含量为160~190 g/L;

配比:水玻璃:铝酸钠=1:1(体积比)。

(2)有机胶凝剂配方和配比为:

水玻璃:$M=3.2$,比重为1.4;

乙二醛:浓度为35%,比重为1.25;

醋酸:浓度90%;

浆液配合比例为:水玻璃:乙二醛:醋酸=1:(0.2~0.6):0.02。

(3)混合型胶凝剂配方配比:双液配制,见表5-6。

表5-6 浆液配比双液配制

组分	名称	代号	级别要求	用量
甲液	水玻璃	SSA	$M=3.2$	500 mL
乙液	磷酸	pA	A.R	10~25 g
	碳酸钠	SHC	A.R	2.5~5 g
	氯化镁	MC	A.R	7.5~10 g
	水	w	一般河水	加至乙液为500 mL

(二)非碱性水玻璃

由于碱性水玻璃胶凝体存在强度低、易水解等缺点,限制了它的应用。在此基础上进行改性研究,研制了非碱性水玻璃。非碱性水玻璃研究成果很多,各家各不相同,选择举例说明如下。

1.间接法制备非碱性水玻璃

先将水玻璃同两种以上的酸性材料进行酸化处理,然后再用碱性胶凝剂使之在中性或弱酸性范围内胶凝。其原则是选择两种或两种以上的酸匹配使用,pH值一定控制为1~2,浆液的胶凝时间可通过改变胶凝剂的浓度进行调节。其具有以下特点:

(1)浆液稳定,未加胶凝剂之前长期放置自身不会胶凝。

(2)浆液的胶凝时间能准确控制,可在几分钟至几十分钟内随意调节而且稳定,这给施工带来极大的方便。

(3)在浆液中加入改性剂能有效地改善凝胶体的脱水收缩及脆性。

(4)浆液黏度低,仅为0.001 5~0.002 Pa·s。

(5)固砂体强度为0.3~0.5 MPa。

(6)抗渗性能好,凝胶体渗透系数 $k=10^{-8}$ cm/s。

2. 直接法制备非碱性水玻璃

直接用酸性材料作胶凝剂的方法,具有以下特点:

(1)浆液的胶凝时间可在几分钟至几十分钟内准确控制,而且非常稳定。

(2)当在浆液中加入改性剂后,固砂体抗压强度有所提高,而且抗压强度的增长随水玻璃浓度及改性剂浓度的增加而逐渐提高,可达 2~5 MPa,是间接法浆液固砂体强度的 5~10 倍。

(3)当改性剂加量适当时,胶凝体在空气中放置 1 个月以上无裂痕(不破碎)。

(4)加入复合改性剂后,胶凝体在水中养护不但不收缩反而略有膨胀,体积膨胀率为 0.2%~0.7%而逐渐增高。

(5)浆液中加入改性剂后,黏度稍有增大。

(6)胶凝体抗渗性能好。胶凝体渗透系数 $k=10^{-8}\sim10^{-10}$ cm/s。

(三)水玻璃浆材特点及性能

(1)胶凝时间从瞬间至 24 h 不等。

(2)固结体强度有高有低,具体可根据施工要求选择不同的材料配方。

(3)黏度从 $1.2\times10^{-3}\sim200\times10^{-3}$ Pa·s。

(4)可灌性好,渗透系数可达 $10^{-5}\sim10^{-6}$ cm/s,可灌入 0.1 mm 以上的裂缝。

(5)副作用小,造价低。

二、木质素类

在造纸工业中,利用亚硫酸盐法造纸时,得到的亚硫酸纸浆废液可以用来作为化学灌浆材料,这样既利用了废料,又防止了废料对环境可能造成的污染。

木质素浆液由纸浆废液、胶凝(固化)剂和促凝剂等组成。铬木素类浆液的固化剂是重铬酸钠,因含有 6 价铬离子,毒性大,影响了它的应用。以后经过一些单位和个人的研究,出现了铬渣(铬矿渣)木素浆液和硫木素浆液。铬木质素浆液降低了一些毒性,是再次废物利用;硫木质素浆液则属于环保产品。

1. 铬木质素浆液

铬木质素浆液是一种双液法注浆材料。浆液由两部分组成:其中甲液是亚硫酸钙纸浆废液(简称废液);乙液包括固化剂和促进剂,固化剂目前国内外均采用重铬酸钠,促进剂有三氯化铁、硫酸铝、硫酸铜和氯化铜等。

1)铬木质素浆液的性能

铬木质素浆液根据促进剂不同,其性能也不一样,下面介绍几种常用铬木质素浆液的性能。

(1)纸浆废液-重铬酸钠浆液的组成、配方及主要性能见表 5-7。

(2)纸浆废液-三氯化铁-重铬酸钠浆液组成、配方及性能见表 5-8。

(3)纸浆废液-铝盐及铜盐-重铬酸钠浆液组成、配方及性能见表 5-9。

表 5-7　纸浆废液－重铬酸钠浆液的组成、配方及主要性能

体系	原料	作用	分子式	浓度（%）	用量（体积比）	注入方式	胶凝时间	抗压强度（MPa）
甲液	纸浆废液	主剂		20～45	1	双液	几分钟至几小时	0.4
乙液	重铬酸钠	固化剂	$Na_2Cr_2O_7$	100	0.1～1			

表 5-8　纸浆废液－三氯化铁－重铬酸钠浆液组成、配方及性能

体系	原料	作用	分子式	浓度（%）	用量（体积比）	注入方式	胶凝时间	抗压强度（MPa）
甲液	纸浆废液	主剂		20～45	1	双液	几分钟至几小时	0.4
乙液	重铬酸钠	固化剂	$Na_2Cr_2O_7$	100	0.1～1			
三氯化铁	促进剂	$FeCl_3$	100	0.1～0.5				

表 5-9　纸浆废液－铝盐及铜盐－重铬酸钠浆液组成、配方及性能

体系	原料	作用	分子式	浓度（%）	用量（体积比）	注入方式	胶凝时间	抗压强度（MPa）
甲液	纸浆废液	主剂		40～50	1	双液	几分钟至几十分钟	<2.0
乙液	重铬酸钠	固化剂	$Na_2Cr_2O_7$	100	0.15～0.2			
	硫酸铝	促进剂	$Al_2(SO_4)_3$	50	0.2～0.4			
	硫酸铜	促进剂	$CuSO_4$	20	0.1～0.25			

注：甲、乙液等体积注入，不足部分加水补足；采用氯化铝、硫酸铜亦可。

（4）硼砂铬木素浆液：硼砂的加入可以提高结石体的抗压强度，对黏度影响不大，其配方见表 5-10。硼砂用量与抗压强度的关系见表 5-11。

表 5-10　硼砂铬木素配方

组成	用量（%）	组成	用量（%）
废液	3～4	硫酸亚铁	2
重铬酸钠	8	硼砂	0～24
三氯化铁	0.5～4		

表 5-11　硼砂用量与抗压强度的关系

硼砂用量（%）	0	2	4	6	8	10	14	16	20	22
抗压强度（MPa）	1.06	1.39	1.89	1.85	1.99	2.13	2.19	2.45	2.2	1.9
配方	废液 34%、重铬酸钠 8%、三氯化铁 2%、硫酸亚铁 2%									

2）铬木质素浆液特点

铬木质素浆液具有以下特点：

（1）浆液的黏度（$2\times10^{-3}\sim1\times10^{-4}$ Pa·s）较小，可灌性好，渗透系数为 $10^{-3}\sim10^{-4}$ cm/s的堤坝基础均可使用。

（2）防渗性能好，用铬木质素浆液处理后的基础，其渗透系数可达 $10^{-7}\sim10^{-8}$ cm/s。

（3）浆液的胶凝时间可在几十秒钟至几十分钟之间调节。

（4）新老胶凝体之间的胶结较好，固结体的强度为 0.4～0.9 MPa。

（5）原料来源广，价格低廉。

2. 硫木质素浆液

1）硫木质素浆液的组成

硫木质素浆液是以过硫酸铵作为胶凝剂，以纸浆废液为主剂，以氯化铵和氯化铜为促进剂组成的浆液。硫木质素浆液的配方见表 5-12。

表 5-12　硫木质素浆液配方

原料名称	主要规格	用量	作用
纸浆废液	亚硫酸法、固含量 40%	100 mL	主剂
过硫酸铵	化学纯	2 022 mg	胶凝剂
氯化铁	配成 0.5 g/mL 溶液	4～8 mL	促进剂
氯化铜	配成 0.1 g/mL 溶液	8 mL	促进剂
氨水	含氮量 25%	8 mL	促进剂
氯化铵	配成 0.2 g/mL 溶液	32 mL	促进剂

2）硫木质素浆液的性质

硫木质素浆液具有如下一些性质：

（1）硫木质素浆液的黏度和可灌性，基本上与铬木质素浆液相近。

（2）浆液的胶凝时间随浆液中木质素、氯化铁、氯化铵和氯化铜等的增加而缩短。一般可以控制在几十秒钟和几十分钟。

（3）浆液的胶凝体不溶于水、酸和碱溶液中，化学性能较稳定。

（4）固砂体抗压强度在 0.5 MPa 以上。

三、丙凝

（一）简介

丙凝是一种以丙烯酰胺为主剂的堵水和防渗灌浆材料。自 20 世纪 50 年代初问世以来，国内外应用很广，名称也很多，在美国叫 AM－9，日本称日本 SS，我国 20 世纪 60 年代初开始研究，“丙凝”乃水电称谓，煤炭系统称 MG646，化工系统称 ZH－656。

（二）组成

丙凝浆液由占 90% 左右的溶剂水和水溶性好的主剂丙烯酰胺、交联剂 N，N′－甲撑双丙酰胺，及适量的氧化剂和还原剂组成。为了施工时控制胶凝时间的需要，还可加入速凝剂或阻聚剂，使胶凝时间控制在数秒到数小时的任意时间内，其组成见表 5-13。

表 5-13　丙凝化学浆液组成

组分	序号	名称	作用	比重	状态	性质	用量范围(%)
A 液	1	丙烯酰胺	主剂	0.6	水溶性白色结晶	易吸潮、易聚合	10~20
	2	双丙烯酰胺	交联剂	0.6	水溶性白色粉末	与主剂交联	0.5~1.0
	3	三乙醇胺	还原剂		淡黄色油状液体	毒性小	0.5~2.0
	4	二甲氨基丙腈	还原剂	0.87	无色或淡黄色液体	稍有腐蚀性	0.5~2.0
	5	氯化亚铁	还原剂	1.93	水溶性绿色结晶	易吸潮成高铁盐	0~0.005
	6	硫酸亚铁	还原剂		水溶性黄绿色结晶	易吸潮成高铁盐	0~0.005
	7	水	溶剂	1.0	液体	要求 pH 值 6~8	<50
B 液	8	水	溶剂	1.0	液体	要求 pH 值 6~8	<50
	9	过硫酸铵	氧化剂	1.98	水溶性白色粉末	易吸湿	0.5~2.0
	10	铁氰化钾	阻聚剂	1.89	水溶性赤褐色粉末	水溶性慢慢分解	0~0.05

注:A 液和 B 液总量为 100,A 液、B 液各占一半;表中 3、4 任用一种,5、6、10 根据需要用一种。

(三)特性

(1)丙凝浆液的黏度为 1.2 cPa·s,与水相似而具有良好的可灌性。

(2)胶凝时间可以准确地控制在几秒钟到几小时,在地下水流速较大时,可采用速凝堵水。

(3)由液体变为凝胶体几乎是瞬间发生的,在凝胶前一直保持其低黏度,而有良好的渗透性。

(4)凝胶体透水性:10%的水溶液凝胶的渗透系数为 2×10^{-10} cm/s,是几乎不透水物质。

(5)稳定性:丙凝浆液凝胶时不析水,凝胶体在水中不收缩,若失水有收缩,但再度浸入水中仍可还原,凝胶体不被稀酸、气体和菌类侵蚀,也尚未发现能溶解其凝胶的溶剂,是半永久性物质。

凝胶体抗挤出阻力较高,根据试验,在直径 0.25 mm、长 30 cm 的管内,能耐 3.5 MPa 的压力。凝胶体是类似橡胶的弹性体,本身强度低,能耐压 0.05 MPa,浆液灌入砂层固结后有一定的抗压强度,粗砂为 0.2~0.3 MPa,中砂为 0.5~0.6 MPa,细砂为 0.7~0.8 MPa。黏结性较低。

四、丙烯酸盐类

丙烯酸盐是在有毒性的丙烯酰胺浆材和低毒的 AC-400 的基础上,研制的一种微毒和实际无毒的新型浆材。

(一)丙烯酸盐浆液的主要性质

(1)外观:淡蓝色溶液;

(2)相对密度:1.05~1.08;

(3)黏度:0.001 5~0.002 8 Pa·s,接近水的黏度(0.001 0 Pa·s);

(4)pH 值: >8;

(5)胶凝时间:通过改变铁氰化钾的加量可以准确控制;

(6)毒性分级:无毒。

(二)胶凝体的主要性质

(1)外观:乳白色半透明可弯曲的胶凝;

(2)溶解性:不溶于水、煤油和汽油,在水中少许膨胀;

(3)耐久性:良好;

(4)渗透系数:$10^{-7} \sim 10^{-8}$ cm/s;

(5)抗挤出破坏比降(直径0.2 mm、长5 cm玻璃管,挤出压力0.7~0.95 MPa):400;

(6)固结标准砂的抗压强度0.21~0.46 MPa;

(7)毒性分级:实际无毒。

(三)丙烯酸盐类浆性能特点

(1)具有"丙凝"化学浆材的一切优点,而没有"丙凝"化学浆材的缺点;

(2)丙烯酸盐浆材的最大优点是,根据不同的配方配比,其胶凝表现出低毒、微毒和实际无毒;

(3)黏度低,可灌性好;

(4)胶凝时间可调,使用方便;

(5)防渗性好,其胶凝接近于不透水体;

(6)属绿色环保型化学浆材。

(四)浆液组成及配比

丙烯酸盐的组成及配比详见表5-14。

表5-14　丙烯酸盐的组成及配比

作用	丙烯酸盐	
	原料名称	含量(%)
主剂	丙烯酸盐	10~15
交联剂	双丙烯酰胺	1~2
促进剂	三乙醇胺	1~2.5
缓凝剂	铁氰化钾	0~0.1
引发剂	过硫酸铵	0.5~1.5
溶剂	水	87.5~78.9

五、聚氨酯类

聚氨酯是一种性能优异的高分子材料,其作为化学灌浆材料可分为两大类:水溶性聚氨酯和非水溶性聚氨酯。

(一)水溶性聚氨酯

水溶性聚氨酯产品有多种,厂家不同,产品牌号各异,有LW型、KLY-G3型等。下面以KLY-G3型水溶性聚氨酯灌浆液为例进行介绍。

1. 简介

KLY－G3 型水溶性聚氨酯灌浆液是异氰酸酯与聚醚合成的高分子化学注浆堵漏材料。该材料采用稀释剂降低黏度，可用于 0.1 mm 以上渗水裂缝常压灌浆和 0.05 mm 以上渗水裂缝高压灌浆，产品遇水后聚合膨胀并与泥沙固结成弹性体，是一种有效的混凝土裂缝灌浆堵漏材料。

2. 主要特点

（1）黏度低，可灌性好，即使在低温下仍可注浆使用；

（2）亲水性好，产品遇水后会立即分散乳化，进行聚合反应，并与砂石泥土固结成弹性固结体；

（3）可控制诱导时间，产品遇水后的固结时间可调节在几秒钟至几十分钟；

（4）膨胀率高，产品遇水边固结边膨胀，膨胀率大于 350%；

（5）单液灌浆，施工方便，清洗容易；

（6）对水质适应性强，在 pH＝3～13 的范围内均能正常使用；

（7）浆液中游离异氰酸根含量低，其固结体浸泡液对人体无害，不污染环境，是环保产品。

3. 注意事项

使用该浆液时，应注意以下安全事项：

（1）该材料遇潮气或水会发生凝胶，宜存放在干燥、通风、阴凉处；

（2）施工人员应佩戴防护眼镜，以防止浆液溅入眼中；

（3）灌浆设备用过后，应用大量水冲洗干净。

（二）非水溶性聚氨酯

1. 简介

非水溶性聚氨酯是由多异氰酸酯与多羟基化合物聚合而成的。常用的多异氰酸酯有甲苯二异氰酸酯（TDI）、二苯基甲烷二异氰酸酯（MDI）和多次甲基多苯基多异氰酸酯（PAPI）。多羟基化合物有聚酯类和聚醚类两种，由于醚键容易水解，而酯键比较稳定，并且相同分子量的聚醚树脂其黏度比聚酯树脂小，故作为化学灌浆材料，一般多采用聚醚树脂。合成有一步法、二步法，二步法产物称预聚体。

2. 浆材特点

（1）浆液遇水前是比较稳定的，遇水后或在催化剂作用下，开始反应，黏度增大，逐渐生成不溶于水的聚合体，有较高的强度。

（2）浆液遇水反应时放出二氧化碳气体，使浆液膨胀并产生一定的压力，向四周渗透扩散，具有二次渗透作用，有较大的渗透半径和固结体积比；随着压力的升高，浆液膨胀又受到限制，形成的凝胶体越紧密，抗渗性能和强度也随之升高。

（3）一般产品异氰酸根含量较高，适用于封堵较大的漏水。

（4）适宜于单液灌浆，聚合时间可以控制。

3. 氰凝配方举例

氰凝配方性能指标见表 5-15。

表 5-15　氰凝配方性能指标

序号	项目名称	用量、指标	序号	项目名称	用量、指标
1	预聚体	100	9	黏度	10 cPa·s
2	DBP	10～15	10	抗渗	1.5 MPa
3	丙酮	10～15	11	极限抗压强度	43 MPa
4	催化剂	0.1～1.5	12	极限变形	50.5%
5	硅油	1.0	13	膨胀系数	1.58～1.93
6	吐温-80	1.0	14	固结体极限抗压强度	14 MPa
7	NCO(%)	20～28	15	灌缝黏结抗拉强度	1.21～1.67 MPa
8	比重	1.12	16	动弹性模量	925 MPa

(三)弹性聚氨酯

1. 简介

弹性聚氨酯材料作为处理变形缝的灌浆材料，是一种较为理想的材料。因其具有一定的黏结强度，具有极好的弹性，有的产品的伸长率可达600%以上。产品黏度可调，可稠可稀，稠的可灌伸缩缝，稀的可灌裂缝，更稀的可用于喷涂。

2. 不同配方介绍

1)中国科学院广州化学研究所成果

(1)浆液组成：以1号浆液为例进行说明：

甲液：蓖麻油与TDI反应制得NCO%为10%～13%的预聚体(简称预蓖)100份，220聚醚与TDI反应制得NCO%为4.5%～6.5%的预聚体(简称预N)100份。

乙液：30% MOCA丙酮溶液100份，30%摩卡的220聚醚溶液50份。

(2)浆液制备：将甲、乙组分混合即成。

(3)浆液固结体性能见表5-16。

表 5-16　三种弹性聚氨酯浆液固结体性能

性能		1号浆液	2号浆液	3号浆液
比重		1.021～1.029	1.027	1.04～1.05
20 ℃时黏度(cPa·s)		78～114	54～83	1 012
扯断伸长率(%)		230～300	113～200	150
扯断抗张强度(MPa)		11.73	6.5～7.6	6.2～7.5
扯断永久变形(%)		3～5	2～3	基本不变
压缩一半抗压强度(MPa)		3.8	—	—
压缩破裂强度(MPa)		70	3.5～4.0	3.5～3.7
8字形试件黏结强度(MPa)	黏结面干燥	2.1～3.2	10左右	1.5～2.0
	黏结面潮湿	2.1～3.0	10左右	1.5～2.0
	黏结面有油污	2.1～3.0	10左右	1.0左右

(4)浆液应用范围广。黏结面干燥也好、潮湿也好，干净也好、有油污也好，同一类配

方浆液的黏结强度几乎没有区别。

2)国家电力公司华东勘测设计研究院 EM 型高弹性聚氨酯

主剂具有如下性能:

外观:红棕色透明液体;

胶凝时间:较短;

固结体性能(以下系是密封胶用的指标,作灌浆用其黏结强度、扯断强度等各项指标会有所降低);

黏结强度(混凝土干燥面):1.6 MPa;

扯断强度:3.7 MPa;

延伸率:300%~500%;

永久变形:2%;

抗渗性能(1 mm 厚涂层):>S10。

六、甲凝(有机玻璃类浆材)

甲凝是我国科研攻关项目的研究成果,利用国产资源,具有中国特色,可灌入 0.05 mm 的发丝裂缝。

(一)特点

(1)黏度低(<0.9 cPa·s),比水还稀,可灌性极好,特别适用于灌细微裂缝;

(2)浆液渗透力强,可深入混凝土裂缝两侧 4~6 cm;

(3)其聚合物强度高,抗压强度 70 MPa,抗拉强度 13~14 MPa;

(4)黏合力强,灌缝黏结抗拉强度可达到 2 MPa 以上;

(5)浆液固化时间可以控制和调节;

(6)浆液可以低温固化(曾做试验:在 -19 ℃的温度下,浆液于 24 h 内可以固化,强度无明显影响),可以在低温季节、裂缝开度较大时进行灌浆。

(二)浆液组成

甲凝以甲基丙烯酸甲酯为主剂,加入增韧剂、引发剂、促进剂、改性剂等组成,详见表 5-17。

表 5-17　甲凝浆液组成配比

序号	组分	代号	作用	用量	形态
1	甲基丙烯酸甲酯	MMA	主剂	100	无色挥发性液体
2	过氧化二苯甲酰	BPO	引发剂	1.0	白色结晶,遇热爆炸
3	二甲基苯胺	DMA	促进剂	0.5~1.0	淡黄色油状液体,特臭
4	对甲苯亚磺酸	TSA	抗氧剂	0.5~2	萤光白色粉末
5	水杨酸		保护剂	1.0	白色结晶或粉末
6	甲基丙烯酸丁酯	BMA	增韧剂	25	无色透明液体
7	乙酸乙烯酯	VA	增韧剂	10、15	无色易变色液体
8	丙烯酸	AA	改性剂	5、10	淡黄色液体
9	铁氰化钾	KFe	抑制剂	0~0.03	红色结晶
10	焦性没食子酸	PA	阻聚剂	0~0.04	白色无臭结晶

注:6、7、8 任用一种;9、10 任用一种。

(三)甲凝性能

甲凝基本性能见表5-18。

表5-18　甲凝基本性能

序号	性能	指标	试验方法和条件
1	比重		1.19
2	黏度(cPa·s)	<0.9	用移液管法测定和水对比
3	渗透性(cm)	4~6	0.4~0.5 MPa渗入无缝混凝土中
4	抗压强度(MPa)	70~80	试样直径10 mm×15 mm
5	抗拉强度(MPa)	13~14	试样有效规格130 mm×20 mm×20 mm
6	黏结抗拉强度(MPa)	干缝2~2.8 湿缝1.7~2.2	0.2 MPa压力灌入0.2 mm 混凝土缝,龄期14 d劈裂法测定
7	抗剪强度(MPa)	干缝2.4~3.6	按岩石野外抗剪试验规定进行
8	抗剪断强度(MPa)	干缝2.8~3.9	按岩石野外抗剪试验规定进行
9	抗拉弹性模量E(MPa)	$2.9\times10^3\sim3.2\times10^3$	测试样变形、应力,$E=\sigma_{0.5}/\varepsilon_{0.5}$
10	抗老化(%)	0	70 ℃饱和石灰水中浸泡3 000 h失重

七、环氧树脂类

(一)简介

环氧树脂是由环氧氯丙烷与酚基丙烷缩聚而成的高聚物,是热塑性线型树脂,在固化剂作用下,形成不熔不溶的热固性、体型结构的高聚物。其硬化物力学性能好,应用极为广泛,具有黏合力高、固化物收缩性小、稳定性高、电绝缘性极佳的特点。

(二)环氧树脂浆液组成

作为灌浆材料,除环氧树脂,还应加入稀释剂、增韧剂、改性剂、固化剂等组成。环氧树脂浆液组成及基本用量见表5-19。

表5-19　环氧树脂浆液组成及基本用量

组分	环氧树脂	501#	糠醛	丙酮	聚酰胺	二乙烯三胺	促进剂	改性剂
用量	100	30~70	30~80	30~80	20	20	8~15	1~5

(三)环氧树脂浆液配比举例

1.活性稀释剂体系浆液配比及性能

1)配比

环氧树脂100份,环氧丙烷丁基醚(即501号活性稀释剂)40份,662号甘油环氧树脂30份,二乙烯三胺18 mL。

2)性能

纯浆硬化物力学性能:抗压强度95.2 MPa,抗拉强度41.5 MPa,抗冲击强度56 kg·cm/cm^2。

模拟灌裂缝黏结劈裂抗拉强度:干缝为2.03 MPa,湿缝为1.41 MPa。

相对黏度(20 ℃下与水对比):初始黏度 18.3 cPa · s。

注:若不用662 号甘油环氧树脂,改用651 号聚酰胺 15 份,固化剂改用多乙烯多胺 15 份,各项性能指标相近。

2. 糠醛 - 丙酮稀释体系浆材配比及性能

1)配比

环氧树脂100 份、糠醛 30 ~ 50 份、丙酮 30 ~ 50 份、二乙烯三胺 16 ~ 20 份(使用时可以考虑加一些促进剂)。

2)性能

硬化物力学性能:抗压强度 80 ~ 120 MPa,抗张强度 7 ~ 30 MPa,抗弯强度 30 ~ 85 MPa,抗冲击强度 0.5 ~ 3 kg · cm/cm^2。

模拟灌裂缝黏结劈裂抗拉强度:干缝为 1.7 ~ 2.8 MPa,湿缝为 1.2 ~ 1.9 MPa。

起始黏度(25 ℃):5 ~ 20 cPa · s。

3. 混合稀释体系浆液配比及性能

(1)配比:环氧树脂100 份、501 号活性稀释剂 30 份、662 号甘油环氧树脂 30 份、糠醛 20 份、丙酮 20 份、二乙烯三胺 15 份、促进剂 10 份。

(2)性能。

固化物力学性能:抗压强度 86.8 MPa,抗冲击强度 29.2 kg · cm/cm^2。

灌缝黏结强度:干缝为 1.97 MPa,湿缝为 1.9 MPa。

相对黏度(20 ℃下与水对比):起始黏度为 2.46 cPa · s,1 h 黏度为 33 cPa · s。

4. CW 浆材配比举例

(1)配比:CYD - 128 型环氧树脂 100 份、CD 固化剂 30 份、糠醛稀释增韧剂 40 份、丙酮稀释亲水剂 40 份、TP1 表面活性剂 2 份。

(2)性能:浆液初始黏度 14 mPa · s,固化后抗压强度 47.8 MPa(30 d),与三峡花岗岩黏结强度 4.7 MPa。

5. 大剂量糠醛、丙酮稀释体系浆液配方

环氧树脂100 份、糠醛 80 份、丙酮 80 份、600 号聚酰胺 20 份、促进剂 15 份、偶联剂 1 ~ 3 份。

6. 高渗透性环氧浆液

高渗透性环氧浆液在清溪大坝裂缝灌后取芯测试结果见表 5-20。

表 5-20 高渗透性环氧浆液灌缝取芯测试结果

试样号	试样拉断面积(cm^2)	抗拉强度(MPa)	试样断裂情况
92819 - 2	4.83	2.18	断面的 5% 为原缝面
92819 - 3	4.76	1.87	新混凝土面拉断
92819 - 4	5.18	1.66	断面的 65% 为原缝面
92819 - 5	4.99	1.76	断面的 75% 为原缝面
92819 - 6	4.90	2.34	断面的 50% 为原缝面

第三节 结构加固类材料

一、纤维及纤维复合材料

复合材料(FRP)主要有碳纤维(CFRP)、芳纶纤维(AFRP)及玻璃纤维(GFRP)等,其材料形式主要有片材、棒材和型材。复合材料的共同优点是:轻质高强、高弹模、抗疲劳、耐腐蚀和耐久性能好、热膨胀系数低等。

碳纤维在目前世界上已知的工程材料中强度是最高的,尤其是它具有极高的抗拉强度和弹性模量。碳纤维布制成复合材料后的比重降低至钢铁的1/5,是非常轻质的材料。同时,碳纤维又是一种力学性能优异的新材料。工程用的碳纤维是以高纯度的聚丙烯腈(PAN)为原料经过高温碳化等特殊工艺加工成的极细的纤维丝,这使一定量纤维的表面积增大很多,更利于加强与树脂胶的结合。

在拉伸强度及拉伸模量方面,玻璃纤维和芳纶纤维一般比碳纤维低1/3左右;在断裂延伸率方面,芳纶纤维一般是碳纤维的2倍左右,玻璃纤维一般比碳纤维高70%左右;在韧性、抗冲击性能方面,芳纶纤维和玻璃纤维要比碳纤维好得多;在抗碱腐蚀方面,芳纶纤维和玻璃纤维则不如碳纤维好。

混凝土结构修补工程中,一般选用碳纤维作为结构加固材料,并且在设计规范中明确规定了材料的安全性能指标,见表5-21。

表5-21 碳纤维复合材安全性能指标(GB 50367—2006)

类别项目	单向织物(布)		条形板	
	高强度Ⅰ级	高强度Ⅱ级	高强度Ⅰ级	高强度Ⅱ级
抗拉强度标准值$f_{f,k}$(MPa)	≥3 400	≥3 000	≥2 400	≥2 000
受拉弹性模量E_f(MPa)	$\geq 2.4\times10^5$	$\geq 2.1\times10^5$	$\geq 1.6\times10^5$	$\geq 1.4\times10^5$
伸长率(%)	≥1.7	≥1.5	≥1.7	≥1.5
弯曲强度f_{fb}(MPa)	≥700	≥600		
层间剪切强度(MPa)	≥45	≥35	≥50	≥40
仰贴条件下纤维复合材与混凝土正拉黏结强度(MPa)	≥2.5,且为混凝土内聚破坏			
纤维体积含量(%)			≥65	≥55
单位面积质量(g/m²)	≤300	≤300		

注:L形板的安全性及适配检验合格指标按高强度Ⅱ级条形预成型(条形板)采用。

二、加固用黏结剂(碳纤维胶)

仅仅依靠碳纤维片本身并不能充分发挥其强大的力学特性及优越的耐久性能,只有通过专用环氧树脂胶(碳纤维胶)将碳纤维片黏附于钢筋混凝土结构表面并与之紧密地结合在一起形成整体共同工作，才能达到补强的目的。因此，粘贴碳纤维用环氧树脂胶的性能是补强工作的关键之一。环氧树脂因类型不同而有不同的性能，适用于各个部位的不同要求。例如，底涂树脂必须对混凝土具有良好的渗透作用，能渗入到混凝土内一定深度；粘贴碳纤维布浸渍树脂必须易于渗入编织碳纤维内，有很强的黏结力。依使用温度的不同，树脂还分为夏用类及冬用类树脂。

（一）碳纤维胶的组成

黏结碳纤维胶必须由底胶、修补胶、浸渍胶三种胶配套组成。因其使用目的各不相同，其物性标准也不相同。

1. 底胶

底胶具有把作用在混凝土表面上的荷载传递到碳纤维片上的力学性能。因此，黏着强度成为制定其物性标准的重要依据。其性能指标要求见表5-22。

表5-22　底胶的安全性能指标

性能项目	性能要求	试验方法标准
钢－钢拉伸抗剪强度标准值（MPa）	当与A级胶匹配：≥14；当与B级胶匹配：≥10	GB/T 7124
与混凝土正拉黏结强度（MPa）	≥2.5，且为混凝土内聚破坏	
不挥发物含量（固体含量）（%）	≥99	GB/T 2793
混合后初黏度（23 ℃时）（mPa·s）	≤6 000	GB/T 12007.4

2. 修补胶

修补胶用于填充混凝土上的微小缺损部分。因此，要求必须具有与混凝土同等及以上的压缩强度。此外，修补胶和底胶一样必须具有把因荷载作用等在混凝土表面上发生的应变确实传递到碳纤维片上的力学性能。因此，剪切强度及黏着强度也同样重要，其安全性能指标必须满足表5-23的要求。

表5-23　修补胶安全性能指标

性能项目	性能要求	试验方法标准
胶体抗拉强度（MPa）	≥30	GB/T 2568
胶体抗弯强度（MPa）	≥40，且不得发生混凝土脆性（碎裂状）破坏	GB/T 2570
与混凝土正拉黏结强度（MPa）	≥2.5，且为混凝土内聚破坏	

注：表中的性能指标为平均值。

3. 浸渍胶

粘贴碳纤维通过向碳纤维片内渗透浸渗黏着树脂、固化形成碳纤维。固化后的碳纤维的物性是最重要的指标，虽然浸渍黏着树脂本身的物性并不重要，但要想获得良好的碳纤维物性，浸渍胶本身的物性确实也有一定的影响。

浸渍胶除渗透到碳纤维片内、通过固化形成CFRP外，还具有黏着剂的功能。与底胶、修补胶一样，必须具有把因载荷作用等在混凝土表面上发生的应变确实传递到碳纤维片上的力学性能。因此，剪切强度及黏着强度也是非常重要的依据。碳纤维复合材浸渍胶（黏结用胶粘剂）的安全性能指标如表5-24所示。

表 5-24　碳纤维复合材浸渍胶(黏结用胶粘剂)的安全性能指标

性能项目		性能要求		试验方法标准
		A 级胶	B 级胶	
胶体性能	抗拉强度(MPa)	≥40	≥30	GB/T 2568
	受拉弹性模量(MPa)	≥2 500	≥1 500	
	伸长率(%)	≥1.5		
	抗弯强度(MPa)	≥50	≥40	GB/T 2570
		并且不得发生混凝土脆性(碎裂状)破坏		
	抗压强度(MPa)	≥70		GB/T 2569
黏结能力	钢-钢拉伸抗剪强度标准值(MPa)	≥14	≥10	GB/T 7124
	钢-钢不均匀扯离强度(kN/m)	≥20	≥15	GJB 94
	与混凝土正拉黏结强度(MPa)	≥2.5,且为混凝土内聚破坏		
	不挥发物含量(固体含量)(%)	≥99		GB/T 2793

注:1. B 级胶不用于黏结预成型板。

2. 表中的性能指标,除标有强度标准值外,均为平均值。

3. 当预成型板为仰面或立面粘贴时,其所使用胶粘剂的下垂度(40 ℃)不应大于 3 mm。

4. 当按现行国家标准《胶粘剂拉伸剪切强度测定方法(金属对金属)》(GB/T 7124—1986)制备试件时,其加压养护应在侧立状态下进行。

(二)碳纤维材料与其他加固材料对比

(1)抗拉强度:碳纤维的抗拉强度约为钢材的 10 倍。

(2)弹性模量:碳纤维复合材料的拉伸弹性模量高于钢材,但芳纶纤维和玻璃纤维复合材料的拉伸弹性模量则仅为钢材的 1/2 和 1/4。

(3)疲劳强度:碳纤维和芳纶纤维复合材料的疲劳强度高于高强钢丝。金属材料在交变应力作用下,疲劳极限仅为静荷强度的 30% ~40%。由于纤维与基体复合可缓和裂纹扩展,以及存在纤维内力再分配的可能性,复合材料的疲劳极限强度较高,一般为静荷强度的 70% ~80%,并在破坏前有变形显著的征兆。

(4)质量:约为钢材的 1/5。

(5)与碳纤维板的比较:碳纤维片材可以粘贴在各种形状的结构表面,而板材更适用于规则构件表面。此外,由于粘贴板材时底层树脂的用量比片材多且厚度大,与混凝土界面的黏结强度不如片材。

三、建筑结构胶粘剂(粘贴钢板或外粘型钢用胶粘剂)

建筑结构胶粘剂必须有足够的黏结强度、足够的剪切强度和较高的不均匀扯离强度,能使黏结接头在长时间内承受振动、疲劳和冲击等各项荷载,同时还要求必须具有一定的耐热性和耐候性,使黏结接头在较为苛刻的条件下能正常工作。

(一)胶粘剂的组成

1. 基料

基料一般采用热固性树脂为主要黏结料,既可以是纯环氧树脂,又可以是环氧树脂和橡胶及其他改性混合物质。它在交联后成为坚实的体型结构,使胶粘剂具有极强的黏附性能和良好的机械性能。

2. 固化剂

固化剂通过与线型环氧树脂进行化学反应,使树脂固化,形成网状结构或体型结构。固化剂的种类繁多,要按不同树脂的固化反应情况和对胶粘剂的性能要求,以及工艺性能等条件进行配置与选择。一般条件下,固化剂应具有以下一些性能:

(1)固化剂最好是液体,并且无毒、无味、无色;

(2)固化剂与被固化物反应要平稳、放热少,以减少胶层的内应力;

(3)需要提高耐热性时,应选用分子中具有反应基团较多的固化剂;

(4)需要提高韧性时,应选用分子链较长的固化剂。

3. 增塑剂与增韧剂

一般环氧树脂高分子固化后性能较脆,加入增塑剂的作用是:一是屏蔽体系中高分子化合物的极性基团,减弱分子间的作用力,从而降低分子间的相互作用;二是增加高分子体系的韧性、延伸率和耐寒性,降低其内聚强度、弹性模量及耐热性,如加入量适宜,还可以提高剪切强度和不均匀扯离强度,若加入量过多,反而有害。

4. 填料

加入填料可相对减少树脂的用量、降低成本、降低固化收缩率、降低线膨胀系数等,加入得当还可以改善冲击韧性、胶结强度、耐热性等,有时为了使胶粘剂具有指定性能,如导电、耐温及施工性等,还可以加入特定填料。填料的加入还必须考虑粒度、形状和掺量等多种因素。

5. 溶剂

胶粘剂有溶剂型和无溶剂型之分,加入溶剂是用以溶解树脂,降低胶粘剂的黏度,便于施工。溶剂也能增加胶粘剂的润湿能力和分子活动能力,从而提高黏结力。此外,溶剂还能提高胶粘剂的流平性,避免胶层厚薄不均。所选溶剂的挥发速度不可太快或太慢,多数用混合溶液。溶剂的性质、用量与胶结工艺条件密切相关。必须注意的是,在胶粘剂中严禁掺加挥发性有害溶剂和非反应性稀释剂。

6. 其他辅料

为了满足胶粘剂的性能要求,还需要加入一些其他组分,如稀释剂、偶联剂、防老剂、颜色及香料等。

(二)胶粘剂的安全性能

按照目前使用的混凝土结构加固规范的要求,粘贴钢板或外粘型钢用建筑结构胶的安全性能指标必须满足表5-25的要求。

(三)建筑结构胶粘剂的老化性能

承重结构加固用的胶粘剂老化性能特别重要,因为建筑物的使用年限长达30年以上,湿热老化检验法对不良固化剂的检出能力很强,而固化剂的性能在很大程度上决定了胶粘剂长期使用的可靠性。

表 5-25　粘贴钢板或外粘型钢用建筑结构胶的安全性能指标

性能项目		性能要求		试验方法标准
		A 级胶	B 级胶	
胶体性能	抗拉强度(MPa)	≥30	≥25	GB/T 2568
	受拉弹性模量(MPa)	$\geq 3.5\times10^{3}$ (3.0×10^{3})		
	伸长率(%)	≥1.3	≥1.0	
	抗弯强度(MPa)	≥45	≥35	GB/T 2570
		且不得呈脆性(碎裂状)破坏		
	抗压强度(MPa)	≥65		GB/T 2569
黏结能力	钢－钢拉伸抗剪强度标准值(MPa)	≥15	≥12	GB/T 7124
	钢－钢不均匀扯离强度(kN/m)	≥16	≥12	GJB 94
	钢－钢黏结抗拉强度(MPa)	≥33	≥25	GB/T 6329
	与混凝土正拉黏结强度(MPa)	≥2.5,且为混凝土内聚破坏		
不挥发物含量(固体含量)(%)		≥99		GB/T 2793

注:表中括号内的受拉弹性模量指标仅用于灌注黏结型胶粘剂。

虽然在紫外线作用下能起化学反应,使聚合物的大分子链断裂,但由于加固用胶粘剂受被加固物的屏蔽保护,故光老化的危害性大大减慢,只有通过湿热的综合作用,才能检验其老化性能。因为湿气总能侵入胶层,在一定的温度促进下,这个过程加快,使之起到迅速破坏胶层易水解化学键的作用,使胶粘剂分子链更易降解。另外,水分子渗入胶粘剂与被粘物之间的界面,会促进其分解。同时,水分子还起着物理增塑作用,降低了胶层的抗剪和抗拉性能,热的作用还可以使键能小的高聚物发生裂解和分解等,这就是湿气的作用使胶粘剂性能降低或变坏的过程。在自然环境中,这个过程随着时间的推移逐渐发生并慢慢积累。因此,可能通过胶粘剂对湿热老化作用的敏感性来进行快速而有效的检测。

按照胶粘剂湿热老化性能测定方法,选择在温度 50 ℃、相对湿度 98% 的条件下进行试验。对于重要构件使用的胶粘剂,老化时间不少于 90 d;一般构件使用的胶粘剂,也必须达到 60 d,经湿热老化后的试件,应在常温下进行钢－钢拉伸抗剪试验,其强度降低百分率应符合要求:A 级胶不大于 10%,B 级胶不大于 5%。

(四)结构胶粘剂的施工方法

1.界面处理

表面应打磨掉混凝土浮层,直至完全露出坚实新结构面。混凝土表层出现剥落、空鼓、蜂窝、腐蚀等劣化现象的部位应予以剔除,用指定材料修补。裂缝部位应首先进行封闭处理:钢材表面打磨钢材黏结面,须进行除锈和粗糙处理。用砂轮磨光机打磨出金属光泽。打磨粗糙度越大越好,打磨纹路应与钢材受力方向垂直,其后用棉丝蘸丙酮擦拭干净。

2. 刷胶

刷胶时应用专门的工具，涂布时要顺着一个方向，不要往复，速度要慢，以防带进气泡，要尽可能均匀一致，中间稍多点，四周稍少点。配制底胶的胶粘剂，底胶有混凝土基层上的涂刷范围要超出粘贴范围四周 20 ~ 30 mm，胶层涂刷厚度一般在 1 ~ 3 mm。

3. 钢板黏结

钢板黏结时必须加压，这样有利于胶粘剂的扩散渗透及与被黏结物的紧密接触，有助于排除气体、水分等低分子物质，防止产生空洞和气孔，有益于胶层的均匀和被粘物位置的固定。加压大小一般以 0.2 ~ 0.5 MPa 为宜，加压大小必须适当，并应均匀，加压小会不起作用，加压大则会挤出太多的胶粘剂，造成缺胶，降低黏结强度。黏结加固应注意以下几点：

(1) 钢板粘贴应均匀加压，顺序由钢板的一端向另一端加压，或由钢板的中间向两端加压，不得由钢板两端向中间回压，以利于空气的排出。

(2) 钢板黏合后应用木锤敲打、压平，以排除空气使之紧密接触，保证钢板粘贴表面平整，高低转角过渡平滑，没有折角。

(3) 粘贴钢板固定加压时，应采用点加压或线加压的方法，在粘贴钢板上均匀加压，以增加接触，调匀胶层，钢板四周少量胶液挤出，是调节胶层相互紧密接触的有效措施。

(4) 加压时最好逐步增压，由于开始时胶液黏度较低，压力可以小一点。

4. 固化养护

固化过程中，温度、压力、时间是固化工艺的三个重要参数，其中温度是最重要的参数。每一种胶粘剂都有一特定的固化温度，而温度与时间又有依赖关系，温度越高，时间越短，反之亦然。在低于固化温度时，时间再长，固化也无法完成，而温度过高，固化速度太快，也会引起胶层硬脆，性能变坏。胶粘剂的固化养护必须注意以下几点：

(1) 施工温度不低于 15 ℃时，24 h 可卸除夹具和支撑，72 h 后进入下一个工序；施工温度低于 15 ℃时，要适当延长养护时间；施工低于 5 ℃时，应采取人工升温措施。

(2) 无论采用化学反应还是物量作用完成固化，为了固化安全，得到最大的黏结强度，必须保证足够的固化时间。

(3) 必须按不同胶粘剂的最佳固化条件进行固化，才能得到最好的固化效果。

(五) KLY - EJ 建筑结构胶粘剂

1. 简介

该产品是苏州科利源施工技术研究所有限公司研制生产的，经部级鉴定，是一种常温固化型双组分无溶剂触变态环氧型黏合剂。其使用方便，黏结力强，机械强度高，适用于多种材料界面的黏结。

2. 性能

KLY - EJ 建筑结构胶粘剂具有如下性能：

(1) 为膏状体，甲组分为琥珀色或淡黄色，乙组分为黄棕色。比重为 (1.5 ± 0.05)。

(2) 黏结力强，机械强度高。黏结水泥砂浆强度 4.5 MPa (断面在砂浆)、铁 > 10 MPa、硬木 > 10 MPa、铝 > 8.0 MPa。

(3) 不流淌，便于在建筑立面与天花板上的涂敷作业。

(4) 黏合面广，可用于金属、混凝土、石材、陶瓷、玻璃、木材等材料的黏合。

(5)安全性能好。该产品不含溶剂，避免了易燃、易爆和有毒的危险性。

(6)固化后收缩小，耐久性好。人工试验599 h后，其抗拉强度仍达6.25 MPa。

(7)该产品1 kg可涂敷0.65 mm厚度的面积1 m^2，0.5 g可修补0.4～0.5 mm宽度的裂缝1 m长。

3. 适用范围

KLY－EJ建筑结构胶粘剂的适用范围为：

(1)钢筋锚固(植筋)、粘钢加固、拉接筋锚固、建筑结构连接。

(2)混凝土、金属、石材、陶瓷、玻璃等材料及其相互之间的黏结等。

4. 用法

(1)清除黏合面上的浮灰、油污、锈斑。

(2)该产品由甲、乙二组分组成，按质量比甲∶乙＝10∶3的比例配制，拌匀后使用，随用随配，配制好的黏合剂最好在20 min内用完。

(3)将配制好的黏合剂均匀地涂敷在黏合面上，既可单面涂敷，也可双面涂敷(双面涂敷的效果更好)，然后对准黏合面，适当加压、固定，挤出多余的黏合剂，用刮刀刮除。

(4)该产品10 ℃时1 d干硬，受力部位3～7 d后可使用。

(六)建筑植筋胶(种植锚固件用胶粘剂)

1. 建筑植筋胶的作用机理

建筑植筋就是采用结构胶粘剂，将钢筋或全螺纹螺杆锚固于混凝土基材中，主要是用于连接原有构件和新增构件。由于在钢筋和混凝土中间有一层胶粘剂，故钢筋和混凝土之间力的传递形式有所区别，钢筋所受到的力必须通过胶粘剂与混凝土间分子的作用和机械作用传给混凝土。因此，胶粘剂的饱满度以及与孔壁混凝土的有效粘结是保证植筋效果的重要条件。锚固用胶粘剂的安全性能指标见表5-26。

表5-26　锚固用胶粘剂的安全性能指标

性能项目			性能要求		试验方法标准
			A级胶	B级胶	
胶体性能	劈裂抗拉强度(MPa)		≥8.5	≥7.0	
	抗弯强度(MPa)		≥50	≥40	GB/T 2570
	抗压强度(MPa)		≥60		GB/T 2569
黏结能力	钢－钢(钢套筒法)拉伸抗剪强度标准值(MPa)		≥16	≥13	
	约束条件下带肋钢筋与混凝土的黏结强度(MPa)	C30螺纹钢 直径25 mm $L=150$ mm	≥11.0	≥8.5	
		C60螺纹钢 直径25 mm $L=125$ mm	≥17.0	≥14.0	
不挥发物含量(固体含量)(%)			≥99		

注：1. 表中各项性能指标除标有强度标准值外，均为平均值。

2. 当按现行国家标准《树脂浇铸体弯曲性能试验方法》(GB/T 2570—1995)进行胶体抗弯强度试验时，其试件厚度 h 应改为8 mm。

2. 建筑植筋胶的施工过程

1) 施工准备

认真阅读设计施工图，将结构面清理干净，按设计图纸放线标明钢筋锚固点的钻孔位置，钻孔位置标明后由现场负责人验线。

2) 钻孔

按设计图纸要求明确螺栓锚固位置、钻孔直径及钻孔深度。

3) 清孔

(1) 钻孔完成后，将孔周围半径 0.5 m 范围内灰尘清理干净，用气泵、毛刷清孔，此过程要做到三吹两刷，即吹孔三次、清刷两次，清刷完毕后，用棉丝蘸丙酮，清刷孔洞内壁，使孔洞内最终达到清洁干燥。如遇较潮湿的情况，还须用加热棒进行干燥处理。

(2) 若为水钻孔，用清水将孔内泥浆冲刷干净，用棉丝将孔擦净，等孔晾干后再进行下一道工序，如工期紧，可用加热棒进行干燥处理。

(3) 用干净棉丝将清洁过的孔洞严密封堵，以防有灰尘和异物落入。

4) 钢筋除锈

(1) 用钢丝刷将除锈清理长度范围内的钢筋表面锈迹清除或用磨光机打磨出金属光泽。

(2) 将除锈清理好的钢筋放在干燥处整齐码放。

(3) 用棉丝蘸丙酮，将除锈清理长度范围内的钢筋表面擦拭干净。

5) 钢筋埋植

(1) 钢筋锚固用胶的配制。具体配比使用方法参见相应产品说明，或听从现场负责人要求：按比例配制且搅拌均匀。

(2) 如为盲孔钢筋埋植，将锚固用胶注入孔洞内 2/3 即可；将处理好的钢筋，除锈清理端朝向孔洞，一边向同一方向旋转，一边缓慢将钢筋插入洞内，直至到达孔洞底部为止。此时，如无锚固用胶从洞内溢出，则说明注胶量不够，须将钢筋拔出，重新注胶，再次插入钢筋，直至能使胶溢出洞口。

(3) 如为通孔钢筋埋植，先将处理好的钢筋插入孔内，孔两端用环氧砂浆封堵，封堵时，须在一端留出注胶孔，另一端留出出气孔；待环氧砂浆凝固后方可进行高压注胶。将配制好的锚固用胶装入打胶筒内，安装打胶嘴；将锚固用胶通过注胶孔注入孔洞内，直至另一端出气孔溢出胶为止；而后，用环氧砂浆或其他材料将注胶孔及出气孔封堵死。

(4) 如是垂直通孔植筋，前期步骤同(3)，注胶时应从孔底部的注胶口向上注胶，以孔上部出气口出胶为宜。

(5) 对已埋植好的钢筋要做好保护工作，如挂明显标志牌等，以防锚固用胶在固化时间内，钢筋被摇摆或碰撞，影响埋植效果。

(6) 用棉丝蘸少许丙酮清理工作面遗留的胶及清理工作面的垃圾。

注意：在清理遗留胶的时候，要小心轻缓，不得对钢筋进行摇摆或碰撞。

(七) 水泥锚固剂

水泥锚固剂是一种快硬高强类材料，一般采用快硬硫铝酸盐水泥熟料作为基本的胶凝材料，加入半水石膏和生石灰作为激发剂，加速水化过程，从而实现快速凝结，使抗压强度、抗折强度迅速增长。

另外，水泥锚固剂具有微膨胀性，3 d 自由膨胀率大于 0.3%，3 d 限制膨胀率小于 0.05%。该产品凝固速度快，初凝大于 5 min，终凝小于 15 min。水泥锚固强度增长快，1 h 抗压强度大于 2.4 MPa，2 h 抗压强度大于 3.5 MPa，12 h 抗压强度大于 50 MPa，1 d 抗压强度大于 70 MPa，3 d 抗压强度大于 75 MPa。与干细砂按灰砂质量比 1∶2混合使用，性价比具有一定竞争力，能满足井巷工程、隧道工程锚杆支护和设备安装对水泥锚固剂的要求，降低锚固成本，提高锚固性能质量，达到安全锚固的效果。

水泥锚固剂的适用范围如下：铁路、公路、矿山井巷、水工隧道和人防等地下工程，采用光面爆破、锚喷支护的施工作业；地面边坡加固、堵隙止水及特殊施工过程。

水泥锚固剂的性能特点如下：

(1)和易水泥锚固剂具有早强快硬胶结和膨胀挤紧的双重锚固作用，锚固可靠，0.5 h 锚固力可达 5 ~6 t 以上，1 h 锚固力可达 8 ~10 t 以上。

(2)和易水泥锚固剂有超早强型和普通型系列产品，可满足不同类型围岩条件下的锚固支护需要。

(3)该产品采用高渗水性、高韧性纸袋制成的实心卷式锚固剂，采用浸水装填后插入锚杆的新工艺，施工快速简便，锚固可靠。可完全免除传统注浆的繁杂工艺，克服锚孔难以注满、影响锚固质量的弊端。

水泥锚固剂的使用方法如下：

(1)应根据施工中锚孔直径、锚孔深度、锚固方式(全锚或端锚)选用适当的锚固卷。一般情况下，端锚应采用早强型或超早强型，全锚应采用普通型。

(2)将每个锚孔，即一根锚杆所需卷式锚固剂的条数，一次性集中浸入清水中(不小于 0.3 m 深度)，60 ~90 s 后取出，涌水段水下锚固或堵隙止水时，浸水 30 ~40 s 后取出。

(3)将浸水后的锚固剂依次装入锚孔中预定设计位置，对于螺纹钢锚杆即安装完毕。对于有垫板的锚杆，半小时后安装垫板，拧紧螺栓，达到预期锚固力。

(八)树脂锚固剂

树脂锚固剂是由不饱和聚酯树脂、固化剂、促进剂和其他辅料按一定比例配制而成的黏稠状锚固黏结材料，由聚酯薄膜分割包装成药卷状，具有常温固化快、黏结强度高、锚固力可靠和耐久性好等优良性能。与不同材质的杆体配套使用所形成的树脂锚杆是现代锚固工程中的最佳材料。除在地下工程及边坡支护中应用外，在立井的装备安装、建筑物的构件连接、设备基础的锚固等均得到广泛的应用，并获得满意的技术经济效果。树脂锚固剂的主要技术参数和产品胶凝时间参数见表 5-27 和表 5-28。

树脂锚固剂的使用方法如下：

(1)根据钻孔直径选择树脂锚固剂的规格、型号。

(2)按设计要求的锚固剂规格和杆体长度确定钻孔深度比杆体全长短 60 ~80 mm。

(3)用压风清扫眼孔浮尘。

(4)根据设计锚固长度，用杆体将选用的锚固剂送入孔底，启动搅拌器带动杆体旋转(30 ±5) s，匀速推进到孔底。

表 5-27　树脂锚固剂主要技术参数

项目	指标
抗压强度	全锚≥40 MPa；端锚≥60 MPa
剪切强度	≥35 MPa
密度	1.9 ~ 2.2 g/cm³
弹性模量	≥1.6 × 10⁴ MPa
黏结强度	对于混凝土大于 7 MPa；对于螺纹钢大于 16 MPa
震动疲劳	>800 万次
泊松比	≥0.3
贮存期(小于 25 ℃)	>6 个月
使用环境温度	−30 ~ 60 ℃

表 5-28　树脂锚固剂的产品胶凝时间参数

型号	特性	胶凝时间(s)	等待时间(min)
CK	超快	20 ~ 60	0.5 ~ 1.5
K	快速	61 ~ 120	1.5 ~ 3.0
Z	中速	121 ~ 240	8
M	慢速	>240	

注：表中均是在(22 ± 1)℃的环境温度下测定的。

(5)卸下搅拌器后，及时在孔口将杆体楔住，固化前不要使杆体移位或晃动，安装顶眼时尤为重要。快速 15 min，中速 40 min 后测试锚固力为宜。

(6)快速和中速分别为 7 min、15 min 后上托板，旋紧螺母后即可承载。

(7)搅拌安装工具根据现场动力条件可采用 TJ − 9 风动锚杆搅拌机或电煤钻加连接头，紧螺母可采用 QB − 16 风动扳手或手动扳手。若采用锚杆钻机作业，钻孔和安装锚杆同机操作更为方便。

产品贮存和运输应注意以下事项：

(1)树脂锚固剂应在 25 ℃以下、无阳光照晒、远离火源的室内贮存。

(2)在 25 ℃以下贮存期为 6 个月，过期产品经检查手感柔软的可继续使用。

(3)锚固剂的包装采用硬质纸箱，外加编织袋捆扎，搬运时注意轻放，禁止摔掼。

(4)铁路运输时可比照二级易燃品办理整车或零担，汽车运输时防止雨淋和暴晒。

(九)阻锈剂

钢筋阻锈剂是指加入混凝土中或涂刷在混凝土表面，能阻止或减缓钢筋腐蚀的化学物质。它起到直接阻止或延缓钢筋锈蚀的作用。在混凝土结构修补加固工程中，主要采用渗透型喷涂类液态阻锈剂。喷涂型阻锈剂的质量指标和性能指标分别见表 5-29 和表 5-30。

表 5-29　喷涂型阻锈剂质量指标

烷氧基类阻锈剂		氨基类阻锈剂	
检验项目	合格指标	检验项目	合格指标
外观	透明、琥珀色液体	外观	透明、微黄色液体
密度	0.88 g/mL	相对密度(20 ℃时)	1.13
pH 值	10 ~ 11	pH 值	10 ~ 12
黏度(20 ℃)	0.95 mPa · s	黏度(20 ℃)	25 mPa · s
烷氧基复合物含量	≥98.9%	烷氧基复合物含量	>15%
硅氧烷含量	≤0.3%	氯离子 Cl^-	无
挥发性有机物含量	<400 g/L	挥发性有机物含量	<200 g/L

表 5-30　喷涂型阻锈剂性能指标

检验项目	合格指标	检验方法标准
氯离子含量降低率	≥90%	JTJ 275—2000
盐水浸渍试验	无锈蚀,且电位为 0 ~ -250 mV	YB/T 9231—1998
干湿冷热循环试验	60 次,无锈蚀	YB/T 9231—1998
电化学试验	电流应小于 15 μA,且破坏检查无锈蚀	YBJ 222
现场锈蚀电流检测	喷涂 150 d 后现场测定的电流降低率≥80%	

四、防水堵漏类材料

(一)水泥基类材料

下面以渗透结晶型防水涂料为例进行说明。

水泥基渗透结晶型防水涂料是以国外先进技术为依托,经国内大量工程技术人员的研究、试验、应用后开发而成的一种新型高效无机防水、防腐涂料。在我国引进该产品前它已在全球 100 多个国家和地区数千个工程中得到成功应用,其性能的优越性、质量的可靠性可谓誉满全球。该产品自 1997 年在我国生产销售以来,引起了建筑、交通、电力、水利、国防、物业、环保等行业的青睐,先后在北京、上海、昆明、广州、重庆、深圳、大连等城市被推广应用,应用案例已达数千个。水泥基渗透结晶型防水涂料被广泛用于污水处理厂、污水池、水库、发电站、水坝、船闸、自来水厂、地下室、隧道、核电站、屋面防水、港口码头、停车场等工程中,获得了极好的声誉。与传统的有机高分子型、环氧树脂型防腐防水涂料相比,其具有无比的优越性:绿色环保、安全无毒;具有渗透自我修复能力,防水耐久性更好;能增强混凝土强度,防止化学腐蚀,并对钢筋起保护作用;对基层要求一般、施工简单,比传统产品价格更低、性价比高。

1. 产品特征

水泥基渗透结晶型防水涂料采用普通硅酸盐水泥(即国外通称的波特兰水泥)、石英砂等为基料,并掺入进口原料和活性化合物及其他辅助料干配而成的淡灰色粉状防水涂料,是绿色、无味、无毒、无公害产品,质量符合国家标准《水泥基渗透结晶型防水材料》(GB 18445—2001)的规定。

2. 防水机理

水泥基渗透结晶型防水涂料中含有的活性化学物质以水为载体,随着水对混凝土结构孔隙进行渗透,被流渗到混凝土结构内部的孔缝中,催化硅酸钙与水泥水化反应过程中析出的 $Ca(OH)_2$ 与硅酸钙交互反应,形成了不溶于水的枝蔓状纤维结晶物,在混凝土结构内部吸水膨胀,使结构中的毛细孔缝得到充盈密实,从而有效提高了混凝土结构的抗渗水能力。防水涂层中起到密实抗渗的作用,随着时间(一般为 14 ~ 28 d)的发展,结晶量递增,在防水涂层和渗透结晶相结合,增强结构整体的抗渗能力。由于活性化学物质多年后还能被水激活,继续起到催化作用,因此混凝土结构即使局部受损渗漏(裂缝小于 0.4 mm)在结晶作用下也会自行修补愈合,并具有多次抗渗能力,从而在本质上改变了普通混凝土结构体积不稳定而再次带来的裂渗。所以,水泥基渗透结晶型防水涂料具有独特的性能、持久的效果。

3. 性能特点

水泥基渗透结晶型防水涂料具有如下性能特点:

(1)具有长久的防水作用。水泥基渗透结晶型防水涂料是无机盐水泥基混配涂料,施工后的防水涂层中固化物与混凝土结构材质相同。实践证明,在正常气温下,28 d 后活性化学物质能使渗透结晶深入混凝土结构内部 15 ~ 40 cm(混凝土结构密实度越疏,渗透深度越大),因特效成分已深入渗透到结构内部,其防水作用长久。

(2)具有极强的耐水压能力。水泥基渗透结晶型防水涂料能长期承受强水压,混凝土层厚度为 50 mm,抗压强度为 13.8 MPa。涂刷两层水泥基渗透结晶型防水涂料,至少可以承受 123.4 m 的水头压力(1.2 MPa)。

(3)具有独特的自我修复能力。水泥基渗透结晶型防水涂料是无机盐防水材料,所形成的结晶体不会老化。渗透结晶多年后遇水仍能激活水泥,产生新的晶体仍可继续密实、密封小于 0.4mm 的裂缝,完成自我修复的过程。

(4)具有防腐耐老化、保护钢筋的作用。水泥基渗透结晶型防水涂料中的渗透结晶可自我修复 0.4 ~ 1 mm 以下的裂缝,使混凝土结构更加密实,增加结构强度,从而最大程度地降低混凝土中的化学成分对钢筋的锈蚀程度,使钢筋免受侵蚀,具有防腐耐老化的性能,可延长使用寿命。

(5)具有对混凝土结构的补强作用。水泥基渗透结晶型防水涂料施工后的结构,由于未水化水泥被激活,增大了密度,对混凝土结构起到加强作用,一般能增强混凝土强度的 20% ~ 30%。

(6)是绿色、无味、无毒、无公害产品。水泥基渗透结晶型防水涂料中含有的活性化合物是水溶性化合物,对人体皮肤无刺激性,能用于饮用、食品加工、游泳池、水库等建筑项目。

(7)施工方法简单、省时省工。水泥基渗透结晶型防水涂料施工方法简单,在正常施工条件下,一次性涂刷就可以完成施工任务,无需多次涂刷,省时省工省成本。

(8)应用范围广。水泥基渗透结晶型防水涂料可广泛用于隧道、大坝、水库、发电站、核电站、冷却塔、地下铁道、立交桥、桥梁、地下连续墙、机场跑道、桩头桩基、废水处理池、蓄水池、工业与民用建筑地下室、屋面、厕浴间的防水施工,以及混凝土建筑设施等所有混凝土结构弊病的维修堵漏。

(二)优止水高效防水剂

1. 优止水高效防水剂的种类

1)普通优止水高效防水剂

普通优止水高效防水剂是一种可呼吸的水泥基高强度防水材料(有的可以使结构内的潮气正常地散发出来),可用于迎水面和背水面防水。该材料可直接应用于混凝土表面,能渗入混凝土的微孔和缝隙中,堵塞这些过水通道,并与混凝土结合为一体,同时形成附着力极强的密实、坚硬涂层,进一步起防水作用。它属非结晶渗透型防水材料。

2)柔性优止水高效防水剂

柔性优止水高效防水剂,具有一般优止水的优点和性能,它是一种既刚又柔的材料。普通柔性优止水材料可以密封最宽达1.6 mm的活动裂缝。

2. 配制方法

1)普通优止水高效防水剂的配制

在干净容器中,加入1份浓缩型亚克力增强剂和3份清水,搅匀成混合溶液,将优止水高效防水剂粉料慢慢倒入容器中,搅拌成浓浆状混合物。停止搅拌让优止水与混合液充分吸收至少5 min,再慢慢搅拌,并根据施工情况添加优止水粉料或混合液。一般情况下,一袋22.7 kg的优止水需7.5~8 L混合液,最佳调和液浓度是用刷子容易插入,并直立其中不至于倒下。

2)柔性优止水高效防水剂的配制

先将B组分(液体材料)材料搅均匀,然后将80% B组分倒入一个干净的容器中;将A组分(粉料)倒入,慢慢搅拌均匀,油滑无结块、可涂刷的奶油状,搅拌时将剩余的B组分材料逐渐加入,搅拌均匀。

3. 施工工艺

1)普通优止水高效防水剂施工

清除待涂基面上的灰尘、油污、泛碱、油漆、涂浆、浮渣、疏松物、残留物,用清水清洗干净,涂刷前将基层充分润湿到吸水饱和,但注意不能有流淌的水。涂刷一般由上到下涂刷均匀,先后涂刷普通优止水高效防水剂两遍。第一遍涂刷干燥一夜后可涂刷第二遍。在涂刷过程中,当基层变干涂刷困难时,随时用清水湿润基层,切忌过分稀释优止水。在一般气候条件下,不需要对优止水涂层进行特别养护,但在干燥、炎热、多风的气候条件下,则要保持涂层表面湿润至少48 h。

2)柔性优止水高效防水剂施工

涂刷前做好基面处理、清洗干净、充分润湿基面等工作,涂膜厚度应为1.6 mm,分两次涂刷,自上至下涂刷,第一遍涂完后,在涂层未干结前即涂刷第二遍,间隔时间一般为10 min。如设计要铺设玻璃纤维,将玻璃纤维嵌入第一道涂层中,紧接着涂刷第二道柔性优止水,一定要全部遮盖增强纤维,包括增强纤维在内的厚度应不小于2 mm。

(三)UP2000结构修补剂

1. 简介

UP2000结构修补剂是一种经聚合物改性的水泥基快干、不下垂的结构修补材料,20 min内就可以干结;特别适用于立面和顶面的结构修补,可以省去复杂、昂贵的混凝土模板。UP2000的收缩率比普通混凝土低一个数量级,只有十万分之四。UP2000与原结构的黏结强度可以达到3 MPa,而美国混凝土协会对修补材料黏结强度的要求是达到1 MPa以上。

2. 配制方法

(1)用1份浓缩型亚克力增强剂加3~7份清水调和成混合液。一般亚克力增强剂加量越大,UP2000的改性效果越好。在实际运用中,应根据不同的工程的具体要求调整亚克力增强剂的用量,最多可达1份亚克力增强剂加1份清水。

(2)在干净的容器中加入4.5 L混合液,然后倒入一袋22.7 kg的UP2000结构修补剂,缓慢搅拌,搅拌的时间以全部修补剂完全湿润为准。如果需要添加适量混合液,不可调得太稀,以免影响强度及密度。一次配量不可过多,应随配随用。

(3)大面积修补时,可掺入干净、表面干燥的集料。集料可以是豆石、石灰岩或砂石的混合物,集料粒径不大于10 mm。先将集料与修补剂干混,然后再加入混合液。一袋22.7 kg的修补剂加入不超过6.8 kg的集料。

(4)每调一批料后,应将容器清洗干净,再调第二批料,以免影响质量。

3. 施工方法

(1)湿润被修补结构表面,使其达到饱和但表面干爽的状态,某些基面可能需要湿润24 h后才能施工。

(2)用刷子在准备好的、湿润的待修补面上涂刷一层刚调好的修补剂,用力涂刷。

(3)立即用抹刀用力在新涂刷过的湿润的修补涂层上抹匀修补剂。

(4)第一层修补剂初凝后,抹第二层修补剂,每层厚度不要超过2.5 mm。照此方法,一层层抹下去,直至完成。在硬化前用抹刀刮抹平整,修补后应在结合缝面间嵌入橡胶条。

(5)在正常情况下,要保持修补剂表面湿润,直至修补剂硬化。

五、嵌缝密封材料

混凝土构筑物在外界因素作用下常会产生变形,导致开裂甚至破坏。变形缝是针对这种情况而预留的构造缝,一般可分为伸缩缝、沉降缝、防震缝等。为了处理好这些预留缝的热胀冷缩和渗漏变化,首先必须选用嵌缝材料进行填充。

(一)嵌缝密封材料分类

嵌缝密封材料按物理力学性能分类见表5-31。

表 5-31　嵌缝密封材料按物理力学性能分类

嵌缝密封材料的种类	恢复率(%)	伸长率(%)	硬度(邵氏)A	允许动量(%)
胶 泥	0~10	100 以上	0~5	±5
弹性胶泥	10~49	100 以上	5~55	±10
弹性体	50~100	100 以上	15~55	±25
弹塑性体	0~100	25~100	55~80	±10
塑性体	0~100	0~25	80 以上	±5

嵌缝密封材料按材质分类见图 5-2。

(二)嵌缝材料的使用注意事项

1. 基层处理剂的涂刷

基层处理剂的涂刷首先要配比准确,搅拌均匀。采用多组分基层处理剂时,应根据有效时间确定使用量,对于过期或凝胶后的基层处理剂,因质量得不到保证,降低黏结能力,影响效果,故不得使用。基层处理剂的涂刷应在铺放好背衬材料之后进行,基层处理剂要求涂刷均匀,不得漏涂,待基层处理剂表面干燥后,应立即嵌填密封材料。

2. 密封材料的施工

(1)多组分密封材料为反应固化型,其配合比一定要准确,拌和均匀。采用手提式电动搅拌器搅拌,否则不能充分反应,会降低材质,拌好的材料要在规定的时间内用完,应根据用量来确定每次拌和量,按不同品种的材料、不同生产厂家所规定的不同的拌和时间和拌和温度来拌和,这两点是决定多组分密封材料施工质量好坏的关键因素。

(2)合成高分子密封材料的嵌填十分重要,嵌填必须消除不饱满、凹陷、漏嵌、裹入气泡、孔洞等缺陷,这些缺陷都会影响防水质量。

(3)单组分密封材料可使用挤出枪嵌填,采用挤出枪嵌填应根据接缝的宽度选用口径合适的挤出嘴,均匀挤出密封材料,嵌填由底部逐渐充满整个接缝。多组分密封材料一般用腻子刀嵌填,先将少量密封材料批刮在缝槽两侧,分次将密封材料嵌填在缝内,用力压嵌密实,并与缝壁黏结牢固,接头应采用斜槎。嵌填时密封材料与缝壁不得留有空隙,防止裹入空气。

(4)各种密封材料均存在不同程度的干湿变形,当干湿变形和接缝尺寸均较大时,密封材料应分次嵌填,否则密封材料容易变形。当一次嵌填量过多时,干缩后,会出现密封材料表面固化而内部不易固化,影响与基层的黏结力,由于残留溶剂的挥发引起内部不密实或产生气泡。这里需要强调的是,允许一次嵌填的应尽量一次嵌填施工,避免出现分层现象。

(5)不管采用挤出枪还是采用腻子刀施工,其表面都不会光滑平直,还会出现凹槽、漏嵌填、孔洞、气泡等缺陷,故必须在密封材料表干前进行修整,表干后不易修整且易将成膜固化的密封材料破坏。

(6)保护层的施工要待密封材料表干后方可进行,以防止损坏密封材料,达不到密封防水处理的要求。

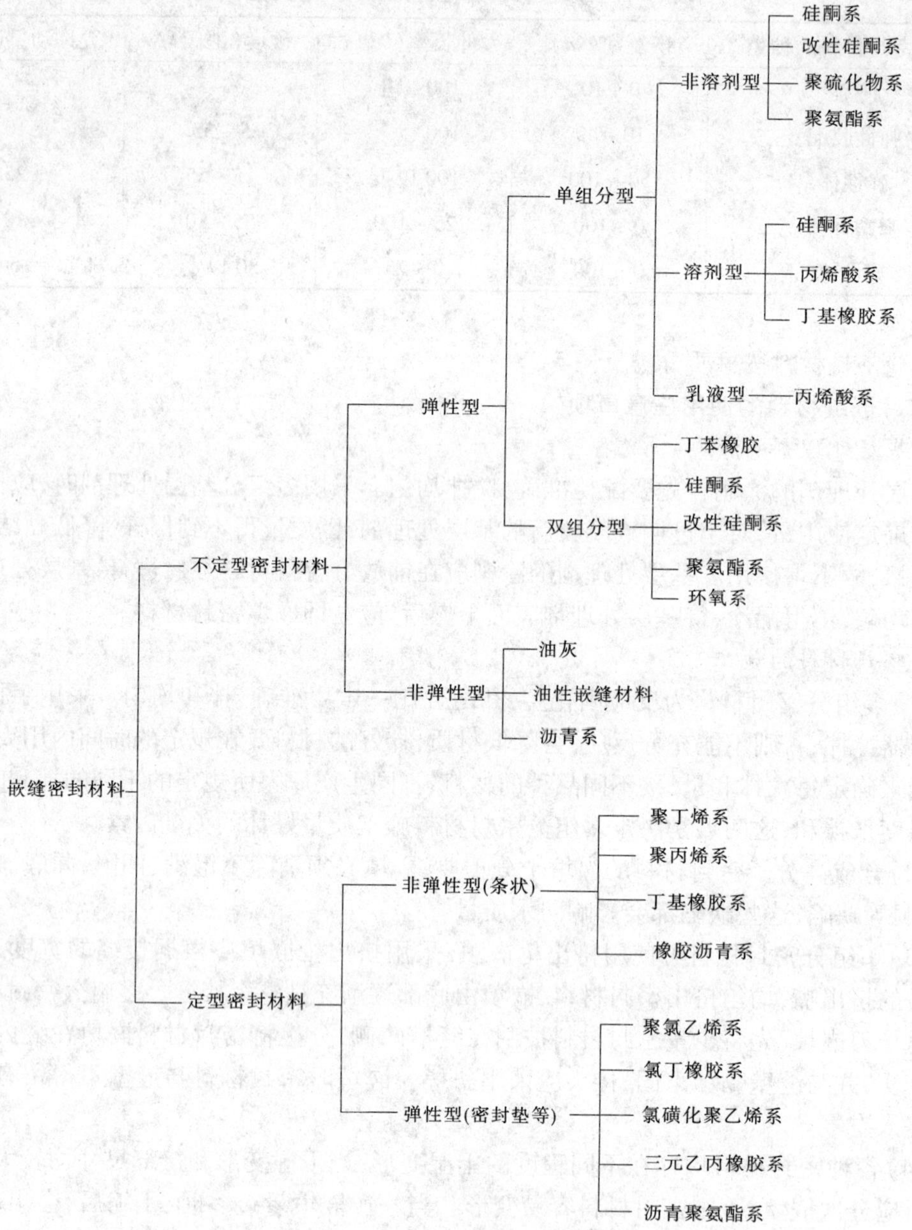

图 5-2　嵌缝密封材料按材质分类

六、防水卷材与涂料

(一)防水卷材

防水卷材是一种传统的防水材料,目前占有较大的市场份额,是一项成熟的技术。该产品具有以下优点:

(1)作为一个系统技术,其工程材料、配套材料、施工方法、施工机具等均配套完整。

(2)减少构造层次,易于设计、施工,节约资源,减少成本,提高工效。

(3)工程可系统承包,采用机械固定方法,进行防水保温一体化施工(包括基层以上部分的防水、保温、防潮、隔汽、排水、落水等)。

(4)工程责任分明,易于实施工程质量保证期制度。

防水卷材品种分类见图 5-3。

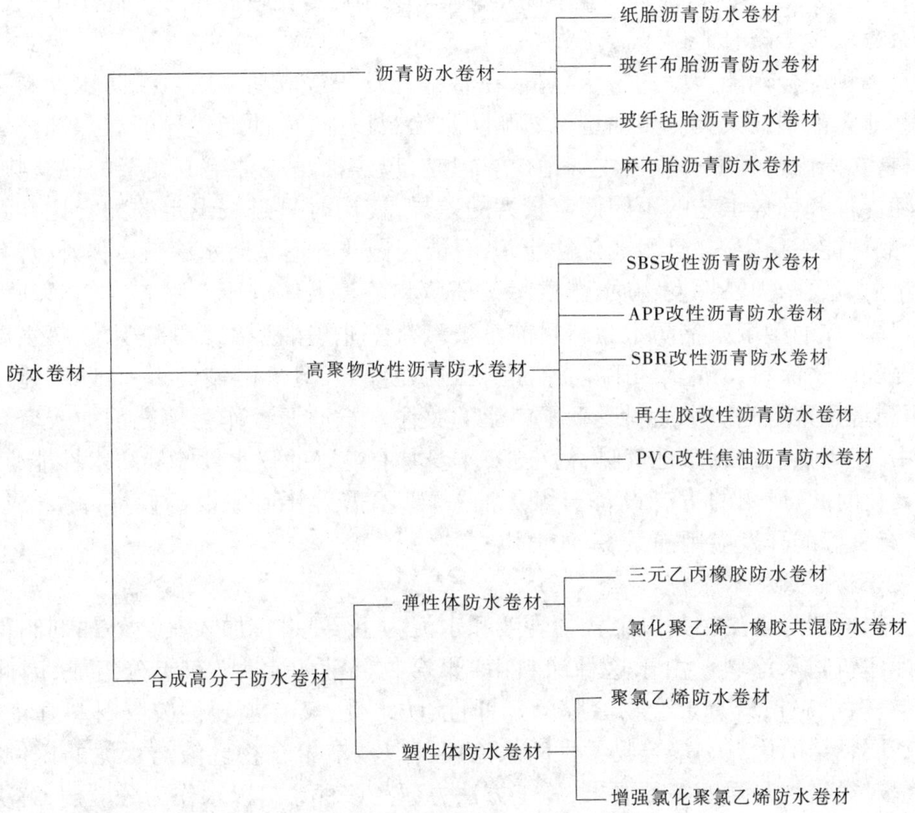

图 5-3　防水卷材品种分类

合成高分子防水卷材(共混卷材和复合卷材)从 20 世纪 90 年代后期开始得到了快速的发展。与高分子改性沥青防水卷材和合成橡胶系防水卷材相比,新型的防水材料不但保留了其他材料的高温不流淌、低温不脆裂、耐老化、使用寿命长、抗拉强度高、延伸率大、对基层的开裂或伸缩适应强等特点,而且无论强度、比重、耐热、抗紫外线、耐腐蚀性等都有大幅度的提高。如上海赞科防渗漏工程科技有限公司自主研发的新型多层纤维内增强 PVC 防水卷材是国内防水卷材中具有国际水准的产品。其生产工艺摒弃了其他的 PVC 挤出成型工艺,采用具有专利技术的新型浸渍压延生产工艺,它由多层胎基和 PVC 构成。多层胎基可采用不同材质、不同性能的原料,例如涤纶纤维、玻璃纤维等。利用胎基的不同性质,根据实际需要改变胎基成分,从而满足不同条件下,各种抗极端温度、抗极端拉伸强度或极端抗酸碱环境下的防水需求;并在高聚物中加入高沸点、低挥发性的小分子,改变 PVC 的力学性质,降低 PVC 玻璃化温度,使其受温差影响降低到最低。为了避免分子链间的滑移造成黏性流动，采取分子间轻度交联和产品构造上中间层 PVC 不直接暴露在空气中的方法，解决了 PVC 容易迁移的难题，使其具有高弹性。从胎基和 PVC 双方面改进，使卷材更能符合当代新型建筑高、大、轻的设计建筑风格。

(二)防水涂料

防水涂料和防水卷材相比，其最大的优点就是适应性强，能够在异性基面上形成完整没有接缝的防水层，在小面积维修工程中优点突出。其中性能比较优异的产品有以下几种。

1. 聚氨酯防水涂料

这是一种综合性能很好的防水材料，在日本开发非常成功。聚氨酯防水涂料可分为焦油型和非焦油型两大类。焦油型聚氨酯防水涂料以廉价、性能优异的煤焦油作为活性填充材料，在国内市场上一度占主导地位。但是，煤焦油是一种组成复杂的混合物，其活性成分随煤种和炼焦工艺的不同而有较大的差异，使用时只是按设定的配合比和预聚体混合，产品性能不稳定，并且耐老化性能差，只能用做非外露型防水涂料。另外，煤焦油中含有大量蒽、萘、酚类易挥发物质，严重污染环境和危害人体健康。随着人们对环保要求的不断提高，焦油型聚氨酯防水涂料目前已被淘汰。非焦油型聚氨酯防水涂料主要有沥青型聚氨酯防水涂料，其他聚氨酯防水涂料虽性能优异，但价格较贵，一时还不能广泛应用，因而沥青型聚氨酯防水涂料受到了广泛的关注。石油沥青作为填充剂加入聚氨酯防水涂料中，无煤焦油的刺激性气味，污染少；本身具有良好的耐水性能和防水性能，可延长产品的老化时间；所用的生产设备与煤焦油一样，不需另外追加设备投资，并且成本低。因此，具有良好的开发应用前景。

2. 聚合物柔性防水涂料

聚合物柔性防水涂料是以聚合物乳液和水泥为主要原料，加入其他外加剂制得的双组分水性建筑防水涂料。由于这种涂料由“聚合物乳液 + 水泥”双组分组成，因此具有“刚柔相济”的特性，既有聚合物涂膜的延伸性、防水性，又有水硬性胶凝材料强度高、易与潮湿基层黏结的优点。聚合物柔性防水涂料可以调节聚合物乳液与水泥的比例，满足不同工程对柔韧性与强度等的要求，施工方法方便。该种涂料以水作为分散剂，解决了因采用焦油、沥青等溶剂型防水涂料所造成的环境污染以及对人体健康的危害。所以，近年来在国内外发展迅速，成为防水材料中的后起之秀。

3. 水性有机硅防水涂料

水性有机硅防水涂料化学性质稳定，成膜后憎水性很好，抗老化和耐久性也很好，并且乳液为水性，一般不会影响环境，成膜后无色透明，不影响原建筑构件的外观，是一种比较理想的防水修补材料。

下面以弹性有机硅－丙烯酸乳液为例进行介绍。

该产品最主要的特征是既有一般涂料的优点，又克服了多数涂料产品存在的容易开裂、不易清洗的症结。其综合性能接近国际先进水平。这种环保弹性有机硅防水涂料是一种健康型的涂料，VDC 含量小于 5%，远远优于国家标准。卓越的弹性性能有效密封 1.6 mm 以下的隙缝；良好的耐候性，耐紫外线，耐臭氧，耐湿热，耐酸、碱、盐以及化学制品，耐各种油类，耐各种溶剂，耐极端恶劣温度（$-50 \sim 260$ ℃）。独特的透气性阻止了雨雪渗入外墙，而室内潮气可排至室外，产品施工迅捷，无需混合即可直接使用，不需要底涂,成膜时间短,仅需要4~8 h。

4. 水性环保型桥梁防水涂料

这是一种水性、无毒、无污染、黏结强度大、弹性优良、耐高低温范围宽广、价格低廉的新型桥梁防水涂料,由青岛市润邦化工建材有限公司生产。该产品一改传统生产工艺,采用优质石油沥青为基料,以橡胶高分子材料为改性剂,以水作为介质,经催化、交联、乳化等化学工艺生产而成。该产品最主要的优点是:改性沥青中的橡胶所形成的高分子聚合物形成连续网络而互相贯穿交联,使改性沥青呈现高聚物性能,涂膜干后保持橡胶的弹性、低温柔性、耐老化性,并具有抗剪切力强、耐温、抗冻、抗化学腐蚀、抗裂、冷施工、防火、无毒无味、无环境污染等优点,能适应桥面长期动荷载而抗压的要求,对温差的适用性极为宽广,低温可达-30 ℃,可承受沥青混凝土160 ℃以上的温度。该产品不仅是桥面理想的防水材料,而且是粘贴防水片材沥青瓦的最佳材料。由于该产品良好的性能和低廉的价格,无疑将有力推动我国建筑防水材料的发展。

5. 阻热防水涂料

阻热防水涂料是一种来自美国的最新专利防水产品。该涂料含有一种获得专利权的微泡玻璃球,它有着无数闭合胶体。为这种微泡玻璃提供载体的是具有高性能的特种树脂,是聚合物和共聚物的综合体。它既可以与柔性防水卷材和刚性防水材料复合使用,也可以直接施工于各种基层,独立发挥防水阻热的良好性能。该材料在金属物体上使用时,极具柔性和封闭性,能堵漏、隔热、防锈;用于沥青屋面时,可反射90%的太阳能,防止沥青降解,延长使用寿命;用于刚性防水屋面时,能阻止混凝土膨胀,封闭细裂纹和缝隙,防止水分渗透,有极佳的黏附性和延伸性。

(三)聚脲喷涂材料

1. 简介

喷涂聚脲弹性体(SPUA)技术是美国化学公司于1991年开发出来的,它是在聚氨酯反应注射型(RIM)技术的基础上发展起来的,结合了聚脲树脂反应特性和RIM技术的快速混合、快速成型的特点,可以进行施工现场各类大面积形状复杂的表面涂层处理。采用这种工艺技术,基于聚脲树脂的反应特点,通过调整反应体系中材料的配比,得到不同性能和不同固化时间的涂层,从柔性、韧性到硬度较大的各类耐冲击磨损涂层;其固化时间从几秒钟到很长时间都可以调节。

2. 喷涂聚脲弹性体技术特点

(1)不含催化剂,快速固化,可在任意曲面、斜面及垂直面上喷涂成型,不产生流挂现象,5 s胶凝(一般的在30~50 s),1 min即可达到步行强度。

(2)可以在潮湿环境和界面上固化,不影响其性能。对湿气、温度不敏感,施工时不受环境温度、湿度的影响。

(3)双组分,100%固含量,不含任何挥发性有机物(VOC),无污染,对环境影响小,属环保型的绿色产品。

(4)具有非常优异的柔韧性、耐磨性、高黏结性能,其本体物理力学性能好,如抗张强度高。对钢材、铝、混凝土、沥青等底材有着非常良好的黏结强度。

(5)自身的耐老化性、防腐蚀性能十分突出。具有优良的耐高低温性能,在-25~

150 ℃范围内,具有良好的热稳定性,可以长期使用。

(6)可以根据配方调节,得到从软橡胶(邵 A 硬度 30)到硬质弹性体(邵 D 硬度 65)的不同性能的材料。

(7)原形再现性好,涂层连续、致密,无接缝,无针孔,美观实用。可按 1∶1 体积比进行喷涂或浇注,一次施工的厚度可以从数百微米到数厘米,克服了以往多次施工的弊病。

(8)可以像普通涂料一样,加入各种颜色染料,制成不同颜色的制品。可掺入其他填料(如短玻璃纤维等材料)进行增强。

(9)采用专用成套施工设备,施工方便,效率极高;每分钟可喷涂 1 mm 厚的涂层约 10 m^2。设备配有多种切换模式,既可喷涂,也可浇注。

3. 聚脲弹性体材料的物理力学性能

聚脲弹性体是类似于聚氨酯的一种高分子材料,它是在聚氨酯反应注射成型(RIM)技术的基础上发展起来的,用活性更大胺基聚醚和二胺扩链剂替代羟基聚醚和二元醇扩链剂与端异氰酸酯预聚体反应,在不用催化剂下使原来生成的氨基酯(R_1—NH—CO—R_2)很快反应生成脲基(R_1—NH—CO—NH—R_2)。其反应主要原理如下:

$$R_1—NCO + R_2—NH_2 \longrightarrow R_1—NH—CO—NH—R_2$$

由于脲基键比聚氨酯(氨基酯部分)的硬段强度更大,表现在物理力学性能上就是强度更高,而其软段(碳氧醚键部分)与聚氨酯相同,所以聚脲又保持了优越的柔韧性。同时,由于脲基键比氨基酯聚氨酯更优越,其各项物理力学性能见表 5-32 ~ 表 5-34。

表 5-32　聚脲弹性体的综合物理力学性能

物理力学性能	性能指标
拉伸强度(MPa)	10 ~ 27.5
邵尔硬度	30A ~ 65D
断裂强度(kN/m)	43.9 ~ 105.4
伸长率(%)	420 ~ 1 000
与混凝土黏结强度(MPa)	> 2.8
与钢板的黏结(喷砂处理)强度(MPa)	> 13.7
与铝的黏结强度(MPa)	> 13.7
耐磨性(阿克隆法,mg)	≤45
紫外线照射 720 h	无裂纹及变形

表 5-33　聚脲弹性体的低温物理力学性能

物理力学性能	性能指标
拉伸强度(MPa)	10
撕裂强度(kN/m)	43.9 ~ 105.4
伸长率(%)	100 ~ 500

表 5-34 聚脲弹性体涂层的耐老化性能

物理力学性能	老化前	性能指标
拉伸强度(MPa)	13.5	13.5
撕裂强度(kN/m)	76.4	84.4
伸长率(%)	137	110

注:用 UVB－313 灯进行抗紫外线连续耐老化试验,试验温度 50 ℃,试验时间为 3 871 h。

4. 喷涂聚脲弹性体技术在水利水电工程中的研究应用现状

近几年喷涂聚脲弹性体技术在水利水电混凝土建筑工程上开始试验应用,总的情况尚好。通过国内对喷涂聚脲弹性体技术的研究和应用,人们发现在拥有好配方的基础上,用好 SPUA 技术的关键在于要解决好以下两个方面的问题:基底界面的底涂处理和喷涂机具操作工艺的掌握。在水利水电混凝土工程中,由于多数混凝土表面不同程度地处于潮湿或有水状态,而喷涂聚脲涂层必须要在绝对干燥的界面上才有很好的黏结力,因此解决好潮湿界面的底涂是喷涂聚脲弹性体技术在水利水电工程中应用的关键所在。再一点就是,从理论上说高压喷涂效果应该很好,但是喷涂聚脲聚合时间太短(短到 5 s),没有渗透时间,不能与喷涂基体形成整体而影响了最后的处理效果。

由北京水利水电科学研究院研制的界面剂较好地解决了两个方面的问题:一是界面剂与潮湿混凝土有很好的黏结性能;二是界面剂与聚脲涂层间有较好的黏结性能。通过对混凝土黏结剂多年的研究开发和工程应用经验以及从 SPUA 材料的化学结构特点出发,研制出了纳米改性环氧树脂及配套的固化剂作为界面剂。由于纳米效应的存在不仅增加了界面剂与潮湿的界面作用,而且使环氧树脂的韧性增加。另外,该界面剂与聚脲具有很好的化学相容性,除能发生一定的化学作用外,在两者间容易形成大量的氢键,因而与聚脲有良好的黏结效果,通过大量的试验基本确定了性能优异的界面剂配方和施工工艺。

(1)为了适应工程应用的需要,分析研究了界面剂在潮湿混凝土面涂后 1 d、2 d、3 d 及 5 d 的黏结强度,试验用的试件为 10 cm×10 cm×40 cm 的混凝土试块,混凝土试块事先用电刷打毛,刷净后泡水 24 h 以上,然后放在混凝土标准养护室中进行试验。试验前用面纱擦除表面的浮水,然后涂界面剂,界面剂涂层厚度不大于 1 mm。黏结强度测试采用美国 NJ 仪器公司生产的拉拔试验仪,拉拔头为直径 5 cm 的钢块。试验结果见表 5-35。

由试验结果可以看出,所研制的界面剂与潮湿混凝土间的黏结效果非常好,黏结强度都大于 3.67 MPa,黏结破坏基本上是混凝土本体破坏或聚脲涂层与拉拔头间脱开。

(2)界面剂与潮湿混凝土和聚脲涂层间的黏结试验。

试验用的试件为 10 cm×10 cm×40 cm 的混凝土试块,与前面所述的方法一样在混凝土块上涂界面剂,在混凝土标准养护室中养护 3～4 h 后喷涂聚脲涂层,喷涂厚度 1.5～2 mm,再分别测试 1 d、2 d、3 d 及 5 d 的黏结强度。试验结果见表 5-36。

表 5-35　界面剂与潮湿混凝土块的黏结试验结果

试验龄期(d)	破坏荷载(kN)	黏结强度(MPa)	界面破坏情况
1	7.20	3.67	20%混凝土破坏,80%聚脲涂层与拉拔头间破坏
	9.70	4.94	100%混凝土破坏
2	8.50	4.33	100%混凝土破坏
	8.20	4.18	100%混凝土破坏
3	8.80	4.48	100%混凝土破坏
	9.80	4.99	100%混凝土破坏
5	10.00	5.10	90%混凝土破坏,10%聚脲涂层与拉拔头间破坏
	12.00	6.11	100%混凝土破坏

表 5-36　界面剂与潮湿混凝土块和聚脲涂层的黏结试验结果

试验龄期(d)	破坏荷载(kN)	黏结强度(MPa)	界面破坏情况
1	1.80	0.92	聚脲涂层与拉拔头间脱开(未擦干)
2	2.00	1.02	70%混凝土破坏,30%聚脲涂层与拉拔头间脱开
	2.80	1.45	100%混凝土破坏
3	3.40	1.73	100%混凝土破坏
	2.60	1.32	100%混凝土破坏
5	3.80	1.94	100%混凝土破坏
	4.20	2.14	100%混凝土破坏
3(干混凝土面界面剂)	6.50	3.31	100%聚脲涂层与拉拔头间脱开
	6.70	3.41	100%混凝土破坏

第四节　试验方法

一、黏度试验方法

(一)试样要求

均匀无气泡。

(二)试验步骤

(1)视试样黏度的大小,选择适宜的转子及转速,使读数在刻度盘的20% ~80%范围内;

(2)将转子垂直浸入试样,使液面至转子液位标线(最好装上保护架);

(3)将测试容器中的试样和转子恒温(25 ±0.5)℃,并保持试样温度均匀;

(4)读出转子旋转(60 ±2)s时的指示值。

(三)试验结果

按仪器要求计算或取两次试验的平均值。

二、不挥发物含量(固体含量)试验方法

(一)试验步骤

称取1~1.5 g试样,置于干燥洁净的称量容器中,将容器置于通风橱中,干燥至试样不流动后,放入已经按试验温度调好的鼓风恒温烘箱内加热1.5 h。取出后,放入干燥器中冷却至室温,称重。直至两次称重相差不大于0.01 g为止。

(二)试验结果

不挥发物含量 X (%) 按下式计算

$$X = \frac{G - G_1}{G} \times 100\% \tag{5-1}$$

式中　G_1——干燥后试样的质量,g;

G——干燥前试样的质量,g。

试验结果取两次平行试验数据的平均值,两次平行试验数值之差应不大于1%。

三、抗拉强度、拉伸弹性模量、伸长率试验方法

(一)试验要求

1. 试样形状、尺寸

试样形状和尺寸见图5-4。

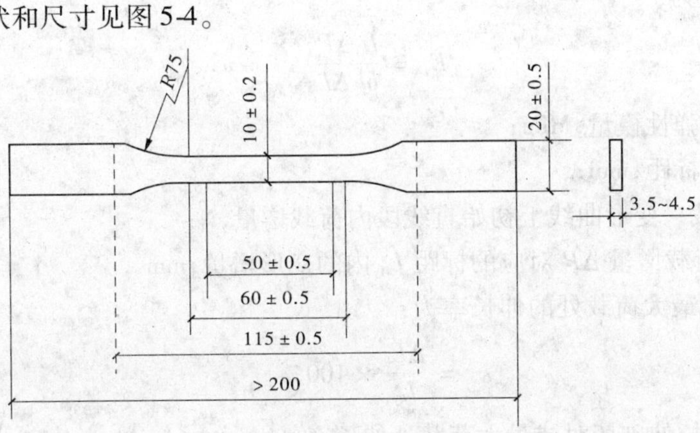

图5-4　试样形状和尺寸　(单位:mm)

2. 试验环境

温度(23 ±2)℃,相对湿度(50 ±5)%。

3. 试验设备

试验机荷载误差不超过 ±1%,使用吨位的选择应使试样破坏荷载落在满载的 10% ~90% 范围内且不小于试验机最大吨位的 4%;测量变形仪表误差不超过 ±1%。

4. 拉伸速度

常规试验速度为 2 ~10 mm/min, 仲裁试验、弹性模量测试速度为 2 mm/min。

(二)试验步骤

(1)将试样编号,测量试样标距内任意 3 处的宽度和厚度,取算术平均值。

(2)夹持试样,使试样的中心轴与上、下夹具的对准中心线一致,按规定速度均匀连续加载,直至破坏,读取破坏荷载。

(3)测定拉伸弹性模量时,在工作段内安装测量变形的仪表,施加初载(约 5% 的破坏荷载),检查和调整仪表,然后以一定的间隔施加荷载,记录荷载和相应的变形值,至少分五级加载,施加荷载不宜超过破坏荷载的 40%,有自动记录装置时,可连续加载。

(4)测定破坏伸长率和应力—应变曲线时,应有自动记录荷载和变形的装置。

(三)结果计算

拉伸强度为:

$$\sigma_t = \frac{P}{bh} \tag{5-2}$$

式中　σ_t——拉伸强度,MPa;

P——破坏荷载(或最大荷载),N;

b——试样宽度,mm;

h——试样厚度,mm。

拉伸弹性模量为:

$$E_t = \frac{L_0 \Delta P}{bh\Delta L} \tag{5-3}$$

式中　E_t——拉伸弹性模量,MPa;

L_0——测量标距,mm;

ΔP——荷载—变形曲线上初始直线段内荷载增量,N;

ΔL——与荷载增量 ΔP 对应的标距 L_0 内的变形增量,mm。

拉伸破坏时或最大荷载处的伸长率为:

$$\varepsilon_t = \frac{\Delta L_b}{L_0} \times 100\% \tag{5-4}$$

式中　ε_t——试样拉伸破坏时或最大荷载处伸长率(%);

ΔL_b——试样破坏时或最大荷载处标距内的伸长量,mm;

其他符号意义同前。

四、弯曲强度、弯曲弹性模量试验方法

(一)试验要求

1. 试样形状、尺寸

试样形状和尺寸见图5-5。

图5-5　试样形状和尺寸

2. 试验环境

温度(23 ±2)℃,相对湿度(50 ±5)%。

3. 试验设备

试验机荷载误差不超过 ±1%,使用吨位的选择应使试样破坏荷载落在满载的10% ~90%范围内且不小于试验机最大吨位的4%;测量变形仪表误差不超过 ±1%。

3点弯曲试验装置如图5-6所示,跨距 L 为 $(16 \pm 1)h$,加载上压头半径 R 为(5 ±0.1) mm,试样支座圆孤半径 r 为(2 ±0.2)mm。

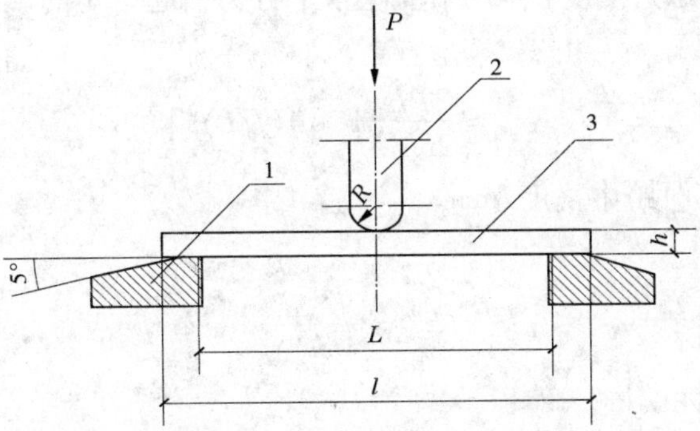

1—试样支座;2—加载上压头;3—试样

图5-6　3点弯曲试验装置

4. 试验速度

常规试验速度为2 ~10 mm/min;测定弯曲弹性模量时,试验速度2 mm/min;仲裁试验速度为2 mm/min。

(二)试验步骤

(1)将合格试样编号,测量试样跨中(跨距中心处)附近3点的宽度和厚度,取算术平均值。

(2)调节跨距 L 及加载上压头的位置,准确到0.5 mm,加载上压头位于支座中间,并且与支座平行。

(3)将试样放于支座中间位置上,试样的长度方向与支座和上压头相垂直。

(4)调整加载速度,选择试验机荷载和范围及变形仪表量程。

(5)测量弯曲强度或弯曲应力时,按规定速度均匀连续加载,直至破坏,记录破坏荷载值或最大荷载值,在挠度等于1.5倍试样厚度下不呈现破坏的材料记录该挠度下的荷载。

(6)测定弹性模量或绘制荷载—挠度曲线时,在试样跨中底部或上压头与支座的引出装置之间安装挠度测量装置,施加初荷载(约50%的破坏荷载)检查调整仪表,开动试验机按规定的速度施加荷载,在破坏荷载40%以内,以一定间隔记录荷载和相应的挠度值,有自动记录装置时,可连续加载。

(7)在试样中间的1/3跨距(L)以外破坏的应予以作废,另取试样补充,同批有效试样不足5个的,应重做试验。

(三)结果计算

弯曲强度或弯曲应力为:

$$\sigma_f = \frac{3PL}{2bh^2} \tag{5-5}$$

式中 σ_f——弯曲强度或弯曲应力,MPa;

P——破坏荷载或最大荷载或定挠度(或挠度等于试样厚度的1.5倍)时的荷载,N;

L——跨距,mm;

其他符号意义同前。

若$f/L>10\%$,考虑到挠度f作用下支座水平分力引起弯矩的影响,可按式(5-6)计算弯曲强度:

$$\sigma_f = \frac{3PL}{2bh^2}\left[1-4(f/L)^2\right] \tag{5-6}$$

式中 f——试样破坏时跨中挠度,mm。

弯曲弹性模量为:

$$E_f = \frac{L^3\Delta P}{4bh^3\Delta f}$$

式中 E_f——弯曲弹性模量,MPa;

ΔP——对应于荷载—挠度曲线上,初始直线段内荷载增量值,N;

Δf——与荷载增量ΔP对应的跨中挠度,mm。

五、抗压强度、抗压弹性模量试验方法

(一)试验要求

1.试件形状、尺寸

试件形状和尺寸见图5-7。

2.试验环境

温度(23±2)℃,相对湿度(50±5)%。

3.试验设备

试验机荷载误差不超过±1%,使用吨位的选择应使试样破坏荷载落在满载的10%~90%范围内且不小于试验机吨位的4%;测量变形仪表误差不超过±1%。

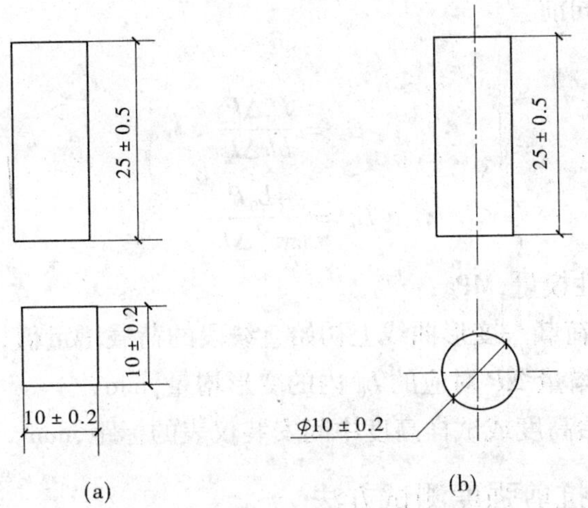

图 5-7　试件形状和尺寸　（单位：mm）

试验机的加载压头应平整、光滑，并具有可调整上下压板平行度的球形支座。

4. 试验速度

测定压缩强度时，试验速度为 5 mm/min；测定弹性模量和荷载—变形曲线时速度为 2 mm/min。

（二）试验步骤

（1）将试样编号，测量试样任意 3 处的宽度和厚度（圆柱试样测任意 3 处的直径），取算术平均值。

（2）安放试样，使试样的中心线与上、下压板中心线对准，确保试样端面与压板表面平行，调整试验机，使压板表面恰好与试样端面接触，并把此时定为测定变形的零点。

（3）测定压缩弹性模量和荷载—变形曲线时，在上、下压板与试样接触面之间或试样高度中间安装测量变形仪表。检查仪表，开动试验机，按规定速度施加荷载，在破坏荷载 40% 以内以一定间隔记录荷载和相应的变形值，有自动记录装置的，可连续加载。

（4）有失稳和端部挤压破坏的试样，应予以作废，同批有效试样不足 5 个时，应重做试验。

（三）结果计算

压缩强度为：

$$\sigma_c = \frac{P}{F} = \frac{P}{bh}$$

或

$$\sigma_c = \frac{4P}{\pi d^2} \tag{5-7}$$

式中　σ_c——压缩强度，MPa；

P——破坏荷载或最大荷载，N；

F——试样横截面面积，mm^2；

d——试样直径，mm；

其他符号意义同前。

压缩弹性模量为：

$$E_c = \frac{L_0 \Delta P}{bh\Delta L}$$

或

$$E_c = \frac{4L_0 P}{\pi d^2 \Delta L} \tag{5-8}$$

式中　E_c——压缩弹性模量，MPa；

ΔP——对应于荷载—变形曲线上初始直线段的荷载增量值，N；

ΔL——对荷载增量 ΔP 对应的 L_0 内的变形增量，mm；

L_0——试样原始高度或试样高度中间安装仪表的标距，mm。

六、钢－钢拉伸抗剪强度测试方法

（一）试验要求

1. 试件制作

试件形状和尺寸见图 5-8。

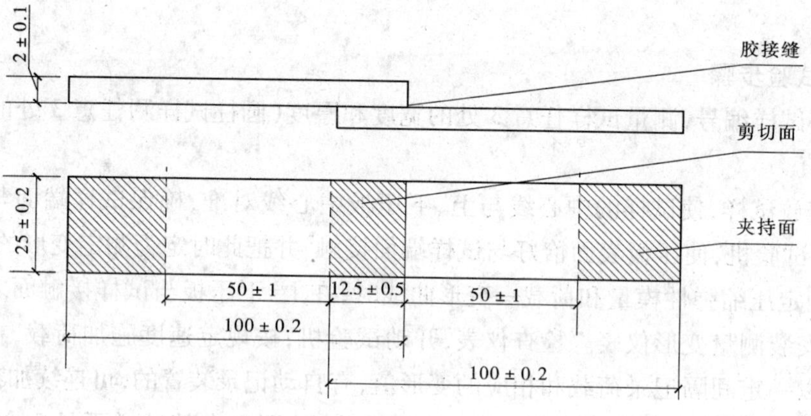

图 5-8　试件形状和尺寸　（单位：mm）

2. 试验条件

试验应在（23 ± 2）℃的环境中进行。

试样在测试前就达到规定龄期，并在测试环境中停放 16 h 以上。

（二）试验步骤

（1）用量具测量试样搭接面的长度和宽度，精确到 0.05 mm。

（2）把试样对称地夹在上、下夹持器中，夹持处至搭接端的距离为（50 ± 1）mm。

（3）开动试验机，在（5 ± 1）mm/min 内，以稳定的速度加载，记录试样剪切破坏的最大负荷，记录胶接破坏的类形（内聚破坏、黏附破坏、金属破坏）。

（三）结果计算

剪切强度为：

$$\tau = \frac{P}{BL} \tag{5-9}$$

式中　τ——黏结剂拉伸剪切强度,MPa;

P——试样剪切破坏的最大负荷,N;

B——试样搭接面宽度,mm;

L——试样搭接面长度,mm。

七、碳纤维片材配套黏结材料与混凝土的正拉黏结强度试验方法

(一)试验设备与试样

拉力试验机:量程选择应与有破坏荷载相适应,试验时所有夹具应能使试样对中、固定,试验机应能使拉力平稳增加。

试验机具:选用钢材按图5-9所示加工而成。钢标准块及钢夹具示意如图5-9所示。

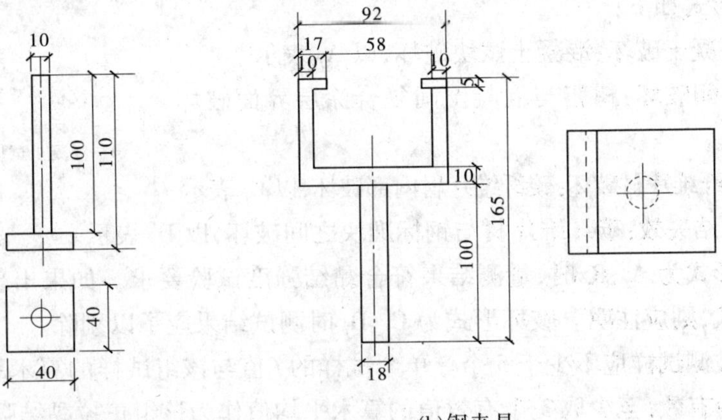

(a)钢标准块　(b)钢夹具

图5-9　钢标准块及钢夹具示意　(单位:mm)

混凝土试块:如图5-10所示,尺寸为70 mm×70 mm×40 mm,预切深度取2~3 mm,宽度取1~2 mm。

试样制备:试样为钢标准块与混凝土试块的组合件,在混凝土试块的中央位置按照正常的施工工序粘贴尺寸为40 mm×40 mm的碳纤维片材,然后将钢标准块与混凝土试块黏结。

树脂制备和固化:应按相应的树脂产品技术条件或树脂施工工艺说明书规定的条件进行。

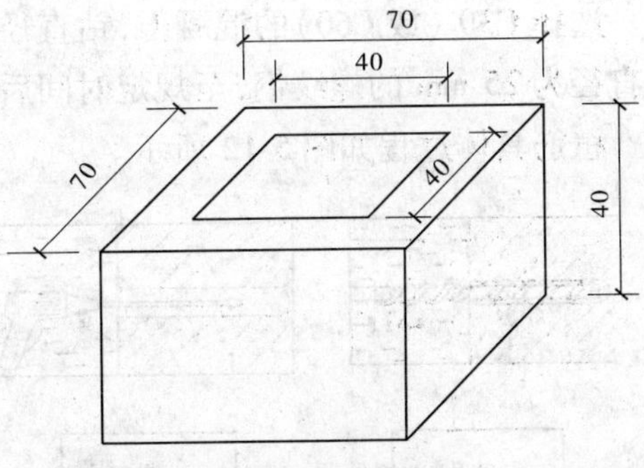

图5-10　混凝土试块　(单位:mm)

(二)试验条件

试验环境应保持在温度(23±1)℃,相对湿度60%~70%。

（三）试验步骤

将制备好的试样放入拉力试验机的夹具中并对中，如图 5-11 所示。

以 1 500 ~ 2 000 N/min 的速度进行加载，直至破坏，记录试样破坏时的荷载值 P，并观察破坏形式。

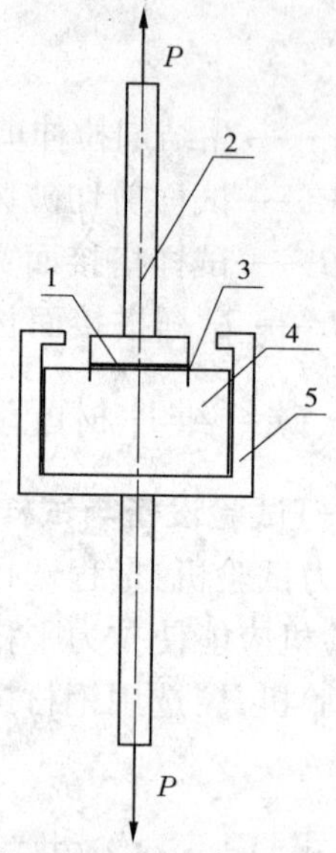

1—胶粘剂及被黏合的加固材料；
2—钢标准块；3—预切缝；
4—混凝土试块；5—钢夹具

图 5-11

（四）试验结果

正拉黏结强度按下式计算

$$f = P/A \tag{5-10}$$

式中　f——正拉黏结强度，MPa；

P——试样破坏时的荷载值，N；

A——钢标准块的黏结面面积，mm^2。

破坏形式如下：

（1）混凝土破坏：混凝土试块破坏，以 A_f 表示。

（2）层间破坏：树脂与混凝土间复合涂层界面破坏，以 B_f 表示。

（3）碳纤维片材破坏：碳纤维片材内部破坏，以 C_f 表示。

（4）黏结失效：碳纤维片材与钢标准块之间破坏，以 D_f 表示。

破坏形式为 A_f、B_f 时，量测结果符合黏结强度试验要求。如果出现两种或两种以上的破坏形式，则应注明。破坏形式为 C_f、D_f 时测试结果应予以剔除。

每组被测试样应不少于 5 个。单个试样的 f 值与该组试样的算术平均值误差不超过 ±15% 时为有效，至少取 3 个有效值的算术平均值作为该组正拉黏结强度试验结果。

试验结果用正拉黏结强度的试验结果和破坏形式共同表示。

八、约束条件下带肋钢筋与混凝土黏结强度测试方法

（一）试验步骤

选择 C30（或 C60）的混凝土，钻直径为 30 mm、深度为 150 mm（或 125 mm）的孔，植入直径为 25 mm 的螺纹钢，至规定时间后，进行现场拉拔。

植筋具体过程如图 5-12 所示。

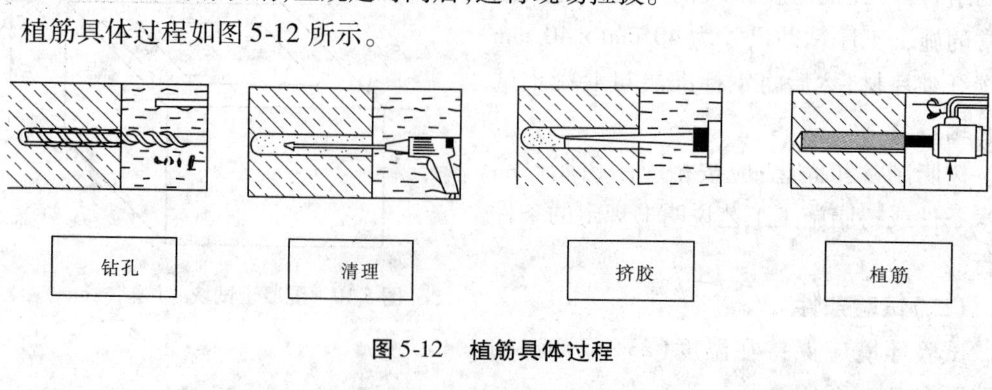

图 5-12　植筋具体过程

拉拔试验方法：如图 5-13 所示，采用穿心式油压千斤顶配合传感器为力源，以钢筋受力达到屈服强度时钢筋无松动、位移，周边混凝土无剥落为合格。

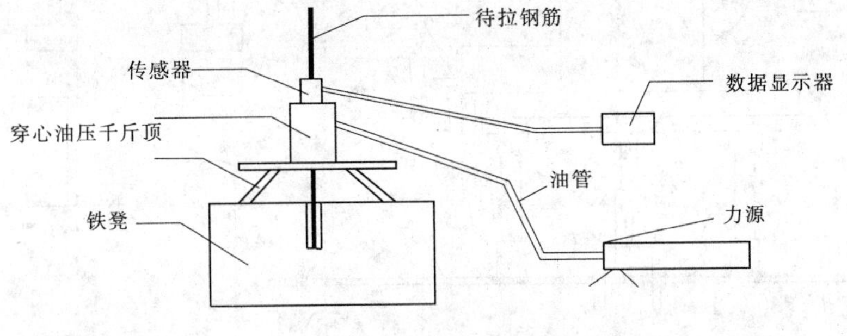

图 5-13　拉拔试验图

(二)试验结果

读出数字显示器上的具体数据，即为实测的拉拔力。

九、碳纤维片材加固混凝土结构施工质量现场检验方法

(一)取样规则

现场检测应在已完成的碳纤维片材粘贴加固的结构表面进行。按实际粘贴碳纤维片材的加固结构表面面积计，500 m^2 以下工程取一组试样，500～1 000 m^2 工程取两组试样，1 000 m^2 以上工程，每 1 000 m^2 取两组试样，试样应由检验人员随机抽取，试样间距不得小于 500 mm。

(二)试样制备(现场)

1. 表面处理

被测部位的加固表面应清除污渍并保持干燥。

2. 切割预切缝

从加固表面向混凝土基体内部切割预切缝，切入混凝土深度 2～3 mm、宽度 1～2 mm。预切缝形状为直径为 40 mm 的圆形或边长为 40 mm 的正方形。

3. 粘贴钢标准块

采用取样黏结剂粘贴直径为 40 mm 的圆形或边长为 40 mm 的正方形钢标准块(见图 5-14)。取样黏结剂的正拉强度应大于碳纤维片材黏结树脂的正拉黏结强度，钢标准块粘贴后应及时固定。

(三)试验检测

按检测仪使用方法连接钢标准块，以 1 500～2 000 N/min 匀速加载，记录破坏时的荷载值，并观察破坏形态。

(四)试验结果

1. 强度计算

正拉黏结强度应按下式计算

$$f = P/A$$

式中　f——正拉黏结强度，MPa；

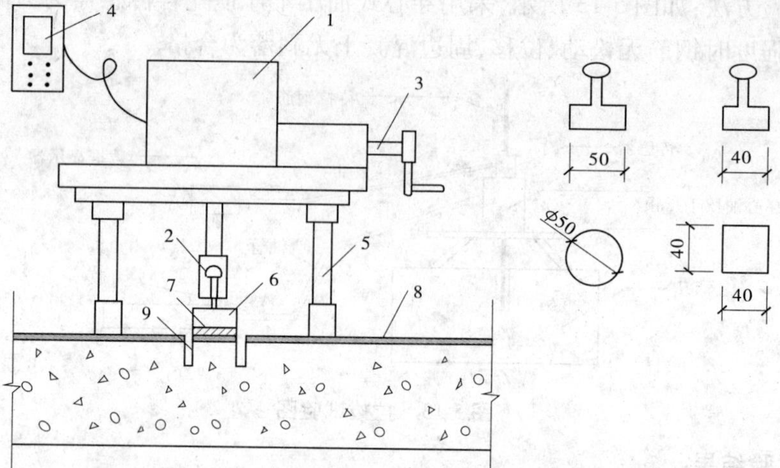

1—黏结强度测定仪;2—夹具;3—加荷摇柄;4—数字式测力计;5—反力支承架;
6—钢标准块;7—高强快固化胶粘剂;8—纤维复合材;9—混凝土表面预切缝

图 5-14　(单位:mm)

P——试样破坏时的荷载值,N;

A——钢标准块的黏结面面积,mm^2。

2. 破坏形式

(1)混凝土破坏:混凝土试块破坏,以 A_f 表示。

(2)层间破坏:树脂与混凝土间复合涂层界面破坏,以 B_f 表示。

(3)碳纤维片材破坏:碳纤维片材内部破坏,以 C_f 表示。

(4)黏结失效:碳纤维片材与钢标准块之间破坏,以 D_f 表示。

3. 结果表示

每组取 3 个被测试样,以算术平均值作为该组正拉黏结强度值和该组正拉黏结强度试验结果。

试验结果应包括破坏形式、3 个试样的正拉黏结强度值和该组正拉试验强度的平均值。

4. 施工质量判定

(1)破坏形式为 A_f 时,施工质量判定为合格。

(2)破坏形式为 B_f、C_f、D_f 时 ,如满足每组试样的正拉黏结强度试验平均值不小于 2.5 MPa 且其中单个试样的正拉黏结强度最小值不小于 2.25 MPa 的要求,施工质量判定为合格。

(3)破坏形式为 B_f、C_f 时,如不能满足每组试样的正拉黏结强度试验平均值不小于 2.5 MPa 且其中单个试样的正拉黏结强度最小值不小于 2.25 MPa 的要求,施工质量判定为不合格,或根据实际工程情况加大样本数量重新检验。

(4)破坏形式为 D_f 时,如不能满足每组试样的正拉黏结强度试验平均值不小于 2.5 MPa 且其中单个试样的正拉黏结强度最小值不小于 2.25 MPa 的要求,应重新制备试样进行检验。

十、环氧砂浆对混凝土黏结抗拉强度试验方法

(一)适用范围

适用于测定环氧砂浆对混凝土的黏结抗拉强度。

(二)仪器设备

(1)拉力试验机:能提供所需荷载和加荷速度,经校核有1.0%的准确度,能施加拉力并保持(1±0.5)mm/min的加荷速度,并能连续指示荷载并记录最大破坏荷载。

(2)试模:使用《水工混凝土试验规程》(DL/T 5150—2001)规定的极限拉伸试模。

(3)称量设备:能称量材料或试件,准确度为±0.3%。

(三)试验步骤

(1)混凝土试件的制备:混凝土按28 d龄期抗拉强度大于或等于4.0 MPa设计;按《水工混凝土试验规程》(DL/T 5150—2001)中4.1规定的方法成型与养护,标准养护28 d后取出。在试件长轴线上取中点,划一条垂直线,然后用切割机将试件切开(切割面须垂直于试件长轴线),并将断面凿毛。用钢丝刷刷掉表面松动颗粒,以自来水冲洗断面,晾干或烘干备用。

(2)黏结试件的制备:将制备好的两半块混凝土拉伸试件的断面涂以环氧浆液,向上放置一定时间,然后放进涂过脱模剂的拉伸试模中,再将按规定拌和的环氧砂浆填进中间的空隙成型,插捣、压实、抹平。标准养护至规定龄期。

(3)试验温度:试验在(23±2)℃下进行,有特殊要求可另作规定,测试前保持试件在该温度下24 h。

(4)把试件放入拉伸试验机夹具的中心位置,使其轴向与拉伸方向一致。

(5)开动机器,以0.3~0.5 MPa/min的速度加荷,直至试件破坏。记录断裂荷载值及断裂位置。

(四)试验结果

抗拉强度为:

$$f_{Cj} = P/S \tag{5-11}$$

式中 f_{Cj}——试件黏结抗拉强度,MPa;

P——试件断裂荷载,N;

S——试件断面面积,mm^2。

取3个试件的平均值作为试验结果,精确到0.1 MPa。大于平均值5%的测值应舍弃;如有效结果少于2个,该次试验无效。

十一、环氧砂浆抗冲击性能试验方法

(一)适用范围

适用于落锤法测试环氧砂浆的抗冲击性能。

(二)仪器设备

(1)天平:称量试件的质量,精确至1.0 g。

(2)试模：尺寸为直径(150 ± 1) mm、高(35 ±0.5)mm 的金属制圆柱体。

(3)冲击试验装置见图 5-15。

(三)试验步骤

(1)试件制备：砂浆拌和及试件成型按规定执行，每一组试验 3 个试件。

(2)试件养护：温度为(23 ±2)℃，相对湿度 50% ±5%，龄期为 28 d。

(3)准确测量试件的高度及直径，精确至 1.0 mm，计算试件的体积。

(4)称量试件的质量，精确至 1.0 g。

(5)把待测试件牢牢固定在冲击试验仪上，开动仪器开始试验，试验仪上的计数器同时开始工作。当试件表面出现第一条可目视裂缝(或冲击形成的凹坑深约 10 mm)时，记下总的冲击次数。

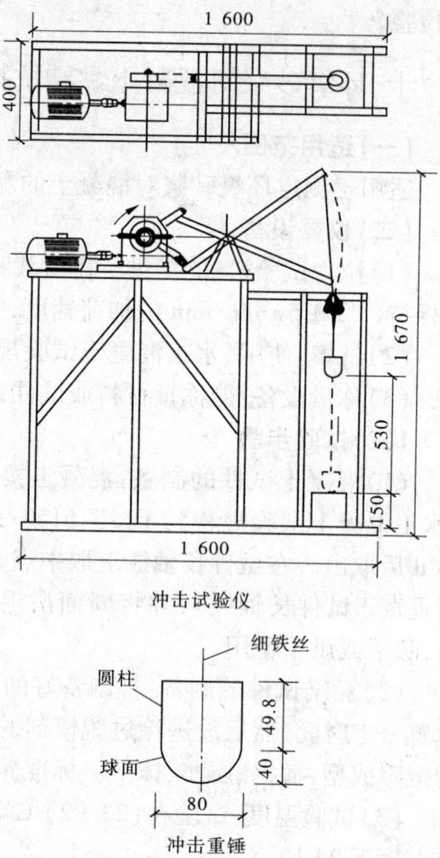

图 5-15　冲击试验装置　(单位：mm)

(四)试验结果

抗冲击强度为

$$f_{ch} = 9.8GHn/V \qquad (5\text{-}12)$$

式中 f_{ch}——抗冲击强度，MPa；

G——钢锤的质量，3.0 kg；

H——钢锤的落高，530 mm；

n——冲击次数，次；

V——试件的体积，mm^3。

3 个试件测试结果的平均值作为最终的试验结果，精确到小数点后两位。

十二、环氧砂浆抗含砂水流冲刷试验方法

(一)适用范围

适用于测定和定性比较环氧砂浆在高速含砂水流冲刷下的抗冲耐磨性能。

(二)仪器设备

(1)旋转式水工混凝土水砂磨耗机：以含砂水流冲刷试件，流速能达到 40 m/s 左右。

(2)天平：称量 5 kg，感量 0.1 g。

(3)试模：金属制试模，由底座和四块侧板围成空间。

(三)试验步骤

(1)砂浆拌和及试件成型按相关规范的规定执行，试件龄期为 28 d，以 3 个试件为一组。

(2)试验龄期的前 2 d，将试件放入(23 ±2)℃水中浸水饱和。

(3)在水砂磨耗机的积水筒内加入冲磨剂，冲磨剂为粒径 0.5 ~ 1.0 mm 的石英标准

砂与水的混合物(质量比为7.5%),每次加入量为砂3 kg、水40 kg。

(4)试验时,取出试件用湿毛巾擦去表面水分,再称质量,记录各个试件冲磨前的质量。

(5)将试件放入机内试件搁板上,调整内弧面的平整度,上紧夹板螺丝,盖上橡皮垫圈,紧固盖板螺丝,启动电动机并记时。

(6)冲磨15 min后停机,取出试件,用水冲洗干净,擦去表面水分,称量,精确至0.1 g。测量并记录试件被冲磨的深度和宽度,精确至0.1 mm。

(7)更换冲磨剂,按上述步骤重复试验3次。

注:需要时可适当增加试验次数,但同批试件的试验次数应相同,并在报告中说明。

(四)试验结果

环氧砂浆抗含砂水流冲磨的指标以抗冲磨强度或磨损率表示,按下式计算

$$f_A = TA/\Delta M \tag{5-13}$$

$$L = \Delta M/TA \tag{5-14}$$

式中 f_A——抗冲磨强度,即单位面积上被磨损单位质量所需的时间,h/(g/cm^2);

L——磨损率,即单位面积上在单位时间内的磨损量,g/(h · cm^2);

ΔM——经 T 时段冲磨后,试件损失的累计质量,g;

T——试验累计时间,h;

A——试件受冲磨面积,100 cm^2。

以一组3个试件的平均值作为试验结果。当单个测值与平均值的差值超过5%时,此值应予以剔除,以余下两个测值的平均值作为试验结果。若一组中可用的测值少于两个,试验应重做。

十三、结构用胶粘剂湿热老化性能测定方法

(一)试验方法依据

该方法是参照欧洲标准《结构胶粘剂 · 试验方法5 — 湿热老化试验》(EN 2243—5/1992)和我国国家标准《玻璃纤维增强塑料湿热试验方法》(GB/T 2574—1989)制定的,但在检测的力学性能项目和湿热环境的条件下,按结构加固的要求作了选择与调整。在老化时间和老化检验合格指标的制订上,按胶粘剂的等级作了分档处理,因而能较好地检测出使用劣质固化剂及其他劣质添加剂的结构胶粘剂。

(二)适用范围

适用于结构胶粘剂耐老化基本性能的测定。

(三)应用条件

采用该方法进行老化试验的胶粘剂应符合下列条件:

(1)该结构胶粘剂产品已通过胶体性能和胶粘剂黏结能力的检验;

(2)被检验的结构胶粘剂应来源于成批产品的随机抽样。

(四)试件

(1)老化性能的测定应采用钢-钢拉伸剪切试件,并应按现行国家标准《胶粘剂拉伸剪切强度测定方法(金属对金属)》(GB/T 7124—1986)的规定和要求制备,黏结用的金

属试片应为黏合面经过糙化处理的 45 号钢。

(2)试件的数量应不少于 15 个,并且应随机均分为 3 组。其中一组为对照组,另两组为老化试验组。

(3)试件胶缝经 7 d 固化后,应对金属外露表面涂以防锈油漆进行密封,但应防止油漆粘染胶缝。

(五)老化性能测定的步骤

(1)试件完全固化时应立即按现行国家标准《胶粘剂拉伸剪切强度测定方法(金属对金属)》(GB/T 7124—1986)的规定,先测定对照组试件的初始抗剪强度。

(2)将老化试验组的试件放入老化箱内,试件相互之间、试件与箱壁之间不得接触。对于仲裁试验,试样与箱壁、箱底和箱顶的距离应不少于 150 mm 。

(3)在恒温、恒湿达到 30 d 时,应取出一组试件进行抗剪试验。若试件抗剪强度降低大于 15 % ,该老化试验即可中止。若试件抗剪强度降低小于 15 % ,则应继续进行至规定时间。

(4)试验达到 90 d(对 B 级胶为 60 d),并降温至 35 ℃时,即可将试样取出置于密闭器皿中,待与室温平衡后,逐个进行抗剪破坏试验,且每组试验应在 30 min 内完成。

(六)试验结果计算

老化试验完成后,应按式(5-15)计算抗剪强度降低百分率

$$\rho_{R,i} = \frac{R_{o,i} - R_i}{R_{o,i}} \times 100\% \tag{5-15}$$

式中　$\rho_{R,i}$——第 i 组老化试验后抗剪强度降低百分率(%),取两位有效数字;

$R_{o,i}$——对照组试样初始抗剪强度算术平均值;

R_i——经老化试验后第 i 组试样抗剪强度算术平均值。

第六章　工程实例

第一节　混凝土缺陷(裂缝)处理典型工程

一、青铜峡水电站大坝3号挡水胸墙通气孔裂缝处理

(一)工程概况

黄河青铜峡水电站位于干旱、高寒的宁夏内陆,开工于1958年,施工期遇上国民经济困难时期,采用过代用水泥、代用材料,影响了施工质量。

由于设计的坝型为带闸墩式及泄水管式的多孔洞、多闸门的薄壁式的河床式电站,加之施工质量等众多因素,大坝在建设期就产生了许多裂缝。投入运行后,由于温度和结构应力的影响,裂缝再继续发展。由于裂缝的存在和发展,客观上降低了坝体运用的稳定性,削弱了坝体的刚度。蜗壳顶板漏水影响电站的正常运行。3号胸墙局部漏水,造成表面混凝土风化剥蚀,漏水流淌,进入发电机层,对电站正常运行和建筑物耐久性均有不利影响。

(二)电站坝段3号胸墙裂缝情况及危害

1~8号机3号胸墙墙厚2.8 m,连接电站坝段进水口上部的边墩和中墩、上游面承受水库水压力,下游面暴露于大气中。在胸墙跨中设有直径为400 mm或600 mm的通气孔,裂缝分布规律明显,一般在蜗壳两个通气孔附近和中墩下游面,每台机组有3条垂直裂缝,一般缝长9 m,缝宽为0.33~0.57 mm,个别坝段裂缝开度更大一些。1980年调查,大部分裂缝已裂到坝顶,1986年超声探测证实在正常高水位1 156 m上下2 m范围至坝顶,胸墙裂缝已基本上下游贯穿。

每年2~4月、10~11月胸墙漏水,严重时胸墙下游面沿裂缝形成细小的面流,并且终年不断,冬天冻成冰柱,春天解冻后,漏水沿着1 146 m平台四处流淌。水流淌到平台下游200 t门机轨道,再渗入厂房地面,滴在机组出线母线上,甚至引起负荷严重事故。

另外,由于胸墙裂缝湿痕终年不断,形成渗水冻溶、混凝土风化现象。经仪器探测,在1号胸墙裂缝附近,混凝土表面以内数厘米深有碳化现象,同时渗水有可能锈蚀钢筋,影响大坝安全。

(三)3号挡水胸墙裂缝产生原因分析

(1)电站建于干旱、寒冷地区,年温差变化大,对混凝土的温度控制和抗裂性极为不利。在一年之内,各月平均气温变幅约为31 ℃,年内水库水温变幅已达20 ℃,年平均湿度为0~49%。

(2)电站为一多向约束的超静定空间薄壁结构,机组坝段断面孔洞面积约占50%,最薄处仅有1.5 m,温度应力较大。

(3)施工时保温、防冻措施不及时、不严格。

(4)施工时分层分块不当,有的分块搭接长度过短,易于裂缝。

(5)电站投入运行后裂缝继续发展,主要是过大的温降和温度应力冲击的结果。

(6)3 号胸墙是电站进水口上部,联系电站边墩和中墩的联系墙,两头受边墩和中墩的约束,3 号胸墙为一超静定的梁系结构。

(7)3 号胸墙上游面临水、下游面暴露于大气中。下游承受大气剧烈温度变化和干缩的影响。

(8)3 号胸墙厚 2. 8 m,边墩厚由 3 m 变至 2 m,中墩厚 2 m。在跨中断面设置有直径 400 ~ 600 mm 的通气孔,削弱了 20% 断面面积;在中墩由于闸门槽的设置,2 m 厚的中墩在与胸墙连接处厚度仅为 1 m,削弱了 50% 横断面,这些地方容易产生应力集中。

(四)处理依据及要求

经过复核计算,认为电站 3 号胸墙原设计布筋较充裕,强度足够,产生裂缝后不考虑混凝土作用,强度不存在问题,不需要补强,处理措施重点是堵塞漏水通道,制止混凝土析钙。

我们认为这是考虑钢筋完好的情况,但如果钢筋被锈蚀,混凝土发生碳化,则会影响强度。而裂缝治理的关键是要能保持裂缝随温度自由变化,并且不漏水,否则裂缝如果属于刚性固结,虽然恢复了裂缝的整体性,但因温度应力将会再度集中,会在其他地方拉开,而达不到治理的目的。

(五)设计处理方案

根据工程特点,结合具体情况,设计了综合处理方案:

(1)打通通气孔,人工清除通气孔内表面污物、油污,局部进行修补,保持表面干净、干燥,然后喷涂聚醚型弹性聚氨酯橡胶,作为第一道屏障。

(2)胸墙下游面裂缝处理:裂缝中上部开度相对较大,灌弹性聚氨酯,以保持裂缝可随温度变化;裂缝下部和水平层面缝,裂缝不明显或开度相对较细小,灌渗透性、黏结性更好的甲氰凝浆液。总之,裂缝内部灌浆作为第二道屏障。

(3)胸墙下游面裂缝表面防渗处理:在裂缝内部灌浆后间隔数天,然后沿缝凿深 1 ~ 2 cm,表面宽度 20 ~ 30 cm 的梯形槽,先用环氧砂浆找平,中间涂刷弹性聚氨酯涂层,外面罩以环氧砂浆保护覆盖层,作为第三道屏障。

(4)灌浆处理经考验合格后,将胸墙下游表面冻溶层凿除平整,布设直径 6 mm、间距 10 cm 的钢筋网做 6 cm 厚挂网喷浆,作为第四道屏障。如今,这第四道屏障仍未做,是因为前三道屏障做的成功之故。

(六)设计处理工艺

1. 通气孔喷涂

(1)凿除覆盖层,打通通气孔(通气孔上部拐弯)。注意找准位置,开孔大小适中,以利旋转喷涂机具的升降。

(2)通气孔内壁处理。人工清除表面污物、油污,清除浮浆、残存木屑、铁钉,削除浇筑层接头台阶,修补表面缺陷,基本做到孔壁表面平整、干净、干燥,以利喷涂作业,提高聚氨酯橡胶与混凝土的黏结强度。

(3)喷涂材料。采用甲苯二异氰酸酯与聚醚二醇、蓖麻油及其他配合剂加工而成的聚醚型聚氨酯橡胶双组分喷涂材料。由于分子中含有较多的非极性基团和柔性链段,因此具有较好的耐水解稳定性和低温柔性。

(4)喷涂机械。喷涂采用专用的孔内旋转喷涂机具。喷涂机主要由卷扬机、行走系统、旋转喷具系统和供风系统四部分组成。其总体设计方案是利用升降钢丝绳带动主动滑轮,并通过一对伞齿轮带动喷头(喷头上四只喷嘴,做四头螺旋运动),以1.3 rad/s的角速度旋转,喷涂机的升降速度为0.0 3 m/s,漆炬的最大扇形宽度为100 mm,4条漆炬的螺旋形运动在孔壁上所形成的漆膜恰好互相搭接,成为一个连续均匀的涂层。

(5)喷涂施工。喷涂施工考虑天气因素,喷涂工期定为15 d。每天喷两道,两次喷涂间隔时间为8~12 h。每次喷涂所形成的胶膜厚度一般为0.08~0.1 mm,若能保证喷涂20~25道,大致可以形成约2 mm厚的弹性防水层。喷涂作业历时11 d。

2. 裂缝内部化学灌浆

1)裂缝表面处理

胸腔下游面裂缝采用角向磨光机配碗形钢丝刷打磨,做到混凝土表面无析钙浮浆和其他污染物,以利粘贴灌浆盒和封缝。

2)贴灌浆盒

贴灌浆盒具有方便、快速、与裂缝畅通性好、占浆很少等优点。贴合位置选择在裂缝较宽(大于0.5 mm)、较为通畅的缝段,盒距0.5 m;缝宽小于0.3 mm的缝段,盒距0.3m;缝长小于1m的断续裂缝,布置灌浆盒不少于2个。贴盒时需先涂基液,后抹胶泥,中间留2 cm直径不涂基液,为防止灌浆盒在环氧树脂固化前下坠,可用热熔胶快速固定。总之,贴合要求做到与裂缝畅通,与混凝土黏结牢固,周边不漏气。

3)封闭裂缝

先涂基液,要涂匀、涂透,后抹胶泥,厚度为0.5~1 cm,宽为10 cm左右。要求精心施工。

4)压气试漏、修补

试气用压缩空气须经油水分离器过滤,试气压力0.3 MPa。试气时应将其他灌浆盒关闭,灌浆盒周围及缝面刷肥皂水,发现有漏气要重新修补,往往要反复多次,一直到不漏为止。对于主缝和主要的支缝,特别是灌浆盒周边务必做到不漏气。

5)灌浆实施

(1)灌浆时间:根据青铜峡地区气象资料,每年的2~3月份的月平均气温较低,相对湿度也较小,此时3号胸墙受低温和干缩的双重作用,裂缝的开度较大,应抓住这个有利时机进行灌浆,使灌浆材料基本处于受压状态,则灌浆效果可事半功倍。一般2月份大部分时间(占23 d)气温还在0 ℃以下,缝内水还处在结冰状态,不宜进行灌浆,故理想的时间是3月份。由于4月份的月平均气温相对也比较低,平均相对湿度也比较小,因此如果3月份不能够完成灌浆作业,在4月份进行化灌也是可行的。

在相互工序的时间安排上,灌浆作业应在通气孔喷涂结束,喷涂幕体形成的5 d之后进行。

(2)浆材选用:对于开度较大的跨中主缝段,采用黏度稍大的弹性聚氨酯;对于开度较小的跨中缝上下端、中墩裂缝及水平施工缝,采用黏度较小、渗透力强、黏结强度高的甲氰凝浆材。

(3)灌浆顺序：自下而上、逐条、单孔逐一进行。

(4)结束标准：吸浆率达到0.01 L/min后，保压一定时间。

(5)灌浆简况：灌浆于1993年4月14~15日的清晨至中午进行，总共灌入聚氨酯灌浆液31.2 L、甲氰凝20.6 L。由灌后做表面防渗层时所凿梯形槽来看，裂缝内浆体固化物在跨中东西缝1 151~1 159 m高程均充填良好，从总体上讲，灌浆质量良好。

3.表面防渗层施工

表面防渗层施工在裂缝内部灌浆结束后间隔数天进行。

(1)跨中缝凿30 cm宽、20 cm深的梯形槽，找平的第一道环氧砂浆约0.8 cm厚，中间用瓦工阴角抹刀沿裂缝抹成直角槽，然后刷10道聚醚型聚氨酯橡胶，每两道之间的间隔时间为8 h。抹第二道环氧砂浆前，沿缝加垫涂弹性胶的线绳，第二道环氧砂浆可分两次完成。表面压实、抹平、抹光并沿缝划缝。

(2)水平缝及中墩裂缝主要以补强为主，可凿20 cm宽、1 cm深的梯形槽，然后分层抹环氧砂浆。每次抹环氧砂浆前均需刷环氧基液，要涂匀涂透。环氧砂浆面层再涂复环氧面漆。

(七)结语

自1992年开始进行机组段3号胸墙裂缝防渗处理以来，至1998年所有通气孔已全部处理完毕，都经过了多年考验，至今情况良好。6号机通气孔是第一个处理的，防渗涂层施工采用人工涂刷，当时处理后，下游面局部有冒汗现象，又进行了加工处理，最终做到不再冒汗。处理基本上是成功的，特别是5号电站(通气孔开始采用旋喷机喷涂施工)及以后处理的几个电站，自处理至今，没有发现任何渗漏痕迹，真正做到了滴水不漏，效果极佳。

由处理的3号胸墙裂缝的检查结果来看，采用这种处理方法基本是成功的，所选材料是合适的，工艺流程正确，符合设计治理方案的要求。但值得提出的是，每道施工程序应严格要求，层层把关，实行分阶段质量检查合格制是很重要的，该技术成果于1994年4月通过了宁夏回族自治区直属部门鉴定，并荣获宁夏回族自治区科技进步成果奖。

二、西藏索县水电站溢流坝面裂缝化学灌浆与缺陷处理

(一)工程概况

西藏索县水电站位于怒江二级支流益曲河上，平均海拔4 000 m以上，多年平均气温1.5 ℃，极端最低气温 -36.8 ℃，昼夜温差较大，气候条件相对较差。电站距县城8 km，于1984年建成投产，因工程质量问题1987年停产整治。工程整治后，因冻融破坏等，1995年以来一直不能正常运行发电。该次改建工程主要针对电站的缺陷，遵循彻底解决问题的改造原则，进行改造和新建，改造的项目就是首部枢纽溢流坝。

枢纽中部1号、2号溢流坝段，平均尺寸为17.5 m×22 m。原建溢流坝坝体质量欠佳，并且坝面冻蚀破坏，表面凿除15 cm后，加浇65 cm厚混凝土，堰顶高程4 031.5 m。由于混凝土标号较高，设计伸缩缝布置过少，浇筑仓面过大，仓号宽厚比失调，加之昼夜温差、内外温差过大，溢流坝面产生了一些裂缝：有顺水流向的，有垂直水流向的；有长的，有短的；有深层裂缝，也有浅层裂缝和表面龟裂的。此外，还由于多种原因造成溢流坝面存

在局部表面缺陷。

(二)设计处理方案

1.工程处理目的、要求、原则

(1)要求进行补强、修补裂缝和局部表面缺陷及冲蚀区处理。

(2)裂缝处理原则:对较长(大于1 m)、开度较大的深层裂缝,进行化学灌浆补强。

(3)局部表面缺陷和冲磨区处理:进行环氧砂浆抹面的补强处理。

2.裂缝处理

一方面在1号、2号溢流坝面裂缝两侧开度较大处交叉布置风钻斜浅孔,埋入变径管;另一方面沿缝凿宽5 cm、深1 cm的小槽,底部扣上焊有带支管的半圆管(对同一坝段孔、管号采用混合编号,但对1号、2号溢流坝孔管号各自独立编号),上面分层填筑环氧树脂砂浆,封闭良好。然后采用浆液黏度较低、可灌性好、黏结强度高、力学性能好、耐化学和侵蚀性能好的、原料市场易购的环氧类浆材作为补强灌浆材料,利用预埋灌浆管进行灌浆。

3.局部表面缺陷和冲磨面处理

先凿2 cm深的毛面(如为已冲磨干净毛面可不再凿毛);然后清洗干净,喷灯烤干,涂刷薄层环氧基液;再分层填筑环氧树脂砂浆,分层捣实,表面用热抹子压实抹光。

(三)现场灌浆技术

(1)灌浆前先室内预配浆液,并且待埋管及裂缝封闭层硬化1~2 d后,进行压风(风压0.3~0.4 MPa)检查,在封缝面及两侧老混凝土面刷肥皂水,如有漏风区,作好标志,再行修补。修补采用环氧树脂砂浆或环氧胶泥。检查、修补往往要进行多次,直至无漏风区为止。

(2)采用纯压式单液灌浆,垂直缝自下而上,水平缝自一端向另一端推进,或自中间向两端扩展。

(3)现场配浆。称量一定量的预配浆液,加入一定量的固化剂、促进剂和增黏剂。应有专人负责,严格配料程序,做到称量准确、搅拌均匀,避免漏加、错加任何一种组分。根据需要,少配勤配,做到及时供浆又避免浪费。

(4)灌浆压力:应由低到高逐步升压,最高压力控制在0.4 MPa左右。

(5)灌浆结束标准:正常情况下,在达到设计灌浆压力下,如不吸浆或吸浆率小于0.01 L/min时,即可结束灌浆。

(6)在遇吸浆率过大又无明显外漏的情况下,当吸浆率不小于2 L/min时,如风钻孔灌10 min以上,吸浆率仍不见降低,应采取停停灌灌,或灌较浓的浆液,或采用中断灌浆的办法,之后再补灌。

(四)处理施工情况

1.基本情况

处理于2000年9月中旬开工,至10月中旬完工。先后打风钻孔75个,埋半圆管56 m,带灌浆支管96支,合计孔管171个,进行裂缝化灌184.2 m,灌化灌材料504.35 kg,局部坝面缺陷和冲磨区环氧抹面31.4 m^2。

2. 溢流坝面裂缝化灌情况

(1)对裂缝较长、开度相对较大的深层裂缝,进行了化灌处理,布风钻孔 75 个(见图 6-1、图 6-2),裂缝化灌 184.2 m,灌入浆液 504.35 kg。

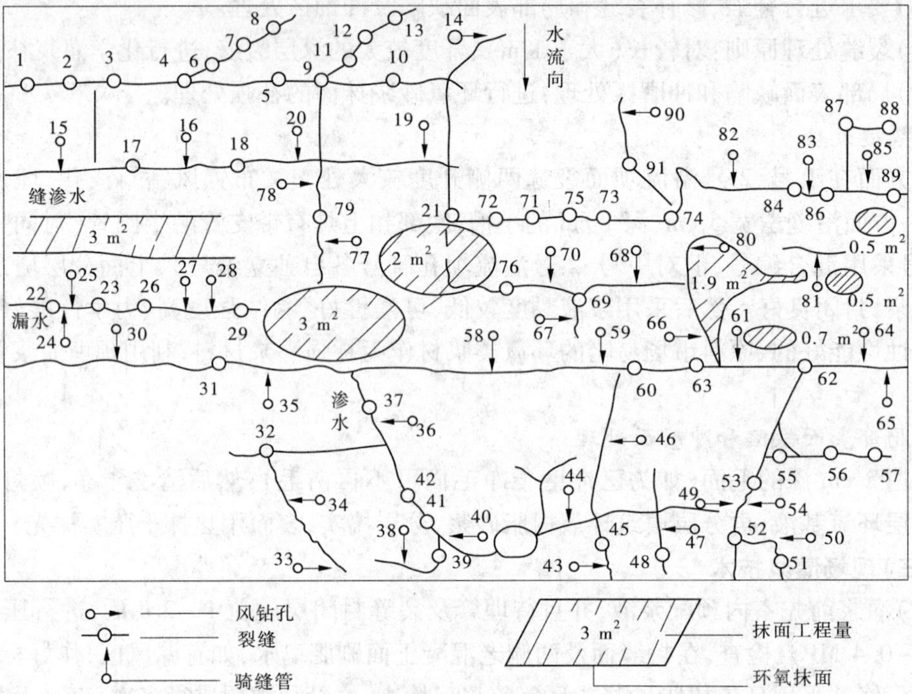

图 6-1　1 号溢流坝裂缝化灌及缺陷处理部位示意图(处理裂缝量 118.5 m)

(2)施工中,严格工艺,精心施工,为确保灌浆质量打下了坚实的基础,如经过多次补灌的孔有 1 号坝段的 22、49 号孔及 2 号坝段的 17、19 号孔。

(3)风钻孔与裂缝相通的不多,明显进浆的风钻孔有 1 号坝段的 33、38、49、58、64、70、80 号孔及 2 号坝段的 2、17、19 号孔,计 10 孔,占风钻孔总数的 13.3%。

(4)1 号坝段孔 49 为风钻孔,孔内有水,因吸浆量较大,在灌入浆液 23 kg 后,暂停灌浆。拆掉胶管后孔内排溢水有 6～7 L,之后多次补灌,再查,堵住了漏水,效果明显。

(5)灌浆情况表明,凿槽埋半圆灌浆管的畅通性极佳。如 1 号坝段 1～10 号孔水平缝 1 号孔灌浆时,2～10 号管串排浆;69 号孔灌浆时,进浆较多,且相邻的上游侧水平缝 71～75 号 5 管串浆,70 号风钻孔也串浆;2 号坝段 53 号孔灌浆时,54、57、60 号孔串排浆,54 号孔以左水平缝也有浆液渗出。像这样单孔串浆、多孔串浆的情况多次出现,灌浆正常,情况理想。

(6)1 号坝段 15～20 号孔水平缝及 37～40 号孔间一段缝,灌前缝面渗水,灌后不再渗水;22～29 号孔水平缝灌前漏水,灌后不再渗漏水,混凝土面干燥。

(7)1 号坝段的 49 号孔、2 号坝段的 19 号孔内有水,经过多次灌浆,堵住了漏水。

(8)2 号坝段的 17 号孔与 19 号孔畅通,且 17 号孔靠近下游,孔内均有水,开始采用水泥灌浆,以达到封闭作用,第一天灌入纯水泥 40 kg,后又进行两次补充化灌,堵住了漏水。

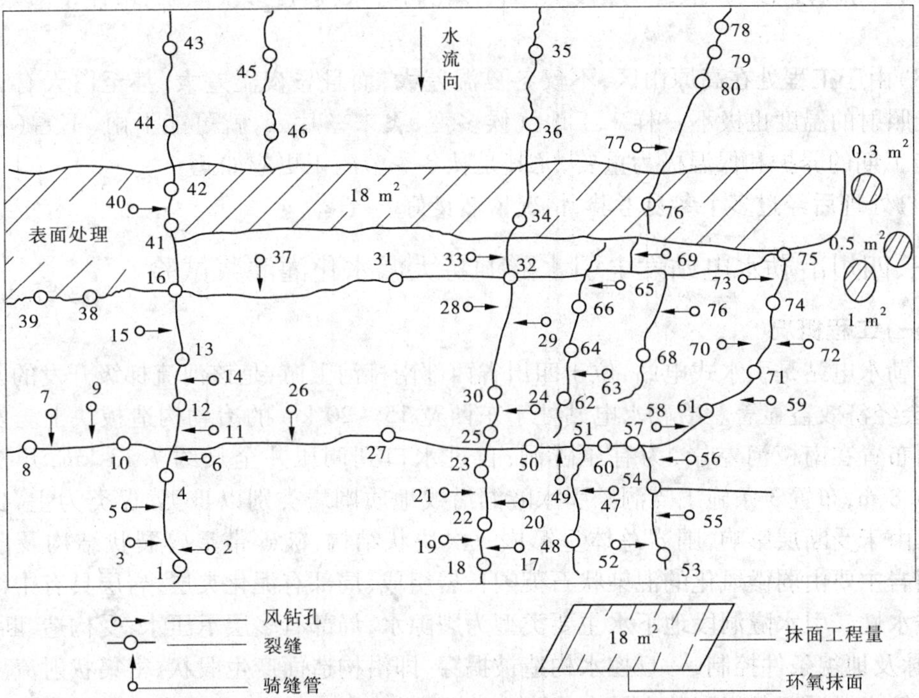

图6-2　2号溢流坝裂缝化灌及缺陷处理部位示意图(处理裂缝量65.7 m)

3.局部坝面缺陷和冲磨区处理

局部坝面缺陷和冲磨区采用环氧树脂砂浆抹面修补,计31.4 m²。由于环氧树脂具有极强的黏结力,环氧树脂砂浆有良好的抗冲、耐磨性能(优于钢衬板),施工严格按技术要求进行,确保了施工质量。

(五)施工质量评价

(1)施工中高标准,严要求,严格工艺、技术,进行精心施工,为确保灌浆及处理质量打下了坚实的基础。

(2)由于采用了沿缝凿槽预埋特制半圆管灌浆,排水、排气、进排浆畅通性极佳,应用效果很好。对于开度小、贯通性差的裂缝,采用这种方案施工,则比较有效。

(3)由于采用预埋管灌浆法,有意识地造成间隙和空腔,不仅畅通性良好,而且灌入量较多,形成了一道坚实的补强防渗屏障。

(4)局部坝面缺陷和冲磨区采用环氧树脂砂浆抹面,形成了一个强度远高于混凝土的抗冲、耐磨、防冻的防护层,无疑修补补强效果优良。

(5)从灌浆情况来看,风钻孔明显进浆的有10个,占风钻孔总数的13.3%,而半圆管灌浆普遍进浆(100%为有效进浆),单孔串浆的、多孔串浆的(多孔串浆一条缝达到10个左右)多次出现。如1号坝段22号孔灌浆时,23、26、29、30号孔串浆,延伸至一片麻面渗浆等,说明灌浆正常,情况理想。

(6)灌前渗水、漏水的缝,经过化灌处理,不再渗漏,混凝土面干燥,处理效果良好。

(7)1 号坝段 49 号孔、2 号坝段 17、19 号孔内有水，通过多次灌浆，堵住了漏水，解决了问题。

(8)由于工程处在高原山区，不仅冬夏温差大，而且昼夜温差大，甚至白天有云遮盖与阳光照射的温度也极不一样。工地气候多变，飞来一片云，就可能下雨、下雪(秋冬季节)，施工期的养护和保温极为重要，尤其是秋冬季节施工更应如此。

(9)处理后经过多个冬夏考验，情况依然良好。

三、四川冶勒水电站发电引水隧洞特大漏水化灌灌浆试验

(一)工程概况

冶勒水电站是引水式电站，位于四川省西部南桠河上游，是该河流梯级开发的龙头水库，社会经济效益显著。冶勒水电站处于东西宽 15 ~ 20 km 的冶勒构造板块上。发电引水隧洞布置在南桠河左岸，为有压隧洞，自进水口到调压井全长约 7. 13 km，开挖洞径 5. 2 ~ 5. 8 m，布置 3 条施工支洞。引水隧洞沿线地质围岩类别以Ⅲ类、Ⅳ类为主，少数为Ⅴ类。由于受断层影响，围岩总体呈镶嵌—次块状结构，破碎带呈碎裂状结构及散体结构。围岩主要由弱微风化的混染状石英闪长岩组成，局部有泥化夹层，岩层具有中等—较严重透水性。引水隧洞段地下水主要类型为裂隙水，局部有多层承压水，受构造、断裂、裂隙、岩脉及地貌条件控制，一旦控水构造被揭穿，即沿构造面产生股状、密集状射流。地下水的补给主要源于基岩裂隙水及大气降水、冰雪融化水。总之，地下水含量丰富。鉴于引水隧洞开挖中能量释放及受断层影响，岩层破碎，裂隙发育连通性好，透水性强，补给水源充足，雨量丰富，漏水严重，严重影响施工交通和混凝土衬砌施工，根据业主要求对桩号 4 +885 ~4 +925段进行漏水处理。

(二)试验目的

通过试验，为下一步整个洞段混凝土衬砌创造一个有利条件。检验处理方案的可行性、有效性，进一步论证总体处理方案的技术可靠性、经济合理性，以及选用施工方便的浆材及设备。为整个洞段漏水处理的实施提供切实、可行的处理方案和工艺技术。

(三)试验区段选择及水文地质特点

1. 试验区段选择

试验区段应选择具有代表性的洞段，即漏水最大或较大、岩体较破碎的洞段。3 条支洞均有不同程度的较大的漏水。实施试验段选择在 2 号支洞上游主洞内，桩号为 4 +885 ~4 +925，计 40 m 区段内，按预定 2 m 排距，需增加两排孔，计划灌浆进尺为 1 090 m。选定的试验段内围岩为Ⅳ ~ Ⅴ类，开挖洞径 5. 8 m，属于严重透水性地段。

2. 水文地质特点

引水隧洞地下水主要类型为裂隙水，局部兼有多层承压水。漏水压力多在 0. 1 MPa 左右，裂隙出口水流呈射水状。试验段 4 +922. 5 ~4 +911 区段内左侧及 4 +901 ~4 +890 区段，在孔深超过 2 ~ 3 m 时，就有大股射水出露(设计提供的地质资料也表明了这一点)。在隧洞开挖后，阻水构造被揭穿，沿构造面产生股状、密集线状水流，试验段内在 4 +908右侧及 4 +911 左侧各有一股很大的漏水(约 35 L/s)，以及 4 +897 ~4 +898 段两侧各有大量大股集中漏水等(如暴雨倾盆)。地下水含量丰富，其补给主要源于基岩裂隙

水、大气降雨、冰雪融化水。平时2号支洞如一条地下河，进入雨季降雨量增多，2号洞内地下河水明显增多。漏水量大且长期稳定，百米洞段漏水总量在1 200～1 500 m^3/h。数千米的隧洞，漏水量仅集中在约百米范围的洞段，漏水严重的又多在断层破碎带位置，出露处基岩有明显切口及宽大裂隙。如试验段内的4＋921、4＋919、4＋913、4＋911、4＋898、4＋888、4＋892的右侧及4＋921、4＋911、4＋901、4＋894的左侧等。

（四）设计处理方案

1. 总体方案

采用化学灌浆，以堵为主，堵排结合。适当布设一些大的带阀门的排水管。在漏水集中段，采用非常规分期分批，多点位，中、深、浅孔，将大股水适当集中。为了便于施工，给出了常规布孔参考图（见图6-3）。在集中漏水区段外两端各布置一个化灌帷幕区域，试验按帷幕灌浆要求进行，按常规布孔。

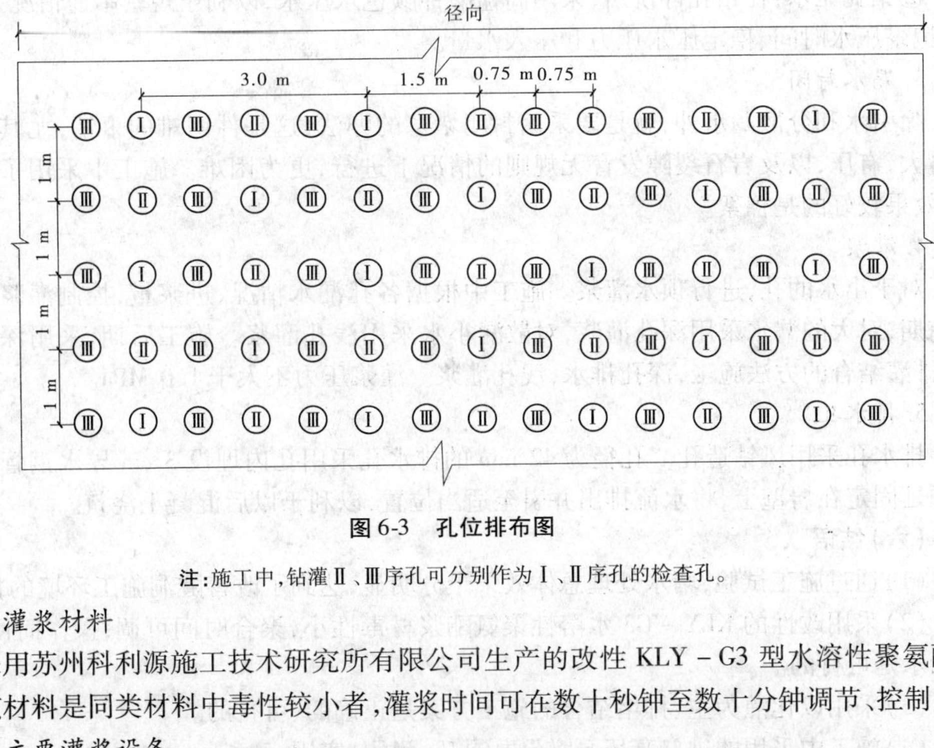

图6-3 孔位排布图

注：施工中，钻灌Ⅱ、Ⅲ序孔可分别作为Ⅰ、Ⅱ序孔的检查孔。

2. 灌浆材料

采用苏州科利源施工技术研究所有限公司生产的改性KLY－G3型水溶性聚氨酯浆材。该材料是同类材料中毒性较小者，灌浆时间可在数十秒钟至数十分钟调节、控制。

3. 主要灌浆设备

采用进口高压泵进行化灌。孔内装置采用特制小型孔口灌浆塞。

4. 灌浆工序

灌浆的主要工序为：现场调查—设计布孔方案—现场布孔、钻孔—钻孔冲洗—钻孔压水—安装灌浆塞、灌浆管—设备试运转正常—现场制浆—灌浆—闭浆—转移。

（五）施工工艺和要求

1. 钻孔施工

钻孔采用手风钻T28型，孔径42 mm。

（1）由于岩石破碎，钻孔过程中频繁发生卡钻、钻杆拔出困难等，因此未造深孔，基本采用造浅、中孔。

(2)集中漏水段采用分区、分批,逐步加密,多点密集布设浅、中孔,大致分区:1 区为 4 +920 ~4 +911,2 区为 4 + 911 ~ 4 + 901,3 区为 4 + 901 ~ 4 + 888,外加上下游帷幕区。开孔垂直于开挖面或采用斜穿孔。施工多采用斜穿孔,这样可较远离漏水点,便于施工,也可以延长渗径,分散漏水,释放压力,化难为易,结合地质情况进行,多穿过几个节理裂隙面,以收到更好的效果。

(3)在出水的地方造孔,大股漏水采用分散、释放、降低压力,分散漏水采用造孔将漏水集中引出。

(4)在较低位置造孔以利排水。

2. 钻孔冲洗和压水

①钻孔冲洗:钻孔完毕,检查、记录孔深后,进行冲洗,达到回水干净。

②钻孔压水:在钻孔冲洗后,采用高锰酸钾颜色水压水,以利于观察串通情况、漏水区域,记录压水时间、稳定压水压力和压入水量。

3. 漏水封闭

除引水和分散漏水外,就是要采用封闭堵塞的办法,这是件困难的事情,尤其是在漏水量大、有压,以及岩石裂隙发育无规则的情况下进行,更为困难。施工中采用了多种方法,效果较好的是棉絮。

4. 灌浆

对于出水的孔,进行顶水灌浆。施工中根据各孔漏水情况、进浆量,控制灌浆量。施工前期,对大的漏水采用深孔灌浆,对散漏小水采用浅孔灌浆。施工后期,采用深浅孔结合,排灌结合的方法施工,深孔排水,浅孔灌浆。灌浆压力不大于 1.0 MPa。

5. 排水孔

排水孔采用风钻造孔。孔径为 42 mm 的排水孔采用孔内埋设 3 cm 导水钢管外接胶管顺延固定在岩壁上,将水流排出并引至适当位置,以利于以后混凝土浇筑。

(六)结语

(1)通过施工试验,堵水处理总体效果十分明显,达到了改善隧洞施工环境的目的。

(2)采用改性的 KLY - G3 水溶性聚氨酯浆材毒性小,聚合时间可调,操作简便,处理大漏水是可行的。

(3)采用以化灌为主、排堵结合的施工方案是正确的、可行的。

(4)施工中采用的进口高压泵,轻便、灵巧、耐用、实用。

(5)采用常规布设钻孔(孔径、孔向),漏水集中地段采取分区、分批,逐步加密的原则,布设深、浅孔,深孔排水降压,浅孔灌浆。灌浆前向灌浆孔压入示踪水做压水试验,观察并记录灌浆孔附近的串(冒)浆点。采取棉絮封堵等措施是行之有效的,值得进一步总结、推广应用。

四、小浪底大坝 F_1 断层水泥和化学复合灌浆

(一)小浪底大坝 F_1 断层施工设计阶段处理方案和情况

小浪底水利枢纽工程 F_1 断层位于大坝混凝土防渗墙的右侧,为一压扭性断层,断距

约 200 m，倾角为 80° ~85°，具有宽度大、出露位置低、顺河流方向展布等特点，是坝基处理的关键部位。断层处理采取了以下措施：①大坝心墙基础范围内的断层带及影响带设置深孔固结灌浆和 5 排帷幕灌浆。②防渗体部位设置了厚 1 m 的钢筋混凝土盖板。混凝土盖板的分缝处采用 IGAS 柔性填料止水，上部用复合土工膜封闭。③坝壳范围内的断层带及影响带上面覆盖反滤层加以保护。断层带右侧布置了灌浆、观测隧洞。

在灌浆施工过程中，位于断层带上的 A 型混凝土盖板曾发生过严重的抬动现象，并伴随有贯穿性的裂缝。为此，对裂缝进行了封闭处理，并重新覆盖了一层 20 cm 厚的钢筋混凝土盖板。1999 年 10 月 25 日工程下闸蓄水后，发现 F_1 断层部位混凝土盖板上、下 5 支渗压计的读数相同且超过警戒值，经分析推断，盖板可能产生了贯穿性裂缝。

为确保大坝安全，决定采用水泥化学复合灌浆加固的方案，对可能存在的渗漏通道和产生的新型裂缝进行封堵。设计灌浆分上游、下游和中间 3 排孔。其中水泥灌浆试验孔 4 个、水泥灌浆孔 24 个、水泥化学复合灌浆孔 35 个、化学灌浆孔 11 个、水泥灌浆后及化学灌浆后各有检查孔 3 个。

（二）施工程序

灌浆施工程序为：水泥灌浆试验—水泥灌浆—水泥灌浆检查孔—化学灌浆—化学灌浆检查孔。

1. 钻孔

1）孔径

水泥灌浆试验孔，孔口段直径为 91 mm，以下各段为 76 mm；水泥灌浆孔及化学灌浆孔孔口段直径为 76 mm，以下各段为 56 mm；水泥灌浆后检查孔孔口段直径为 110 mm，以下各段为 91 mm；化学灌浆后检查孔孔口段直径为 146 mm，以下各段为 127 mm。

2）钻孔冲洗及压水试验

在水泥灌浆试验阶段，各灌浆段钻进完毕后，需先进行简易冲洗。施工地层为断层及其影响带。为避免冲孔时将孔内破碎岩石挟带出来，冲孔水压为低压，返水回清后即停止冲洗；然后测试孔内涌水压力和涌水流量，并进行五点法正规压水试验；第一段压力为 0.1 MPa、0.2 MPa、0.3 MPa，以下各段为 0.3 MPa、0.6 MPa、1.0 MPa。

2. 灌浆

1）水泥灌浆试验

（1）在正式灌浆前，先进行水泥灌浆试验。主要达到以下目的：根据钻孔情况掌握灌浆孔内涌水流量、涌水压力，确定岩层临界灌浆压力，以及钻孔过程中出现大量涌水或灌浆过程中出现特大吸浆量等特殊情况的应急处理措施等。

（2）了解岩层的可灌性，确定灌浆工艺、灌浆材料、适宜的浆液配合比等参数。

2）水泥灌浆

（1）灌浆采用 42.5R 普硅湿磨水泥，比表面积按技术要求不小于 6 000 cm^2/g。

（2）灌浆孔的分段长度为第 1 段 2 m、第 2 段 3 m、第 3 段及以下各段 5 m，终孔段段长不得超过 7 m。1 ~10 号孔要求必须钻孔至混凝土盖板底部。

（3）灌浆试验孔设计压力，1、2、3、段分别为 0.8 MPa、1.0 MPa、1.2 MPa。受水头影响，实际压力为设计压力加上孔内涌水压力。

(4)水泥浆液水灰比(质量比)分别采用2:1、1:1、0.6:1。根据钻孔涌水量或孔段单位耗灰量情况,在浆液中掺加了一定量的速凝剂。

(5)结束标准。同时满足以下两个条件时,结束灌浆:

①在设计压力下,注入率小于0.4 L/min,延续灌浆60 min;

②在设计压力下,总的灌浆时间不小于90 min。

3)化学灌浆

(1)灌浆压力:化学灌浆采用中国水利水电基础工程局科研所研制的JX系列浆材。在两排水泥灌浆孔之间,采用小口径钻孔、孔口封闭、孔内循环式单液灌浆。1~10号的终孔位置参照先期完成的孔深确定;为保护渗压计,从大的孔号(远离渗压计)向小的孔号进行施工。化学灌浆1~9号孔各段压力采用1.0 MPa;10~14号孔,第一段压力为1.0 MPa,其余孔段灌浆压力根据相应孔水泥灌浆压力调整,最大压力为1.8 MPa。

(2)施工工序:钻孔—涌水测量—压水试验(同水泥灌浆)—管路安装、调试—二次配浆—用丙酮赶水—灌浆、并浆—闭浆待凝—钻灌下一段—封孔。

(3)灌浆步骤如下:

①第一段用水泥浆材镶铸孔口管,以下各段进行化学灌浆;

②钻孔压水结束后,根据涌水压力与涌水量的大小,按照10~20 kg的用量立即用丙酮赶水;

③压入丙酮后,紧接着进行灌浆,不得停顿或间断;

④灌浆开始后,为使渗压计不受到破坏,缓慢升压并监测渗压计变化情况;

⑤每10 min记录一次注入量和灌浆压力,灌浆压力以10 min的平均值为准。

(4)灌浆结束标准。满足下列条件时结束灌浆:

①在最大设计允许压力下,注入率不大于0.05 L/min。

②11~14号孔达到结束标准后保压并浆灌浆1 h(后改为4 h),1~10号孔达到灌浆结束标准后不并浆(后改为并浆2 h),然后并浆直至浆液固化。

③为避免渗压计损坏,设计规定渗压计变化以100 kPa(即10 m水头)为限值,灌浆过程中渗压计变化未达到上限值,灌浆按调整后压力及并浆时间控制;若渗压计达到100 kPa,可直接闭浆至浆液固化。

(三)声波测试

根据对10号孔水泥、化学灌浆前后声波测试资料对比分析,不同孔深处波速、弹性模量均有所提高。其中水泥灌浆后比水泥灌浆前波速平均提高约8.2%,弹性模量平均提高14.8%;化学灌浆后比化学灌浆前波速平均提高7.9%,弹性模量平均提高15.1%。根据对两个测试断面化学灌浆前后声波资料分析,设计预定检测的两个断面的波速、弹性模量,灌浆后分别比灌浆前提高7.13%、13.77%和8.36%、15.96%。这充分说明灌浆后岩体强度得到了加强,岩石裂隙得到有效充填和固结。

(四)成果评价

(1)F_1断层水泥、化学灌浆是在水库蓄水后实施的。为保护帷幕轴线上5支渗压计不致破坏,灌浆受到许多限制,一定程度上影响到灌浆效果。

(2)通过压水试验,灌浆、涌水及涌压测试、声波测试,证明该加固部位岩体的防渗性能和力学指标都有很大提高。

(3)5 支渗压计都没有因为灌浆而受到损坏,并且灌浆前后的渗压计读数在同水位工况条件下均出现一定的差值,说明化学灌浆起到了一定作用。

(4)采用 3 排孔设计,仅中间排设计为化学灌浆孔,在节约浆材、降低消耗方面的作用是明显的。

(5)应根据库水位变化情况通过渗压计密切观测,确保安全运行。

五、小浪底 3 号进水塔 5、6 号发电洞充水平压管道环缝加固处理

(一)工程概况

小浪底水利枢纽 3 号进水塔 5、6 号发电洞充水平压管道 200.5 m 高程 4 号蝶阀下游环缝有 4 mm 的未焊透段(管道通径 400 mm、管壁厚 12 mm,材质 20 号钢),易发生焊缝开裂,影响安全运行。经过现场检查,由于长期受震动荷载影响及处在潮湿空气中,导致法兰连接的外侧焊缝有锈蚀、渗水痕迹。5 号发电洞充水平压管道 4 号蝶阀下游焊缝有一条3 ~4 mm深的沟槽,6 号发电洞充水平压管道 4 号蝶阀下游焊缝损害相对较轻一些。当时已进入汛期,需加固处理,以保证安全运行。

(二)设计处理方案

由于进水管外侧焊缝距法兰螺栓很近,无法采用立钢模浇灌环氧料加固,因而制订了在焊缝沟槽中和法兰侧间隙中嵌填环氧砂浆,贴两层 1 mm 厚的双向碳纤维加固的施工方案。

原钢管道具有足够的刚度和良好的弹性,但是有缺陷;碳纤维则具有良好的力学性能和耐久性,但其刚度不足。该方案主要是利用了原有钢管道的刚性和碳纤维良好的力学性能,使之加固后结合成为一个整体,联合受力。

加固施工方案见图 6-4。

(三)碳纤维加固技术

碳纤维材料是土木工程中的一种新材料,碳纤维为极细的纤维,其单位强度高但直径小,由黏结树脂结合成一体后在纤维方向上具有很高的抗拉强度。其特性除强度高外,还有抗腐蚀性佳、没有疲劳老化现象。

将碳纤维布用黏结树脂粘贴在需加固结构物的表面,黏结剂作为它们加固修补之间的传力媒介,形成新的复合体系共同受力,增加了原有结构的抗拉或抗剪能力,能有效地提高强度、刚度、抗裂性,还可以将结构焊缝封闭。

在结构加固设计原则上应避免两种性质差异过大的材料结合在一起,碳纤维抗拉强度高,但其弹性模量却与钢筋相差不多,碳纤维用于钢筋混凝土加固不存在搭配问题,可用于弥补钢筋混凝土内钢筋的抗拉不足部分。

(四)施工方法

(1)首先清理管外基面。凡粘贴面均需清除漆层、除锈、除油,达到干净、干燥。

(2)用丙酮擦洗处理基面,晾干,然后刮涂环氧底胶找平。

(3)涂刷碳纤维专用胶,贴第一层碳纤维,将碳纤维伸入法兰连接,再涂刷碳纤维浸渍胶,采取刮涂方法使胶液充分浸润碳纤维片,贴得平整、结合紧密。

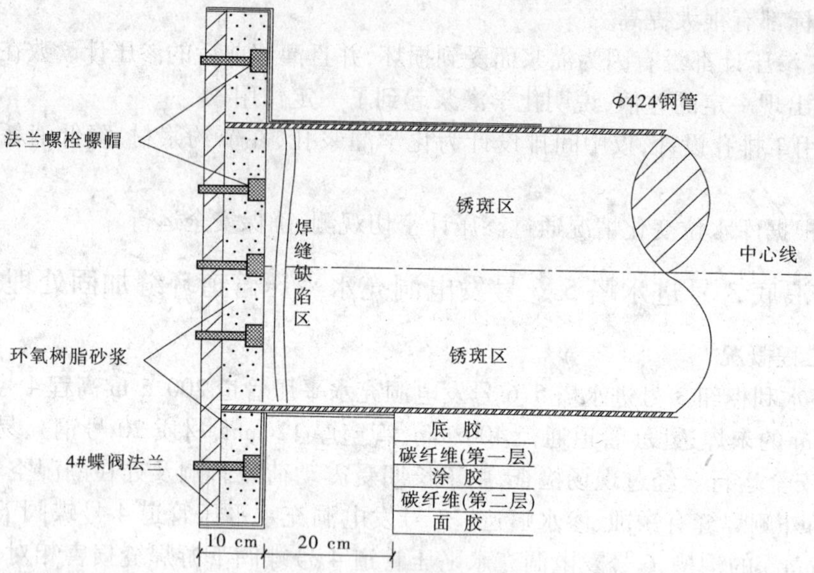

图 6-4　加固施工方案

(4)为了便于施工,在法兰上套一个外延的铁皮圈,在法兰侧面及螺栓的间隙分层填筑环氧树脂砂浆,固化后找平,然后拆除铁皮圈。

(5)涂刷碳纤维浸渍胶专用胶,粘贴第二层碳纤维,外延将环氧砂浆层和法兰全部包裹,再次涂刷碳纤维浸渍胶,同样要求充分浸润碳纤维,贴得紧密平整,结合良好。

(6)施工中,搭接长度不少于 15 cm。

(7)外加防火面层:在浸渍胶中加入防火材料,刮涂在粘贴的第二层碳纤维外面,形成一个防火面层。

(8)在业主要求下,对缺陷处理范围外延管段(长约 30 cm),在清理后也涂刷了防护面层。

(五)处理结果

经过几天施工处理,所贴碳纤维层与钢管结合紧密,整体性能良好。加固后的钢管道既有足够的刚度和良好的弹性,又具有碳纤维的良好的力学性能和耐久性。加固后结合成为一体,联合受力,提高了闸阀段钢管道的运行安全度。

六、石门拱坝厂房 3 号机座环下混凝土脱空化学灌浆补强处理

(一)工程简介

石门水利枢纽工程是汉江支流褒河最下一个梯级,位于陕西省汉中地区,大坝主体为变圆心、变半径混凝土薄拱坝,最大坝高 88 m,最大底宽 27.3 m,顶宽 5 m。坝顶高程 620.0 m,是灌溉发电枢纽。1969 年底开始兴建,1972 年发挥灌溉效益,1975 年 3 号机即开始发电。

石门电站为厂坝分离式的岸边引水式电站厂房。施工期的导流隧洞在运行期经改造进口变为龙抬头,成为发电引水隧洞。

(二)工程问题及设计处理方案

电站3号机座环下浇筑困难、施工方法不当,造成混凝土架空,密实性差,用锤击有脱空现象。设计早有防范,于座环顶部预留有直径40 mm的孔7个,以便于在浇筑后向孔内填筑砂浆,以期达到密实度。但因施工方法不当,不仅没达到预期目的,而且堵塞了预留孔。

经检查,脱空现象仍然相当严重,设计部门提出将预留孔内砂浆掏出,焊小钢管,要求进行化学灌浆。考虑结构单薄,设计要求限压灌浆,设计允许灌浆压力0.2 MPa。经通风检查仅部分管有一定相同性,采用黏度较小的环氧树脂浆液进行灌浆,因进浆管通畅性差,灌入浆量较少(仅15 L)。灌后检查孔的地方依然较大,没有多少改观。

(三)二次化学灌浆

1.二次化学灌浆布孔及检查

经研究决定进行二次灌浆,组织三结合小组,到现场实地敲击检查,根据脱空的实际情况,决定了孔位。在每一块脱空的地方布孔2个,一孔作为进浆孔,一孔作为排气孔,于4块脱空部位布孔8个。用电钻钻孔,焊上小钢管,经通风检查,除1、2、5、7号孔通畅性较差外,其余各孔通畅性均很好。

2. 二次化学灌浆施工

(1)由于第一次灌浆的灌入量较少,二次灌浆决定采用黏度更低、可灌性更好的甲凝浆材进行灌浆。于1975年11月23日进行,先灌8号孔,不起压力,历时43 min,纯灌11 min,灌入48 L,考虑进浆量较大、所灌孔位于座环下部,为避免浆液扩散过远,而换灌7号孔,很快灌浆压力达到设计灌浆压力(0.2 MPa)而结束。再换灌6号孔,也不起压,灌浆5 min,灌入浆液27 L,因预备浆液用完而停止灌浆。

(2)鉴于这次布孔针对性强、畅通性及可灌性好,继续灌浆改用环氧树脂浆液。于11月29日再灌,由3号孔进浆,3号孔下较空,开灌后不起压力,先后历时77 min,纯灌35 min,灌入浆液215 L,因进浆量较大,进浆率未见明显衰减,而暂停灌浆。改灌4号孔,仍然不起压力,历时30 min,灌入浆液47 L,由于灌入一定量浆液,为了使浆液固化,堵塞一些通道,而停止灌浆。

(3)1975年11月30日恢复灌浆,先灌未曾灌过的5号孔,不久压力就达到设计允许的最高灌浆压力0.2 MPa,因无压力降,换灌6号孔,15 min后4号孔出浆,总历时95 min,又灌入浆液201.2 L。一边进行灌浆,一边进行敲击检查,灌浆充填情况时,发现6、5、4、3号孔上边座环顶部,原脱空部位敲击声已有改变,表明已有部分浆液充填。后换灌4号孔,历时70 min,灌入浆液97 L。

在进一步的敲击检查中,敲击原脱空部位,不再有空鼓声,表明脱空部位浆液充填比较密实,因此结束了这次灌浆,先后灌入环氧树脂浆液575.2L,甲凝浆液75 L。

3.二次灌浆体会

(1)第一次化灌不成功的主要原因是预留孔通畅性差。

(2)第二次化灌成功的原因是布孔有针对性,灌浆孔畅通性良好。

(3)类似于金属座环脱空的钢衬脱空一类的化学灌浆,如遇进水口、蜗壳、泄水管、引水钢管与混凝土脱空,可采用电锤钻孔,进行化学灌浆方法处理。如遇这类脱空问题严重、工程量又大的情况,可以考虑先灌水泥浆,然后再进行化学灌浆,也可以进行水泥-化学材料复合灌浆法处理。

七、新文矿务局协庄煤矿浅截帷幕灌水泥-水玻璃灌浆

(一)工程概况

新文矿务局协庄煤矿四层灰岩浅截帷幕灌浆工程是该矿1971年11月29日31104工作面发生透水事故后综合治水方案的一个组成部分。

协庄煤矿位于新太煤田西部,小文河从东向西流经整个煤田。第四层灰岩层厚5~10 m,平均厚度6 m,其上下部分为13层、11层及15层煤,施工中有80%的钻孔全泵量漏水(200 L/min以上),95%的钻孔见洞穴、裂隙,最大直线宽度达2.66 m,充填有松软泥质物及岩屑等。因为与煤层相距很近,直接威胁到矿井的安全生产。1971年11月29日和1975年3月29日工作面两次发生透水事故,涌水量都很大,最大达32.67 m^3/min,影响范围长达3 200 m。

(二)处理方案设计

帷幕长达3 200 m,按6个区段分期施工。采用单排孔,孔距一般7.5~15 m、孔深30~40 m、孔径89 mm,采用套管黏土止浆,套管直径108 mm。检查孔布置在灌浆孔之间和帷幕的两侧。观测孔孔距40~80 m,平行于帷幕,布置在帷幕上方10~15 m。

(三)灌浆施工

灌浆孔遇到溶洞和大裂隙时,先注入粒度为2~5 mm的河砂和5~10 mm的小石。初次灌浆或钻孔耗水量大于100 L/min时,使用水泥-水玻璃浆液双液法灌注,水泥浆的水灰比为0.8:1~0.5:1;水玻璃浓度为30~35波美度,水泥浆与水玻璃浆的体积比为1:0.3~1:0.5;当钻孔耗水量在50~100 L/min时,使用掺加复合外加剂的水泥浆(掺加水泥浆量0.05%的三乙醇胺和0.5%的氯化钙);当钻孔耗水量小于50 L/min时,采用纯水泥浆,其水灰比为0.8:1~1:1。

为防止连续灌浆造成浆液流失,多数孔采用多次复注(即间歇灌浆),一般复注4~6次。灌浆的结束标准是:灌后扫孔,全孔耗水量不大于0.25 L/min为合格。

完成帷幕4个区段的总长度为1 905 m,共注入水泥-水玻璃浆液4 471.48 m^3,其中水玻璃浆液1 000.79 m^3,消耗水泥3 479.08 t、水玻璃1 298.31 t,另有集料394.1 t、缓凝剂90 kg、三乙醇胺203.2 kg。

(四)效果分析

(1)1975年3月29日井下第二次透水后,由于一、二段帷幕已经竣工,帷幕内的地下水位急剧下降,有的观测孔已呈干涸状态,而帷幕外的地下水位变化很小,二者出现显著的水位差异。

(2)在井下泄水条件下随着灌浆工程的进展,帷幕外观测孔的水位也随着隔水帷幕的建立而升高,并逐渐趋于正常水位。

(3)第二次井下透水事故的初期涌水量和稳定涌水量较第一次井下透水事故的初期涌水量和稳定涌水量要少一半左右。在集中降水季节,井下涌水量也无异常现象。这些都说明灌浆帷幕具备了一定的隔水性能。

八、七里垅工程三期下游围堰砂卵石基础帷幕灌浆

(一)简介

七里垅工程三期下游围堰砂卵石基础用黏土心墙砂壳堆筑。围堰高 15 m、长 250 m，地基下有砂卵石层，局部有堆石残渣。河床中部大部分采用清基至基岩，左右岸围堰施工紧迫，地基处理用灌浆帷幕。其中右岸段长 50 m，采用黏土水泥浆和纯水泥浆灌注，耗灰量曾达到 800 t，后为加快施工进度以满足基坑排水要求，控制扩散半径，减少浆材消耗，于 1967 年采用锤击钻杆法造孔，灌注水泥－水玻璃。

左岸段围堰地基砂卵石覆盖层厚 3～4 m，卵石直径大部分为 20～25 mm，接近基岩面有 300～600 mm 以上的漂石，砂卵石中局部地段夹有小于 0.5 mm 的细砂层，覆盖层表面有残留块石浮渣。覆盖层渗透系数 k 值一般为 22～156 m/d。

(二)处理方案设计

为加快施工进度以满足基坑排水要求，控制扩散半径，减少浆材消耗，采用锤击钻杆法造孔，灌注水泥－水玻璃。

帷幕设计水头 15 m，厚度 3 m，孔两排，孔排距 1.5 m，分两次施工(局部地段由于耗浆量大，又增加三序孔，孔距 0.75 m)。

(三)施工

施工技术要点所述。

1. 打管

采用直径 50 mm 的钻杆，钻杆接头孔眼加大至 25 mm，钻杆带有长 0.5～1 m 的多孔花管，花管底部装有实心钻锥，用吊锤把钻杆打入地层。

2. 冲管

在钻管杆内插入钢管，用 0.1～0.3 MPa 压力水进行冲洗至孔内砂泥洗净出现清水。

3. 压水

洗孔后安装灌浆管路，进行短时间压水，压力由小到大，逐渐接近灌浆压力。通过压水，确定灌浆压力、灌浆量及选定浆液的凝结时间。

4. 灌浆

当吸浆量大时，采用 110/30 型灌浆泵按双液法灌注，浆液在孔口经混合器混合后，送入孔内；当吸浆量小时，采用单液法，浆液在搅拌桶内混合后再压入孔内，采用填压式灌注。自下而上分段限量灌注，段长为 0.5～1.0 m，扩散半径取 1.0 m，地基砂砾石孔隙率以 30% 计，每米段长浆液限量为 1 m^3。对于孔底段可能由于打管未达到基岩而脱空，故适当增大浆液限量标准。

根据孔段深度及地下水压力情况，灌浆压力采用 0.2～0.3 MPa，相当于地层深度每增加 1 m，灌浆压力增加 0.02～0.03 MPa，大于静水压力 0.1～0.2 MPa。灌浆过程中，保持连续供浆直至灌浆结束。

5. 拔管

灌浆达到结束标准后，即可拔管，每次上拔高度要加以控制，略小于段长。

6. 洗管

拔管完毕后，即在管内用水冲洗。

（四）灌浆资料分析

（1）边排及中间排各序孔单位吸浆量情况。采用水泥－水玻璃灌注的两边排共布孔87个、灌浆段长218.2 m，其中上边排一、二序孔单位吸浆量分别为1 245 L及908.99 L，下游排一、二序及局部加密孔单位吸浆量分别为1 230 L、1 035 L及683 L。采用纯水泥浆灌注的中间排一、二序孔单位吸浆量分别为1 384 L、913.6 L。上述情况表明，单位吸浆量随次序而递减比较明显。

（2）压水试验情况。灌浆前在边排孔中压水，最大及最小漏水量分别为92 L/min、46.2 L/min，相应单位吸水率为21.9 L/(min · mm)，平均单位吸水率13.7 L/(min · mm)；在两排灌完后，中间排钻孔施工时全孔压水检查，平均单位吸水率为9～10 L/(min · mm)。据压水结果，单孔吸水率减为2.25 L/(min · mm)。

（3）在钻灌过程中，中间排孔孔壁塌孔、掉块较少，灌注压力也易升高，检查孔也能取到结石，说明灌浆效果较好。

（4）在全部灌浆结束后第三天，基坑即进行抽水。抽水共计70 m长的地段，在内外水头差10 m的运行条件下，除一处有小股集中渗漏外，其余绝大部分地段再未发现集中渗漏，防渗效果较为满意。

第二节　建筑结构防水处理典型工程

一、李家峡水电站屋面防水设计与处理

（一）工程概况

李家峡水电站主厂房经过近10年的运行，屋面出现多处渗漏，屋面局部起鼓、表面凹凸不平。原屋面结构见图6-5。从屋面排水沟处可见保温层处有渗漏痕迹，说明保温层上面的防水层已破坏，厂房内渗漏点的存在说明保温层下面的防水层也已失效。保温层自身不防水且吸水量很大，进入保温层内的水呈流动状态，造成屋面上渗漏和室内渗漏点上下不对应，所以防水层应整体处理才能达到根治的目的。根据业主的要求，在保温层保留的情况下对屋面进行整体防水处理，拟采用高弹性聚氨酯防水涂料做防水层，防水层上用聚合物改性水泥砂浆找坡处理的方法进行处理，工程量大约6 487 m^2。

（二）设计施工方案及施工方法

（1）施工顺序如图6-6所示。

（2）施工准备包括人员、材料、工具、设备、劳保措施等。

（3）屋面花砖层应随拆随运，不可随意堆放在屋面上；拆除及搬运过程中应注意轻拿轻放，尽量保持花砖完好；拆除的花砖及建筑垃圾运至业主指定的堆放场地。

（4）用冲击电锤凿开屋面砂浆层，注意不要破坏原防水层，砂浆层与防水层相连时用扁铲铲除砂浆层；砂浆层清除后应及时运走，不可堆放在屋面上；用扫帚将屋面清理一遍后，用空压机吹风，清理表面粉尘，然后在防水层施工前用丙酮擦拭屋面。

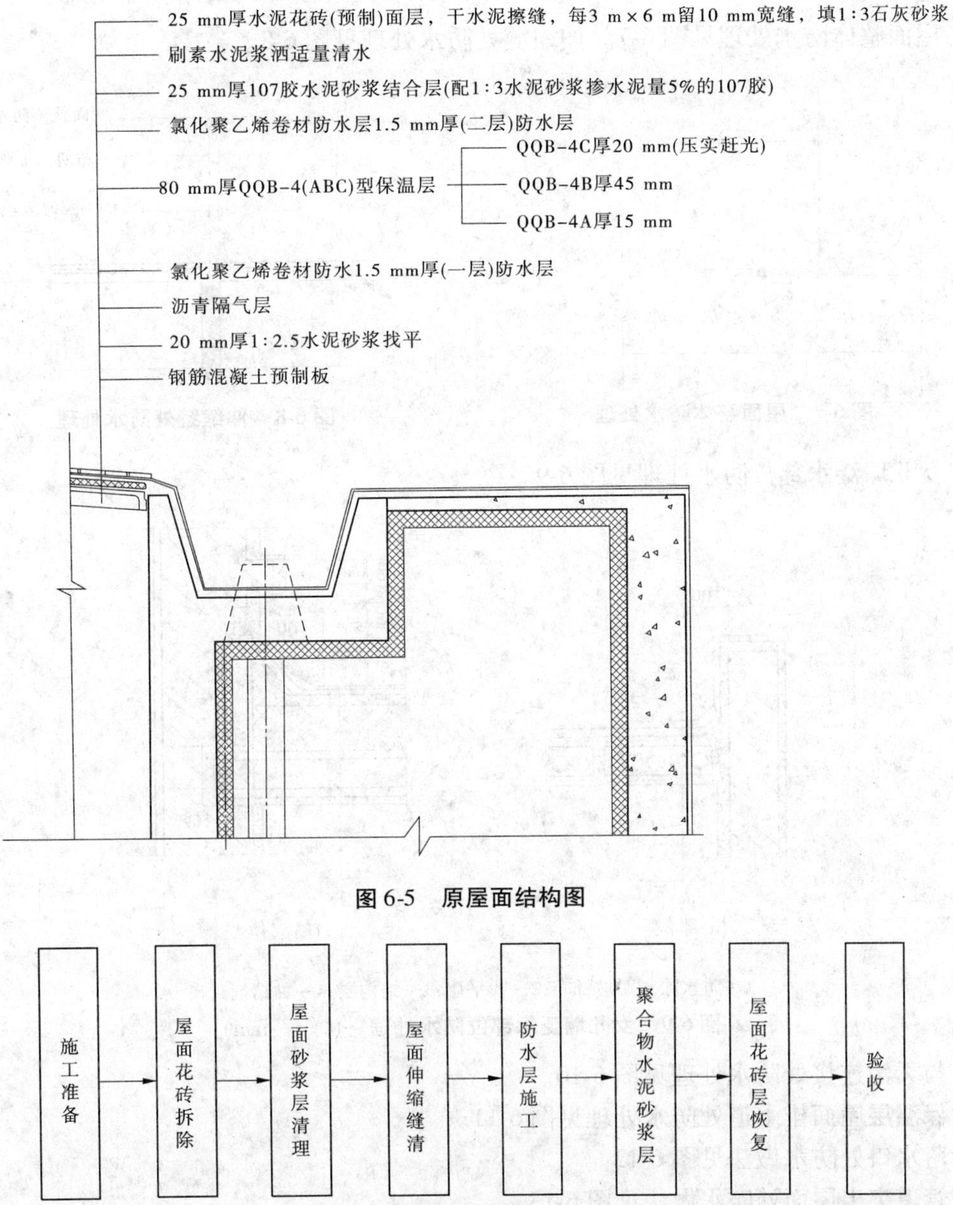

图 6-5　原屋面结构图

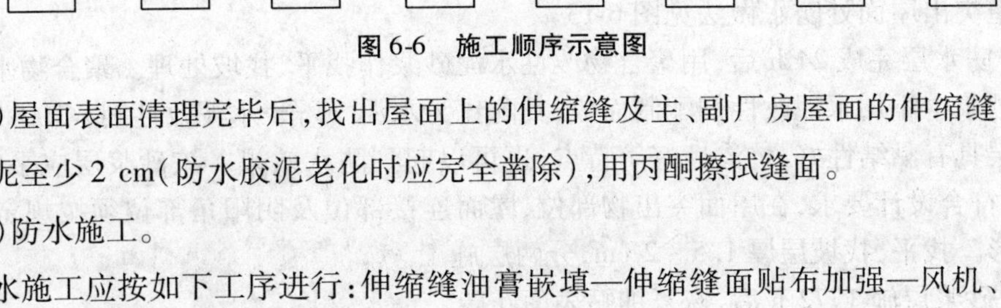

图 6-6　施工顺序示意图

(5)屋面表面清理完毕后，找出屋面上的伸缩缝及主、副厂房屋面的伸缩缝，凿除缝内原胶泥至少 2 cm(防水胶泥老化时应完全凿除)，用丙酮擦拭缝面。

(6)防水施工。

防水施工应按如下工序进行：伸缩缝油膏嵌填—伸缩缝面贴布加强—风机、排气孔、落水口、排水沟等异性物处防水处理—屋面整体防水处理。

弹性聚氨酯防水层厚 2 mm，分三层施工：第一层厚 0.5 ~ 0.6 mm，用料 0.8 ~ 1 kg/m^2；

第二层厚 1.0 mm，用料 1.5 ~ 1.7 kg/m^2；第三层厚 0.4 ~ 0.5 mm，用料 0.6 kg/m^2。

屋面整体防水处理见图 6-7。伸缩缝处防水处理见图 6-8。

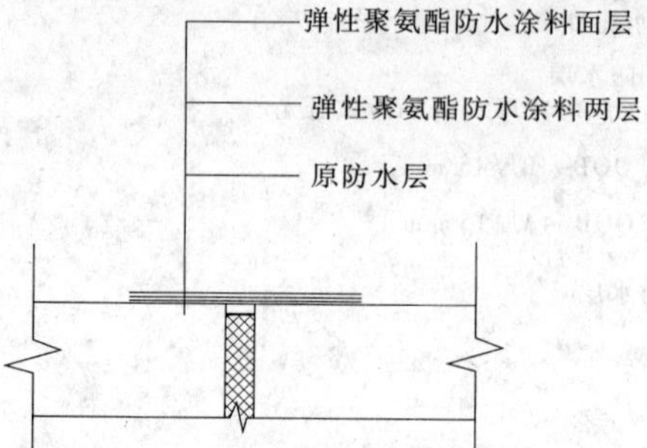

图 6-7　屋面整体防水处理

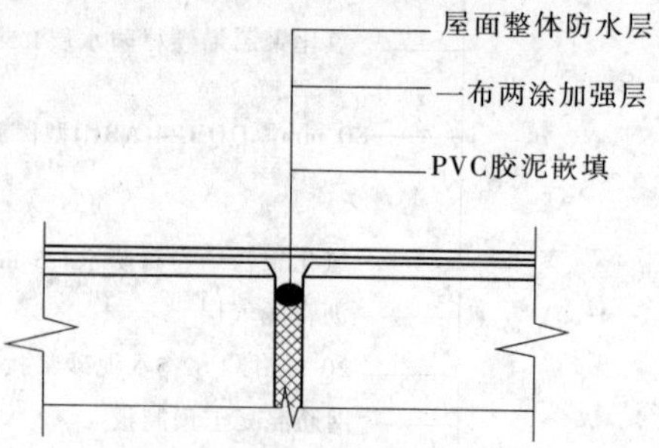

图 6-8　伸缩缝处防水处理

女儿墙泛水部位防水处理见图 6-9。

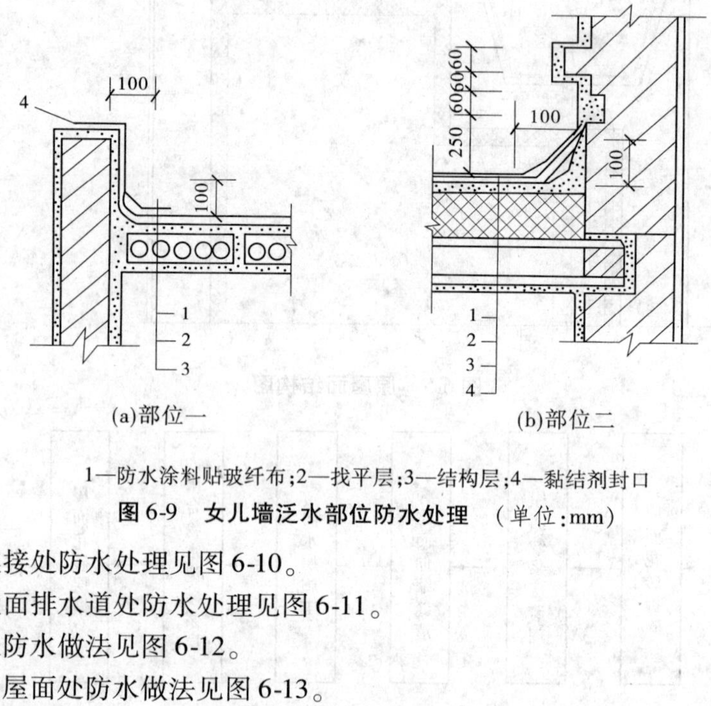

1—防水涂料贴玻纤布；2—找平层；3—结构层；4—黏结剂封口

图 6-9　女儿墙泛水部位防水处理　（单位：mm）

与天沟连接处防水处理见图 6-10。

保温层屋面排水道处防水处理见图 6-11。

落水口处防水做法见图 6-12。

管道突出屋面处防水做法见图 6-13。

（7）防水层完成 24 h 后，用聚合物改性水泥砂浆作找平、找坡处理。聚合物水泥砂浆由水泥砂浆中添加水泥改性剂配制而成，其配比为水泥：砂子：水泥改性剂 = 100：250：20。该砂浆层具有黏结性好、抗渗性好等特点，也可以起到防水效果。该砂浆层应平整、无起砂，坡度符合设计要求，在屋面突出物部位、屋面连接部位及阴阳角部位须按规定要求做成圆弧形。找平、找坡层厚 1.5 ~ 2 cm，分两层施工。

（8）砂浆层施工 72 h 后，恢复铺贴表面花砖。

（9）清理施工现场，垃圾弃至业主指定地点。

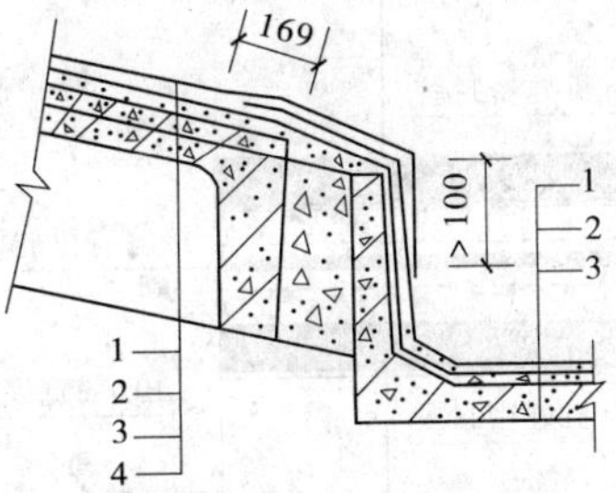

1—防水涂料贴玻纤布；2—找平层；3—保温层；4—结构层

图 6-10　与天沟连接处防水处理　（单位：mm）

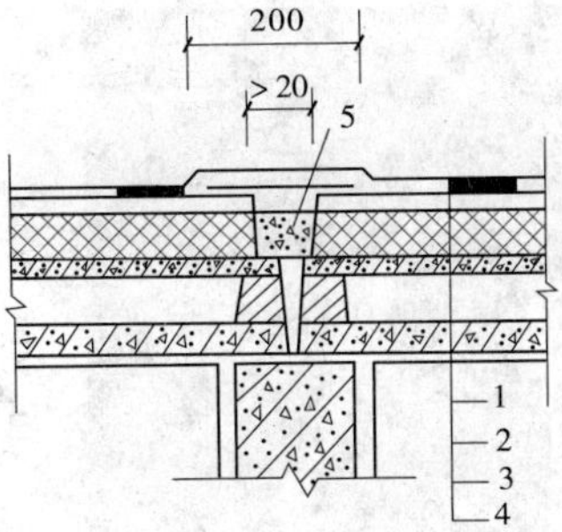

1—防水涂料贴玻纤布；2—找平层；3—保温层；4—结构层；5—排汽道（填大粒径煤渣）

图 6-11　保温层屋面排水道处防水处理　（单位：mm）

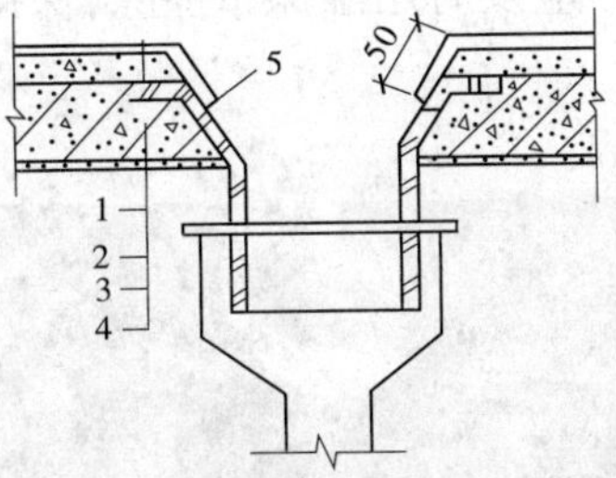

1—防水涂料贴玻纤布；2—找坡层；3—落水口；4—檐沟板；5—黏结剂封口

图 6-12　落水口处防水做法　（单位：mm）

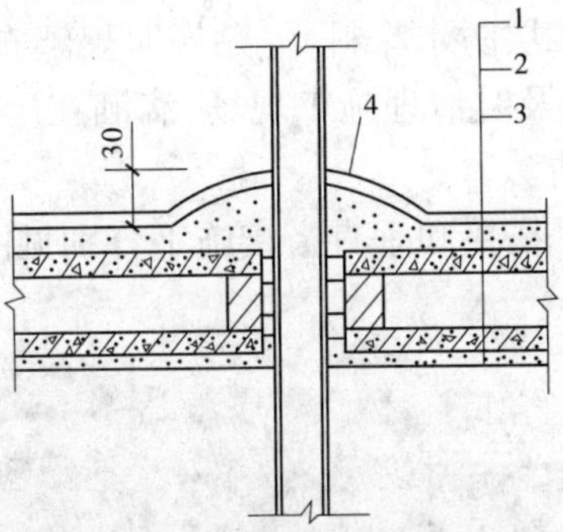

1—防水涂料贴玻纤布；2—找平层；3—结构层；4—黏结剂封口

图 6-13　管道突出屋面处防水做法　（单位：mm）

二、秦山核电第三有限公司厂房屋面防水处理

（一）金属屋面局部修补施工工艺

（1）水平搭接、垂直搭接、防水处理。

（2）施工步骤：施工准备—搭接缝密封—涂刷防水涂料—贴布（空贴）—涂刷防水涂料—清理。

（3）认真做好施工人员、材料、工具、设备、劳保用品等的准备工作。

（4）施工前仔细检查金属屋面，确保金属屋面牢固、无锈蚀、干净，不合要求的作好以下处理：

①更换已生锈的紧固件；

②生锈部位打磨至呈现金属光泽，涂刷防锈漆；

③清除油污、灰尘、已失效的原防水层等不洁物。

（5）水平搭接缝处在遇台风时雨水倒灌是引起渗漏的主要原因之一，因此必须对水平搭接缝作密封处理。水平搭接处理见图 6-14 和图 6-15。

图 6-14　水平搭接处理

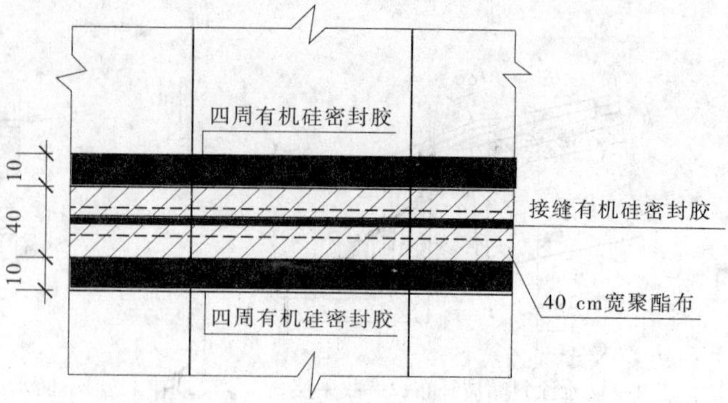

图 6-15　水平搭接处理节点图　（单位:cm）

（6）高性能硅酮密封胶施工 24 h 后，涂刷一层贝斯防水涂料，在其仍润湿时，将已裁剪好的聚酯布嵌入其中，再涂刷防水涂料充分浸润聚酯布（注：第一层防水涂料干燥后，再涂第二层防水涂料）。贴布时聚酯布应尽量松弛，以利发挥防水涂料本身的弹性。

（7）及时清理施工现场，滴洒在屋面上的防水涂料应及时用湿抹布擦除，保持施工现场的清洁。

水平搭接和垂直搭接施工分别见图 6-16 和图 6-17。

图 6-16　水平搭接施工图

图 6-17　垂直搭接施工图

（二）屋面的风机底座、排风口、透气窗，穿过屋面的管道口、落水口等部位的防水处理

（1）施工步骤：施工准备—基层处理—涂刷防水涂料—粘贴聚酯布—涂刷防水涂料（两层）—清理。

（2）施工准备、基层处理的要求同前。

（3）裁剪尺寸、形状合适的聚酯布在管道根部（如通风口、风机口、落水口等）待贴部位涂刷一层防水涂料后将裁剪好的聚酯布铺于其上，再在聚酯布上涂刷防水涂料以充分浸润聚酯布，干燥后继续涂刷防水涂料两层。聚酯布应充分伸展，不应有空鼓、起泡、起皱等现象。

（4）及时清理施工现场、文明施工。

（5）施工图例见图 6-18 ~ 图 6-22。

图 6-18　风机底座施工

图 6-19　排风口施工

图 6-20　透气窗口施工

图 6-21　穿过屋面的管道口施工

图 6-22　落水口施工

（三）屋面紧固件、女儿墙等部位防水处理

（1）施工步骤：施工准备—基层处理—涂刷防水涂料—粘贴聚酯布—涂刷托普表层防水涂料（两层）—清理。

（2）施工准备、基层处理同前。

（3）屋面紧固件部位粘贴 20 cm×20 cm 的防水层覆盖，施工方法同前。

（4）女儿墙根部、顶部等部位（已渗漏或存在渗漏隐患的部位）粘贴防水层覆盖，防水层尺寸、形状根据现场实际情况依据《屋面工程技术规范》（GB 50207—94）的要求进行施工，施工工艺同前。

（5）施工图例见图6-23和图6-24。

图6-23　紧固件部位施工

图6-24　女儿墙部位施工

（四）局部防水节点修补工程

局部防水节点修补工程施工工艺见图6-25。

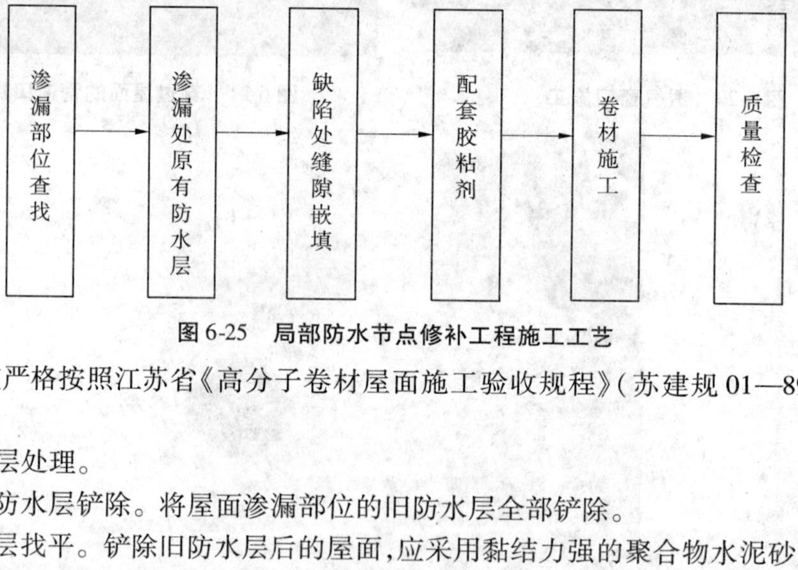

图6-25　局部防水节点修补工程施工工艺

施工应严格按照江苏省《高分子卷材屋面施工验收规程》（苏建规01—89），具体步骤为：

（1）基层处理。

（2）旧防水层铲除。将屋面渗漏部位的旧防水层全部铲除。

（3）基层找平。铲除旧防水层后的屋面，应采用黏结力强的聚合物水泥砂浆（水泥改性剂）进行找平，屋面突出物及屋面连接处以及屋面所有的阴、阳角必须做成圆弧形，屋面要求的平整度、均匀一致、无跑砂、排水坡应符合设计要求。屋面平整度要求用2 m长的直尺检查，基面与直尺间的最大空隙不应超过5 mm，对于有裂缝的部位，用高性能硅酮密封胶进行修补。

（4）基层干燥率检查：基层含水率小于6%（干燥程度采用简易法测定，将一块1 m^2的卷材平铺在基层上，静置2 h后掀开，卷材上未见水汽为合格）。

（五）节点处理

1. 伸缩缝防水节点处理

伸缩缝防水节点处理见图 6-26。

2. 与现浇檐口连接处防水节点处理

与现浇檐口连接处防水节点处理见图 6-27。

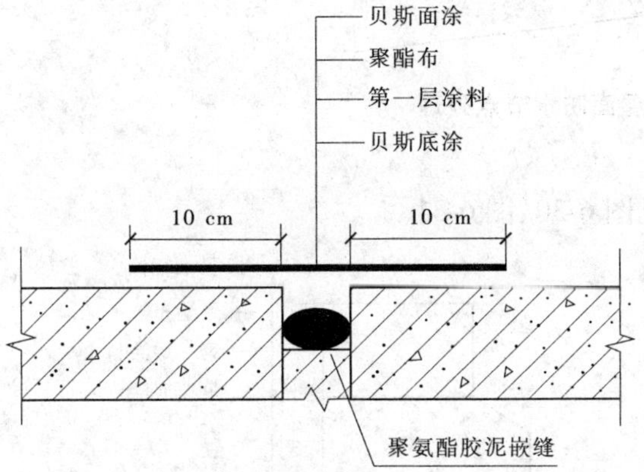

图 6-26　伸缩缝防水节点处理

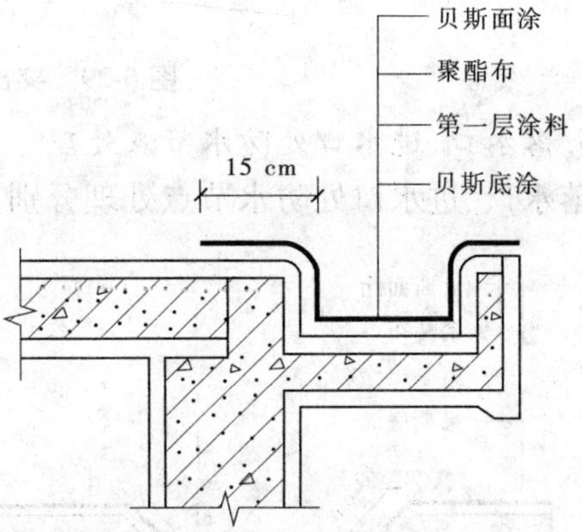

图 6-27　与现浇檐口连接处防水节点处理

3. 女儿墙泛水部位防水节点处理

女儿墙泛水部位防水节点处理见图 6-28。

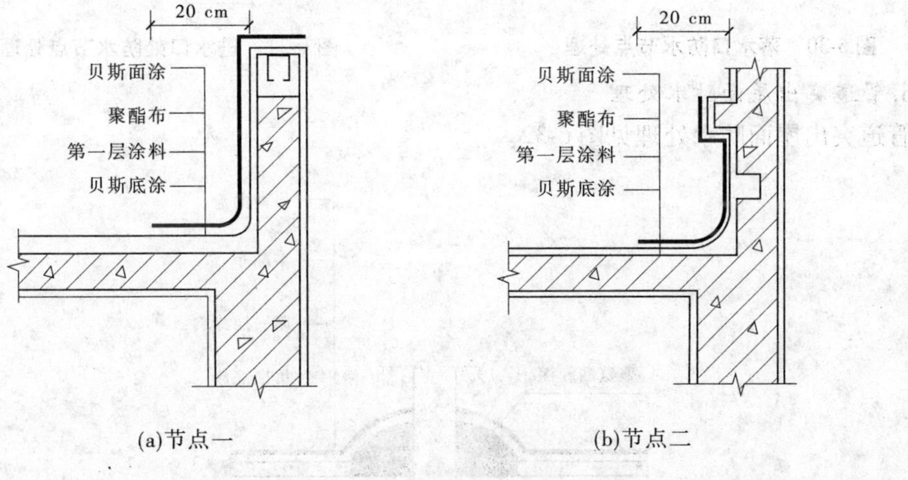

图 6-28　女儿墙泛水部位防水节点处理

4. 突出屋面防水节点处理

突出屋面防水节点处理见图 6-29。

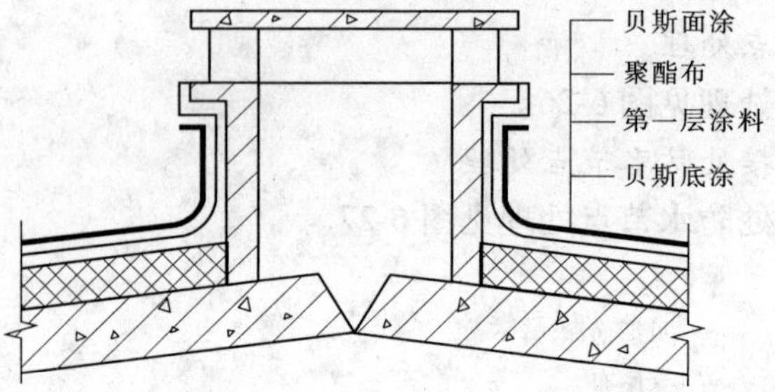

图 6-29　突出屋面防水节点处理

5. 落水口、进水口处防水节点处理

落水口、进水口处防水节点处理分别见图 6-30、图 6-31。

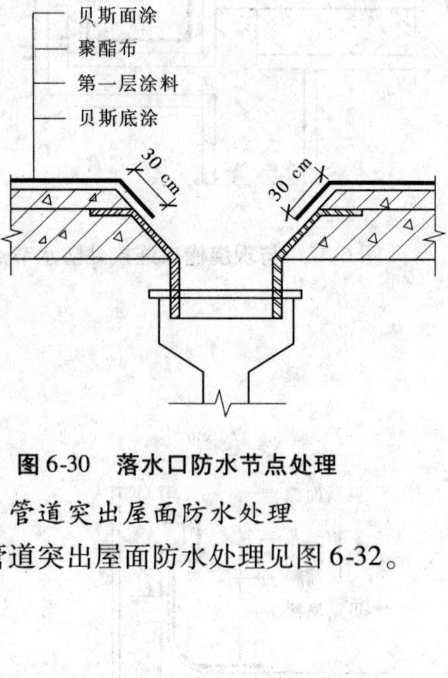

图 6-30　落水口防水节点处理

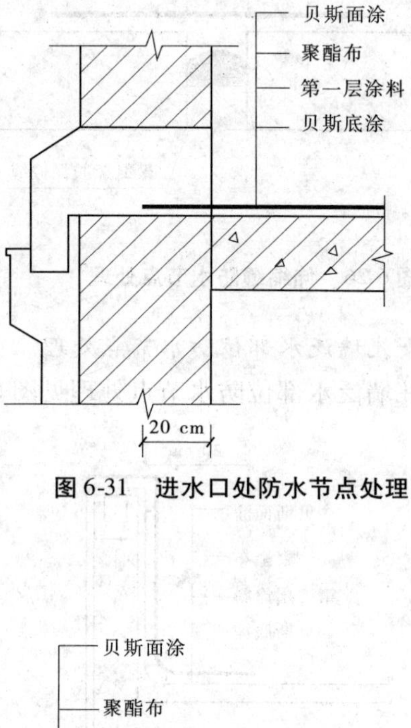

图 6-31　进水口处防水节点处理

6. 管道突出屋面防水处理

管道突出屋面防水处理见图 6-32。

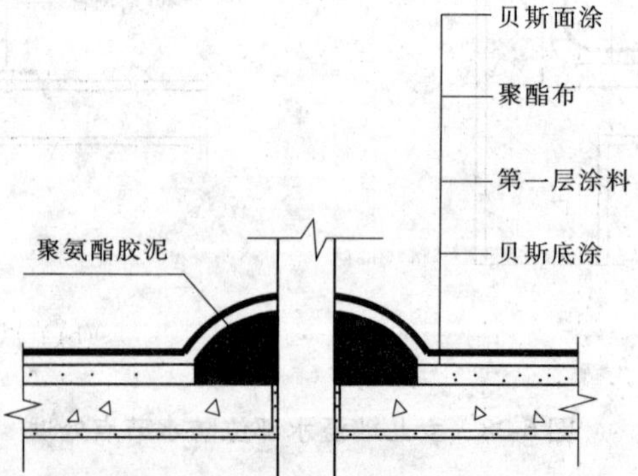

图 6-32　管道突出屋面处防水处理

7.屋面阴阳角部位高分子卷材的铺贴方法

屋面阴阳角部位高分子卷材的铺贴见图6-33和图6-34。

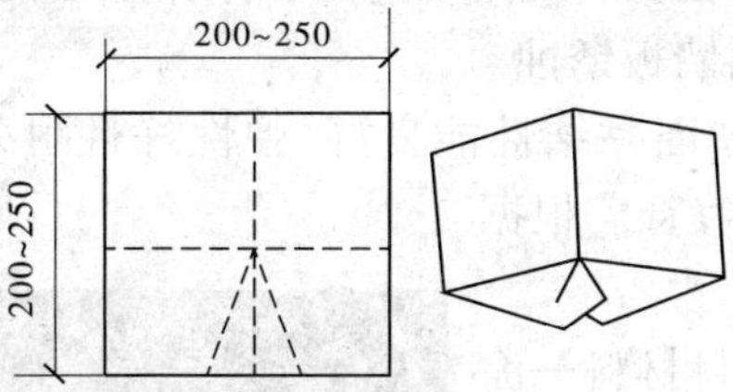

图6-33　阴角高分子卷材的铺贴　（单位:mm）

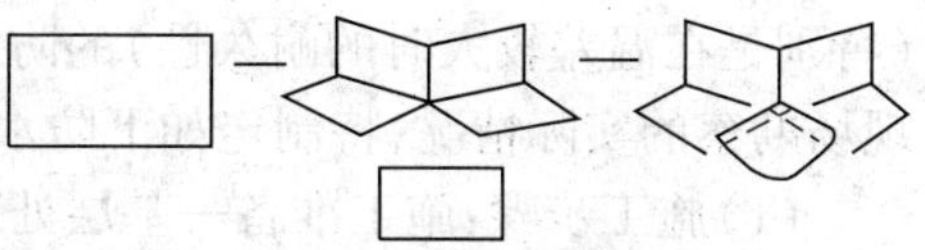

图6-34　阳角高分子卷材的铺贴

（六）渗漏点处理方案

渗漏点处理方案见图6-35～图6-38。

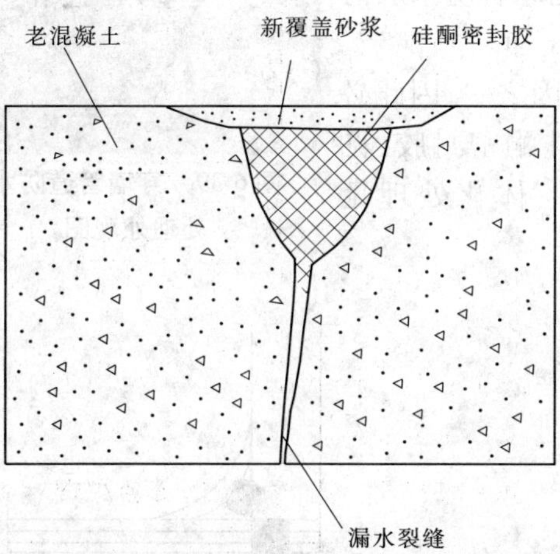

图6-35　混凝土裂缝迎水面密封防水堵漏方案

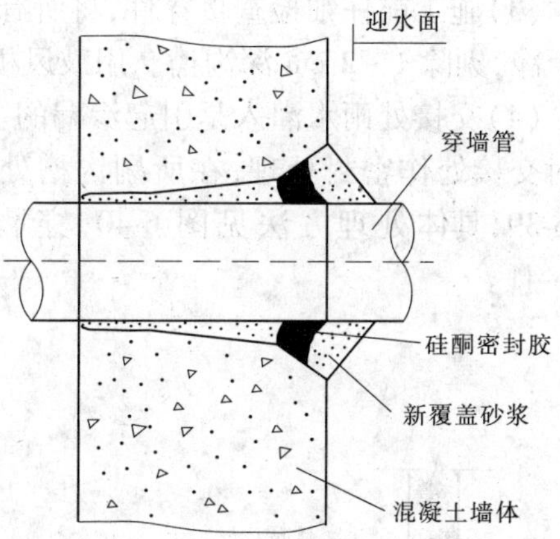

图6-36　穿墙管件迎水面密封防水堵漏方案

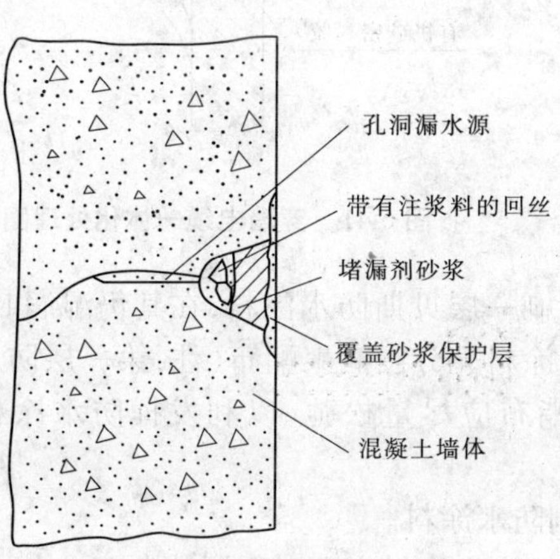

图6-37　孔洞渗漏处理方案

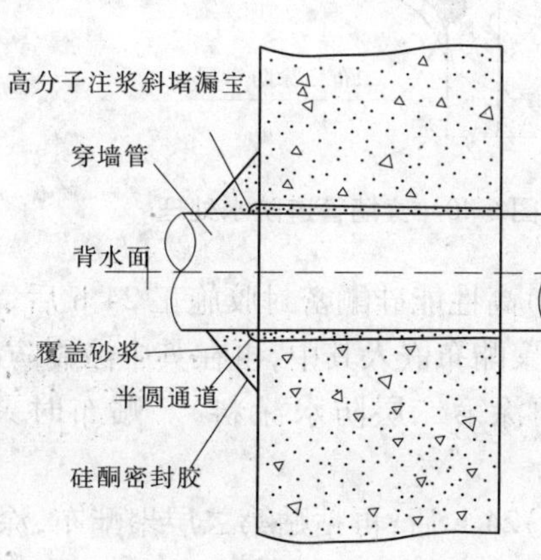

图6-38　背水面堵漏方案

（七）电缆穿墙管渗漏维修

根据现场实地考察情况分析，目前金属厂房的渗漏大部分是由电缆穿墙管引起的，由于管道穿墙后密封层防水处理的缺陷，水分在接口处渗入墙体后，在墙体保温层内游走，最后从地面部分金属墙板处渗出，引起墙角处金属墙板锈蚀。

针对金属板厂房的这些特征，应选用与金属屋面黏结性能良好、弹性好且耐久性好（特别是在温差较大时的耐久性）的防水材料进行修补。根据现场勘察的实际情况，特制定如下防水施工方案。

（1）施工步骤：施工准备—基层处理—嵌填密封材料—涂刷防水涂料（第一层）—贴布（第一层）—涂刷防水涂料（第二层）—贴布（第二层）—涂刷防水（第三层）—清理。

（2）认真做好施工人员、材料、工具、设备、劳保用品等的准备工作。

（3）施工前仔细检查贯穿件，将所有交接处原有防水层清理干净，剔除 1 ~ 2 cm 深沟槽。用鼓风机吹洗干净。

（4）交接处雨水灌入是引起渗漏的主要原因之一，因此必须对交接处作密封处理，在所剔沟槽处挤入硅酮密封胶，见图 6-39，具体处理方法见图 6-40，穿墙电缆一体化处理见图 6-41。

图 6-39　穿墙管道防水处理外观图

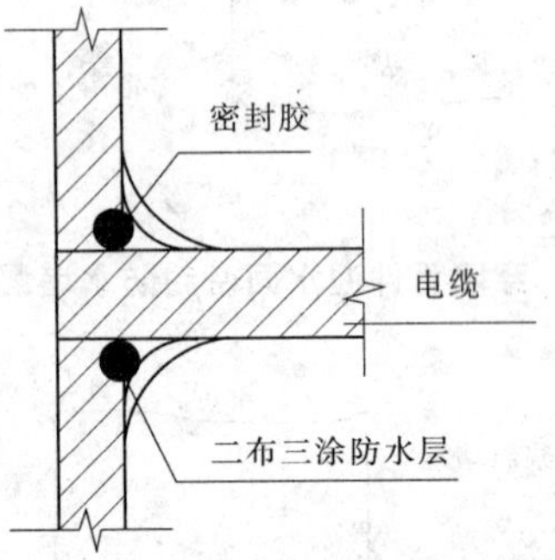

图 6-40　穿墙管道防水处理

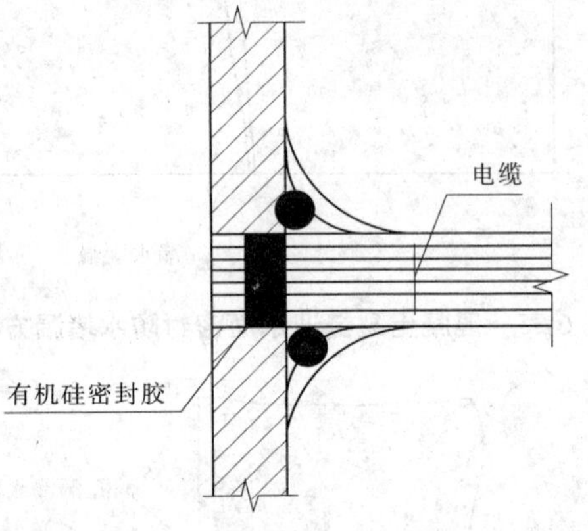

图 6-41　穿墙电缆一体化处理图

（5）高性能硅酮密封胶施工 24 h 后，涂刷一层贝斯防水涂料，在其仍湿润时，将已裁剪好的聚酯布嵌入其中，再在其中涂刷防水涂料充分浸润聚酯布（注：第一层防水涂料干燥后，再涂第二层防水涂料）。贴布时聚酯布应尽量松弛，以利发挥防水涂料本身的弹性。

（6）24 h 后，再粘贴第二层聚酯布，涂刷防水涂料。

（7）及时清理施工现场，滴洒在墙面上的防水涂料应及时用湿抹布擦去，保持施工现场的清洁。

三、黄河小浪底水利枢纽地下厂房区域防渗处理工程

(一)工程概况

小浪底水利枢纽厂房为地下工程,由于地质结构等因素,厂房区域各部位的渗漏比较严重,其中主副厂房顶拱、主变室顶拱等部位尤为突出。这些渗漏水严重威胁了电厂的安全运行,同时也影响小浪底水利枢纽创建一流电厂这一目标的实现。2005 年 11 月,对 28 号排水洞与 21 号交通洞交叉口严重渗漏部位进行了试验处理。

2006 年 1 月 28 日开始,先后对主副厂房顶拱、主变室顶拱、1~6 号母线洞、44 号交通洞、36 号交通洞、17 号进场交通洞、尾闸室共 7 个部位进行了防渗堵漏处理,2006 年 6 月 11 日整个工程完工。

(二)施工部位及分类

1. 施工部位

根据合同,先后对主副厂房顶拱、主变室顶拱、1~6 号母线洞、44 号交通洞、36 号交通洞、17 号进场交通洞、尾闸室顶拱及边墙等 7 个部位进行了防渗堵漏施工。

2. 施工部位分类

分类详见表 6-1。

(1)基岩喷混凝土裂缝堵排处理(简称 A);

(2)基岩喷混凝土渗水点堵排处理(简称 B);

(3)渗水锚杆堵排处理(简称 C);

(4)预应力锚索周边渗水堵排处理(简称 D);

(5)混凝土施工缝堵排处理(简称 E);

(6)混凝土裂缝堵排处理(简称 F);

(7)混凝土伸缩缝堵排处理(简称 G)。

表 6-1　各部位工程具体分类

施工部位	主副厂房顶拱	主变室顶拱	1~6 号母线洞	44 号交通洞	36 号交通洞	17 号进场交通洞	尾闸室顶拱及边墙
施工内容	A、B、C、D	A、B、C	E、F	A、B、G	A、B、E、F	A、B	A、B、C

(三)渗水设计处理方案

上述 7 个部位 7 种不同类型的渗漏,均采取了“刚柔并济、堵引结合”的多层次复合结构防水方法。防渗处理后不但要确保处理部位不出现渗漏,而且要保证处理后在其周围不出现新的渗水部位,既要有局部效果,又要有比较理想的整体效果,以达到彻底根治渗漏的目的。

(四)施工工艺流程

上述 7 种不同类型的渗漏可以归纳为两大类,即裂隙渗水和单点渗水。其中,混凝土施工缝、混凝土裂缝、混凝土伸缩缝、喷混凝土裂缝、预应力锚索渗水均属于裂隙渗水;而喷混凝土渗水点、锚杆渗水则属于单点渗水。

1. 裂隙渗水堵排施工工艺流程

裂隙渗水堵排施工工艺流程为:沿裂隙走向开凿不规则 V 形槽—清理基面—埋设排水波纹管—回填堵漏王浆—寻找薄弱环节,再止水,反复多次—TS 堵漏宝整体抗渗—埋设 BW 止水条,填塞密封腻子—做混凝土砂浆保护层—涂刷 K11 防水浆液—养护—设置引排水系统网络(将漏水引至排水沟)。

2. 单点渗水处理施工工艺流程

单点渗水处理施工工艺流程为:以渗漏点为中心开凿混凝土(或喷混凝土),形成圆锥状孔洞($R=75$ mm、$H=130$ mm)—清理基面—埋设引水波纹管—回填堵漏王浆—4 h 后沿堵漏王浆与混凝土结合处埋设 BW 止水条—TS 堵漏宝砂浆找平—做混凝土砂浆保护层—涂刷 K11 防水浆液—养护—设置引排水系统网络(将漏水引至排水沟)。

(五)渗水裂缝(隙)、渗水点施工方法及注意要点

1. 施工方法

(1)对于施工范围内的渗水点和渗水缝,先要进行仔细辨认,开槽(孔)前先进行线路标认,确定合理的开槽路线。

(2)基础清理要彻底,开槽成 V 形槽(或孔洞),认真进行清理,不得有松动块,用水冲洗干净,无钙化物和其他杂物。

(3)在基面尚保持湿润的情况下,安装排水半圆管(波纹管)于不规则 V 形槽的底部;戴橡胶手套回填堵漏王浆,压实压紧,保证其黏结质量。

(4)堵漏层完成后放置 1 ~ 2 h,再检查寻找薄弱部位进行反复处理,直到止住漏水为止。

(5)抗渗层施工。堵漏完成后,进行抗渗层施工,分层填筑,用力捣实,沿缝中间预留小槽,槽宽等于止水条的宽度,槽深为抗渗层的厚度,槽壁、层面要求平整。

(6)止水层施工。待 TS 堵漏宝固化干燥后,安装 BW 止水条,粘贴密封腻子,为了便于保护层的施工,抗渗层、止水层表面必须做到平整。

(7)保护层施工。在抗渗层、止水层施工完成后,经检查合格方可进行保护层的施工。先在抗渗层面上涂刷聚硫密封胶,然后分层填筑保护层砂浆,分层捣实,表面压实、抹平,之后涂刷 K11 防水浆液。

(8)单点渗水处理灶坑洞面,应进行认真清理和冲洗,其余工序施工方法基本同上。

(9)根据各部位实际情况相应设置的引排水网络分布合理且保持畅通,有效解决渗漏水的最终去向问题。

2. 注意要点

渗水裂缝(隙)、渗水点施工应注意以下要点:

(1)堵漏王浆敷设必须达标,以提高混凝土基面的密实度和强度。

(2)各层次防水材料安装要准确,刚柔结合,能适应一定应力、变形的要求。

(3)对所用材料严格配比,对每一道工序严格检查,检查不合格的坚决返工处理。

(4)确保排水系统通畅,保证排水管末端放置在排水沟水面以下或人为设置的水面以下,以防止渗漏水在排水管中结垢而阻塞出水口。

(5)对已处理完的裂缝和渗水点要及时养护。

(六)结论

小浪底水利枢纽地下厂房区域防渗堵漏工程具有渗漏部位多、分布范围广、渗漏表现形式多样、渗漏程度严重等特点，经处理后，整体工程质量基本达到滴水不漏。经过几年运用考验，整体效果良好，只有少数排水管堵塞、排水不畅的现象出现。

四、秦山三期气轮机厂房和海水泵房混凝土渗水缝及墙面整体防水处理

(一)工程概况

秦山核电三期汽轮机厂房及海水泵房在地下 20 m 以下，现地面、墙面多处渗漏。地面渗漏主要是地面裂缝、设备与混凝土接缝渗漏，墙面渗漏主要是墙面裂缝、墙地接合缝渗漏。原地面混凝土浇筑分多层进行，底层为 9 m 厚、面层为约 5 cm 厚硬化层。试验灌浆发现地面裂缝之间串浆，表明两层混凝土施工缝间有贯通现象；墙面裂缝试灌后发现新的渗漏裂缝。情况是复杂的，处理难度是相当大的，更难的是业主要求处理后，达到《地下工程防水技术规范》(GB 50108—2001)第 3.2.1 条表 3.2.1 的一级防水等级标准中的表面无湿渍的规定。在灌浆之后，还须对墙面进行整体防水处理。

(二)渗水项目整体处理设计方案

先对渗水缝进行内部灌浆，充填空隙，堵住漏水，截断漏水通道，然后对墙体进行整体防水处理，以达到《地下工程防水技术规范》(GB 50108—2001)第 3.2.1 条表 3.2.1 的一级防水等级标准中的表面无湿渍的要求。

(三)处理选用材料

1. 内部灌浆材料

内部灌浆材料选用具有二次渗透作用的 KLY - G3 弹性聚氨酯堵漏剂，它具有黏度小、可灌性好等特点，已在很多堵漏工程中得到成功应用。

2. 墙面整体防水材料

防渗材料选用加拿大进口的优止水高效防水剂。优止水高效防水剂是一种可呼吸的水泥基高强度防水材料，呈干粉状，可直接应用于混凝土表面，能渗入基层的微孔和裂隙中，堵塞过水通道并与基层结合为一体，在基层表面形成附着力极强的密实、坚硬涂层。其具有单向呼吸性，使墙体或地面的潮气可以正常散发出来。其特点是：与结构成为一体，与结构同寿命；无毒无害，可在饮用水蓄水池中使用；使用方便。

(四)渗水处理工艺流程

1. 墙面、地面渗水缝处理工艺流程

墙面、地面渗水缝处理工艺流程为：施工准备—查缝、定位—布孔、钻孔—清孔—安装灌浆塞、连接灌浆泵—压力灌浆—结束灌浆、清理—封孔、缝面保护处理。

2. 墙面整体防渗处理工艺流程

墙面整体防渗处理工艺流程为：施工准备—表面处理—配料—涂刷优止水高效防水剂两遍—清理、养护。

(五)渗水处理施工方法

1. 墙面、地面渗水缝处理

(1)查缝、定位。查清裂缝走向、宽度、深度，从而确定钻孔的位置及钻孔方向，保证

孔缝相交及相交的深度。

(2)一般而言,裂缝有一定走向且较为规则。混凝土施工质量差时,局部有孔洞,分层浇筑时,施工缝会出现贯通情况。针对这种情况,布孔应深孔、浅孔相结合,方可取得满意的效果。钻孔间距为0.2～0.3 m,钻孔深度为0.2～0.8 m(设备周围须钻深孔),钻孔采用斜孔,准确控制钻孔方向,确保孔缝相交。钻孔方法见图6-42。钻孔采用喜利得电锤,钻孔后尽可能将孔内杂物清理干净。

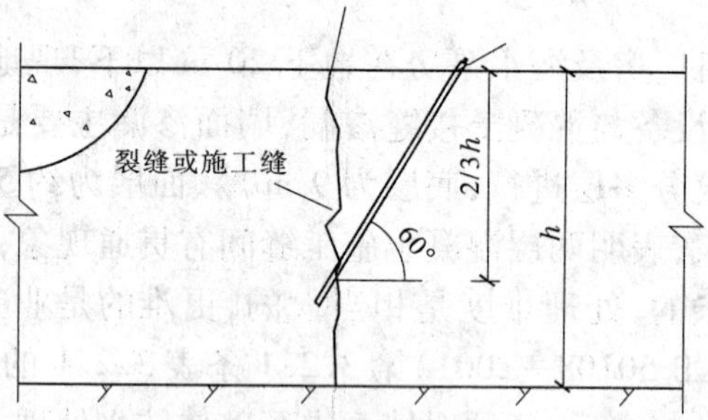

图6-42　渗水处理钻孔方法

(3)孔内装置。清孔完毕后,安装带有逆止装置的特制的灌浆塞具,连接至化灌泵。化灌泵采用瓦格纳电动隔膜泵。

(4)灌浆。施工采用深孔、浅孔结合进行,先灌深孔,后灌浅孔。灌浆原则:自下而上、自一端向另一端推进,单孔逐一进行,确保缝面上挤出浆液并会合。灌浆压力由低到高,开始时控制灌浆压力(不大于1 MPa)及进浆率,逐步提高灌浆压力(不大于2 MPa),至缝面出浆或持续至相邻灌浆孔出浆面会合,即可结束灌浆。

(5)灌浆结束后,尽快清理缝面残留浆液,便于后续工序的施工并保持现场清洁。

(6)待浆液固化后,及时封闭缝面和灌浆孔。封闭缝面及封孔材料采用MA改性水泥砂浆。用钢丝刷将缝面及周围、孔内残留浆液清理干净后,用MA改性水泥砂浆封缝及封孔。MA改性水泥砂浆具有与基层混凝土黏结力好、收缩小等特点,是国家"九五"重点推广的混凝土水泥制品修补材料。

(7)MA改性水泥砂浆凝结后(24 h),在其上涂刷EC防护涂料一道,确保环境的整洁并对缝面起保护作用。

2.墙面、地面整体防渗处理

1)基面处理

(1)打磨、清理、清洗。要求将表面灰尘、浮渣、油污、疏松物等一切影响优止水高效防水剂与基层黏结的杂物清除干净,油污用丙酮擦洗,其他杂物用角向磨光机打磨后清水冲洗。

(2)找平、润湿:用MA改性水泥砂浆修补表面,确保表面干净、平整、牢固,然后充分湿润墙面至吸水饱和但无明水。

2)配料

涂刷料采用优止水。在干净的容器中加入1份亚克力增强剂和3份清水,搅匀。将优止水高效防水剂粉料慢慢倒入，搅匀成浓浆糊状，静置5 min后再慢慢搅拌，稠度以刷子较容易插入又不倒下为最佳，切忌过分稀释。配料宜少量多次，减少浪费。

3）涂刷

基层表面充分湿润后，用较硬的鬃刷涂刷优止水高效防水剂，涂敷量为1～1.5 kg/m^2。为保证表面涂刷均匀，不可漏刷也不可涂刷过厚，一般由上而下涂刷。涂刷过程中如墙体变干或涂刷比较费力，应随时用清水湿润墙面，而不要过分稀释优止水。

4）间隔时间

第一遍涂完后，让其干燥24 h，再刷第二遍以覆盖第一遍留下的针孔，第二遍不宜涂得过厚，防水层厚度最低要求1 mm。

5）养护

涂刷优止水前，一定要用水将被涂刷表面彻底湿润，在一般气候条件下，不需要特殊养护，如果气候特别干燥、炎热、多风，则要保持涂层表面湿润至少48 h。

第三节　建筑结构加固典型工程

一、碳纤维加固某楼板的设计和施工

（一）概述

在工程施工中，经常由于施工人员的野蛮施工，导致楼板负钢筋被踩踏。因而楼板负钢筋保护层厚度过大，减少板截面有效高度，致使板面负钢筋的承载力达不到设计要求，而导致楼板产生裂缝，楼板板面被破坏，情况严重时将发生重大的工程事故。出现这种情况时，因楼板已施工完成，无法使被踩踏钢筋复位，这就需要结构工程师对这种情况的楼板构件进行加固来满足楼板承载力要求。针对每个建筑物的不同情况选择最佳的加固方案最为关键，然而优先使用先进的加固技术也是较为重要的。碳纤维布是近几年从国外引进的加固材料，其具有高强度、高弹性模量、质量轻、耐腐蚀性好的特点，其抗拉强度是普通钢筋的10倍左右。本节将结合工程实例论述碳纤维布加固设计及施工方案。

（二）工程概况

某楼在竣工验收时查出，某区域楼板（楼板厚度为120 mm）负钢筋保护层厚度过厚（接近80～90 mm）。经分析，可能是在施工过程中，施工人员未注意将楼板面的负钢筋踩踏下去，故竣工验收时此区域楼板负钢筋保护层厚度不满足要求，需加固楼板，使楼板承载力满足设计要求。根据原结构一层楼面配筋图进行加固设计（该工程有地下室），需板面加固的区域见图6-43，阴影区为板面需加固区（负钢筋被踩踏区），这里着重介绍楼板加固设计及施工方案。

（三）加固方案的比较与选择

一层楼板厚120 mm，局部为板厚160 mm，图6-43中阴影区①板面负钢筋配筋为Φ 8@200，阴影区②板面负钢筋配筋为Φ 10@200。因阴影区的负钢筋保护层厚度过大，使板面负钢筋不能满足原设计的承载力要求，必须进行加固处理。目前，加固这种楼板常用的方法大致有楼板粘贴钢板条、粘贴碳纤维布等。每种方案都有其优缺点以及不同的

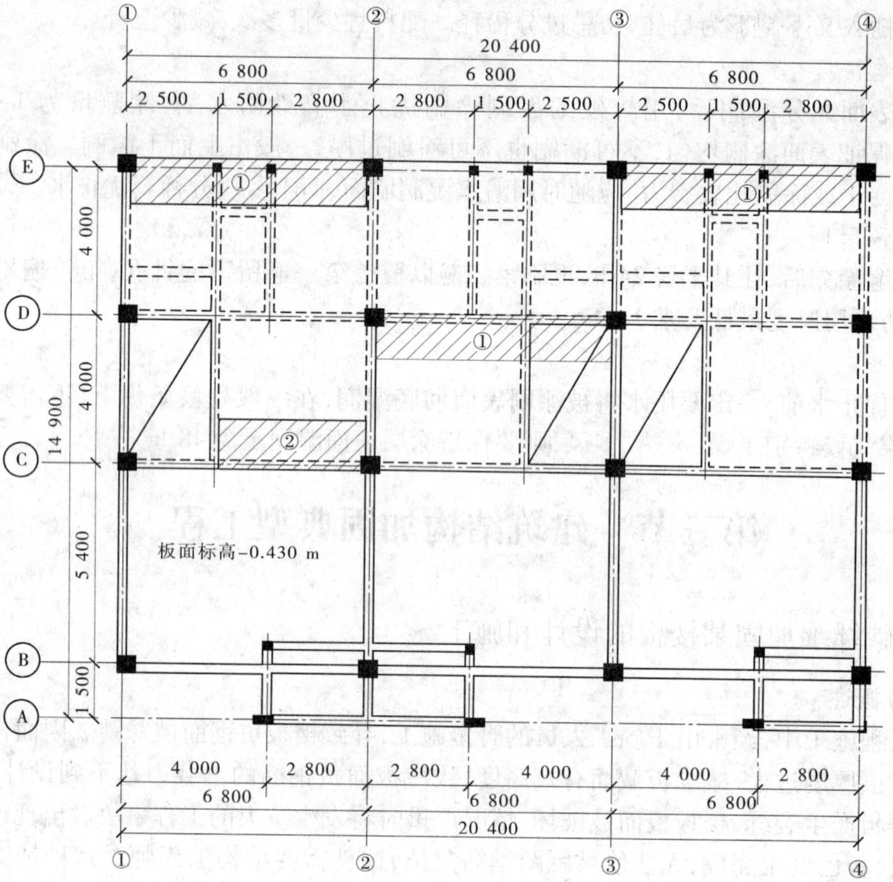

图 6-43 一层楼面加固区平面布置图 (单位:mm)

适用范围,下面就对该工程楼板加固的两种方案进行比较和选择。

粘贴钢板条加固方案和粘贴碳纤维布加固方案的加固原理基本相似,即在原楼板的负钢筋位置(由于负钢筋被踩踏,楼板负钢筋保护层厚度过大,导致负钢筋失去原设计承载力作用)用粘贴钢板或粘贴碳纤维布来等强代换原楼板的负钢筋承载力作用。在选择加固方案时主要从以下几点考虑:

(1)施工工序和工期。采用粘贴碳纤维加固,施工工序简单、工期短(因为碳纤维布不像钢板本身需要进行防锈蚀处理,并且碳纤维布在转角处粘贴时比钢板容易弯折)。

(2)加固造价。采用粘贴碳纤维布加固比采用粘贴钢板加固节省加固造价 25% 左右(该工程楼板支座负钢筋被踩踏处的楼板配筋值不大,若用粘贴钢板法加固,虽然理论计算加固钢板面积小于碳纤维布面积,但实际还需满足结构构造措施,所以最后用的粘贴钢板面积并不小于碳纤维布面积,而粘贴钢板单位造价高出粘贴碳纤维单位造价的 25%)。

(3)加固效果。两种加固方案都能理想达到原结构设计要求。虽然粘贴钢板条加固方案对楼板的刚度也有所提高,但该工程楼板刚度已满足设计要求,所以加固效果基本相同。经综合考虑和比较,最终选择粘贴碳纤维布加固方案。

(四)碳纤维加固楼板的设计

1. 基本假定

采用碳纤维对受弯构件进行加固时,除应遵守现行国家标准《混凝土结构设计规范》(GB 50010—2002)正截面承载力计算的基本假定外,尚应遵守下列规定:

(1)碳纤维布的应力与应变关系取直线式,其拉应力 σ_f 等于拉应变 ε_f 与弹性横量 E_f 的乘积。

(2)当考虑二次受力影响时,应按构件加固前的初始受力情况,确定碳纤维的滞后应变。

(3)在达到受弯承载力极限状态前,加固材料与混凝土之间布置不致出现黏结剥离破坏。

2. 碳纤维布计算方法

首先利用回弹法对楼板混凝土进行检测,以供加固参考。经检测,混凝土的实际强度等级为 C25。然后根据设计图纸、现场混凝土钢筋被踩踏数量以及踩踏位置,同时考虑碳纤维实际的抗拉应变达不到设计值而引入强度利用系数 0.8(经过大量现场试验统计得出的结果)计算得出,采用 0.167 mm 厚、100 mm 宽的碳纤维布进行加固,弹性模量不小于 210 000 MPa,设计强度为 2 000 MPa。计算得出加固所需的碳纤维布量见表 6-2。

表 6-2 加固所需的碳纤维布量

楼板加固区	原楼板负钢筋配筋	加固碳纤维布
图 6-43 中①阴影区	Φ 8@200	−0.167 × 100 × L@300
图 6-43 中②阴影区	Φ 10@200	−0.167 × 100 × L@250

注:其中 L 为碳纤维布长度。

该工程楼板加固平面布置图详见图 6-44。

一层楼板楼面加固平面布置图中 1—1 截面加固详图见图 6-45(a),反映了碳纤维布粘贴时在楼板支座处遇上障碍(外填充墙)时具体节点加固方法。施工时先将楼板支座处的外填充墙拆除部分(拆除墙体的地方要采取临时支顶措施),使粘贴碳纤维布时能贴到楼板支座处,并如图 6-44 向下延伸一个梁高长度,以防碳纤维布端口剥离破坏引起加固失效。同理,粘贴 1/4 短边板跨长度 B 后再加上 500 mm 长度同样防止碳纤维布端口剥离破坏引起加固失效而采取的加固构造措施。图 6-45(b)、(c)、(d)、(e)、(f)因采取相同的防止碳纤维布端口剥离破坏的加固构造措施,故不再多作解释。一层楼板楼面加固平面布置图中 2—2 截面和 3—3 截面加固详图见图 6-45(b)、(c),反映了碳纤维布粘贴时遇楼面板不同高低时的碳纤维布加固楼板的节点详图。

采用碳纤维布加固楼板负钢筋被踩踏的情况除该工程涉及的三种加固情况外,还可能遇上以下几种情况:

(1)实际工程经常遇到的楼板支座(负钢筋位置)无障碍且楼板无高差情况,具体加固节点详图见图 6-45(d)、(e)。

(2)楼板支座(负钢筋位置)处遇到障碍为混凝土反梁,具体加固节点详图见

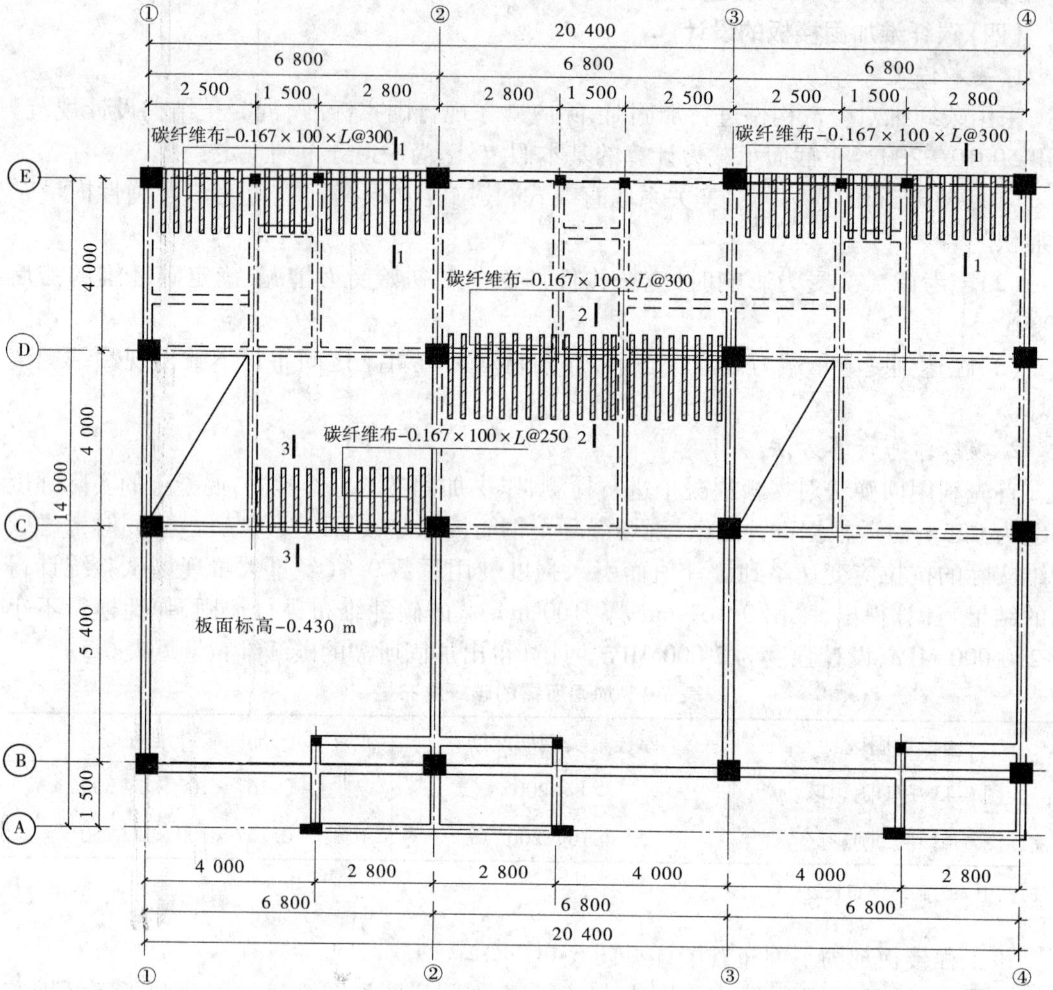

图 6-44　一层楼板楼面加固平面布置图　（单位:mm）

图 6-45(f)。

添加压条可有效防止转角位置碳纤维布剥离。

（五）碳纤维布加固施工方案

一般碳纤维布加固施工工艺流程为:加固构件卸荷载—加固构件混凝土表面凿毛处理—涂刷底层树脂—找平处理—粘贴碳纤维布—碳纤维布表面保护处理—验收检查。

碳纤维加固施工需注意以下几点:

(1)转角处进行粘贴碳纤维布时,转角外表面处打磨成曲率半径不小于 20 mm 的倒角,以免碳纤维布沿其纤维方向弯折时导致应力集中和纤维丝折断,影响强度发挥。

(2)当受弯构件粘贴多层碳纤维布允许截断时,相邻两层碳纤维布宜按内短外长的原则分层截断;外层碳纤维布的截断点宜越过内层截断点 200 mm 以上,并在截断点加设 U 形箍(梁)或压条(板),这样有助于防止内层碳纤维织物剥离。

(3)碳纤维加固施工质量验收检查时,总有效黏结面积不应低于 95%;当碳纤维布的

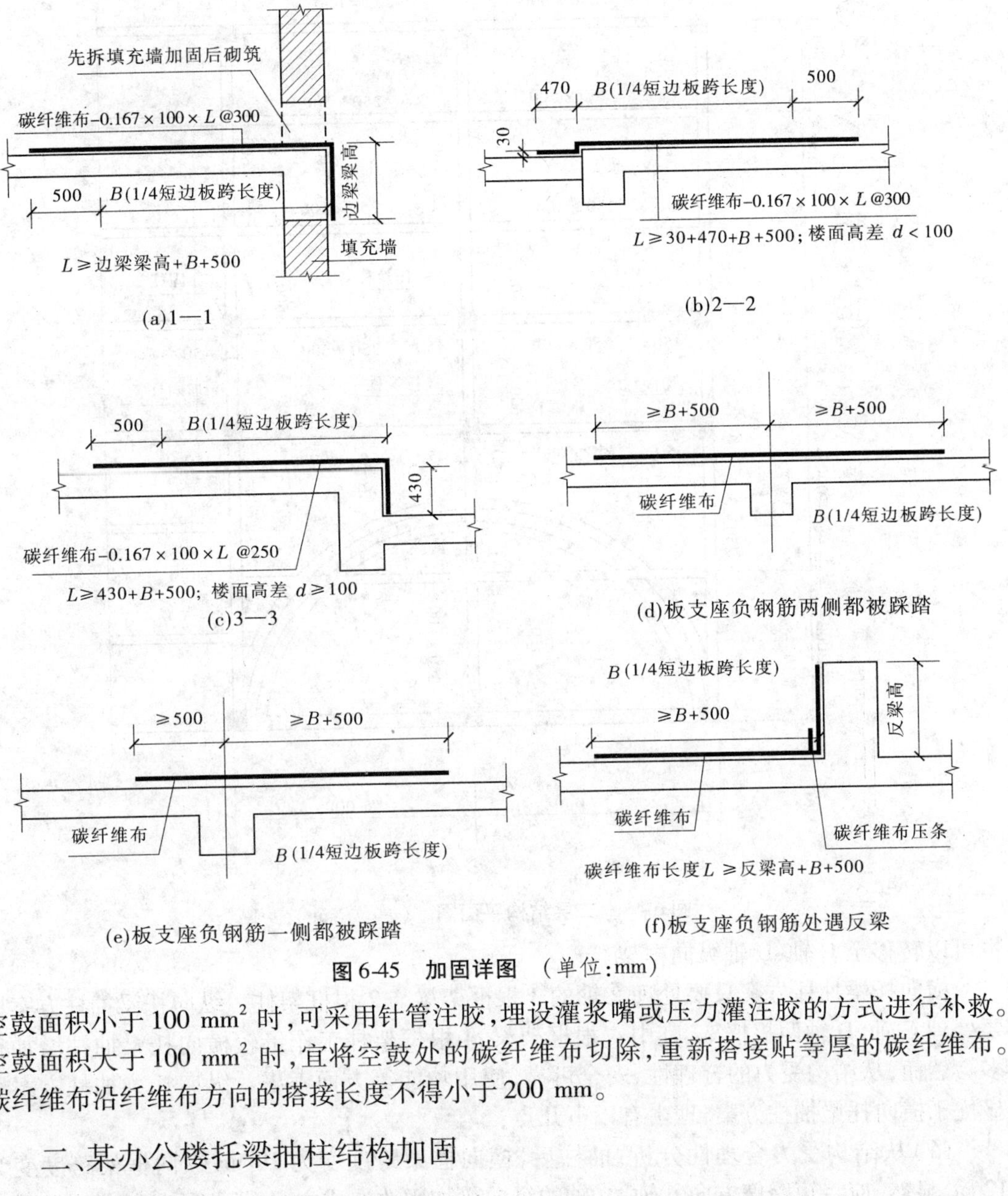

图6-45　加固详图　(单位:mm)

空鼓面积小于 100 mm^2 时,可采用针管注胶,埋设灌浆嘴或压力灌注胶的方式进行补救。空鼓面积大于 100 mm^2 时,宜将空鼓处的碳纤维布切除,重新搭接贴等厚的碳纤维布。碳纤维布沿纤维布方向的搭接长度不得小于 200 mm。

二、某办公楼托梁抽柱结构加固

(一)工程概况

某办公楼托梁为两层现浇混凝土框架结构形式的建筑物。二层结构平面布置见图6-46,基础为柱下独立基础,地基承载力特征值为 180 kN/m^2。混凝土强度设计等级 C25,地震烈度Ⅵ度(0.05g),场地类别二类,框架抗震等级 4 级。现要求将二层①至③轴间功能由办公楼改为大空间会议室,拟将②轴上中间过道处两根框架柱抽除。

(二)托梁抽柱方案的比较与选择

1. 平面结构布置的比较与选择

原结构为纵横框架体系。抽柱后,由原柱承担的屋面荷载可以转移至②轴横向框架,

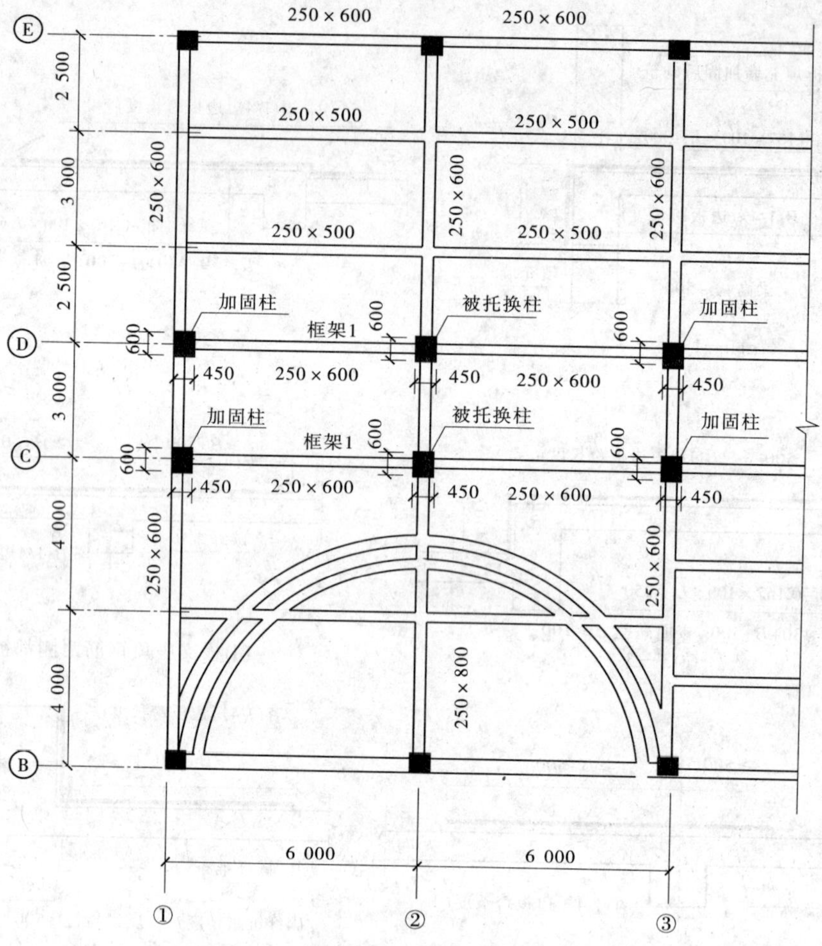

图6-46　二层结构平面图　（单位：mm）

也可以转移至C轴、D轴纵向框架。

横向托梁抽柱方案只要处理②轴的3根框架梁与2根框架柱。纵向托梁抽柱方案则要处理C轴、D轴两榀框架，其中4根框架梁、4根框架柱工作量较横向托梁抽柱增加很多。然而，从结构受力的合理性、安全可靠、使用功能等方面考虑。纵向托梁抽柱方案明显优于横向托梁抽柱方案，理由有以下几点：

（1）从结构受力合理性分析：抽柱后，横向框架跨度变为19 m，纵向框架跨度变为12 m。显然，应将短跨度方向⑥轴、⑨轴的纵向梁加固改造成主梁，承担原柱的集中荷载。

（2）从使用功能方面考虑：抽柱后，横向框架跨度为19 m，纵向框架跨度为12 m，加固改造后的梁截面高度尺寸相差很大。纵向托梁抽柱后梁底净空高度尺寸更大，会议室使用功能效果更好。

（3）从安全可靠角度分析：横向托梁抽柱后，由原来两根柱承担的荷载将由②轴一根梁与2根柱承担。纵向托梁抽柱后，则原来的荷载将由C轴、D轴的2根梁、4根柱分担，被加固改造梁荷载增加量小，承载能力补强提高幅度小，无论是梁柱还是基础，易于加固处理，安全可靠度高。

2. 托梁加固改造方案的比较与选择

该工程改造的关键是托梁加固处理。托梁加固改造可以有下面几种方法：

(1)在原梁底增加一定高度的叠合梁加固原梁。

(2)在原梁顶增加一定高度的叠合梁加固原梁。

(3)在屋面上加一新做的钢筋混凝土梁，采用悬吊的方式将由原柱承担的荷载转移至新加的钢筋混凝土梁上。

(4)在屋面上加一新做钢梁，原理同(3)。

(5)利用原梁采用三面混凝土围套的方式加固原梁。

(6)三面围套加大截面，内配预应力筋加固。

结合试算结果分析，方法(1)、(2)需将原梁 $b \times h = 250\ \mathrm{mm} \times 600\ \mathrm{mm}$ 的基础上再叠合 550 mm。梁的高宽比 $h/b = 1\ 150/250 = 4.6 > 4$，已不满足《混凝土结构设计规范》(GB 50010—2002)第 11.3.5 的要求。向下叠加 550 mm，梁下净高减少很多，使用不利。梁上叠加 550 mm，影响屋面排水处理。方法(3)、(4)采用屋面反梁悬挂，一方面影响屋面排水，另一方面结构受力对抗震不利，无法满足抗震要求。同时，无论是悬挂节点还是梁柱节点的处理很复杂且效果差。方法(5)采用三面围套加大截面。试算结果 $b \times h = 550\ \mathrm{mm} \times 950\ \mathrm{mm}$ 尺寸能满足规范要求，梁下高度增加不是太多，对净空高度影响不大，梁柱接头抗震效果好，加固梁与原框架梁（改造后的次梁）的主次梁接头都易于处理，安全可靠。在板面间隔开凿洞口作为梁混凝土注入口，混凝土浇筑梁操作方便，施工质量易于保证。方法(6)是在方法(5)的基础上，用高强钢绞线取代一部分普通钢筋，并进行张拉。该方法可以进一步降低梁截面高度，张拉反拱可适当抵消一部分梁体变形，提高托梁抗裂能力，减少普通钢筋根数，便于施工，有利于梁柱接头钢筋锚固。然而，由于该工程地处山区预应力施工不便，外墙幕墙装饰也不允许端头锚固块凸出，因而只得放弃此方案。

经过上述分析比较，该工程托梁加固改造方案最终选择三面围套加大截面的方法（方法(5)）进行。

(三)托梁抽柱改造设计

根据上述确定的结构改造方案，利用结构计算简图（见图 6-47）及运用PKPM 软件分别进行计算得到内力图。通过计算发现，原结构⑥轴、⑩轴屋面梁、① × C、③ × C、① × D、③ × D 轴柱及其基础等构件均不能满足改造的结构安全要求，需要进行结构补强加固。

因此，该改造工程设计将从基础加固、框架柱加固、托梁加固、梁柱节点等四个方面展开。

1. 基础加固设计

原框架柱基础为柱下独立基础，置于天然地基上。抽柱后原柱承担的荷载转移至两边柱及其下基础。计算结果是两边柱基础需要增加底面积 1.2 m^2，原基础底板厚度与配筋均满足新基础的要求。沿框架梁方向，将原基础两面对称加大基础宽度，确保净增基础底面积不少于 1.2 m^2。新增基础底板钢筋采用植筋方式自原基础底板植入，基础底板钢筋的植入深度必须满足《混凝土结构加固设计规范》(GB 50367—2006)的规定，经计算确定为 $30d$。

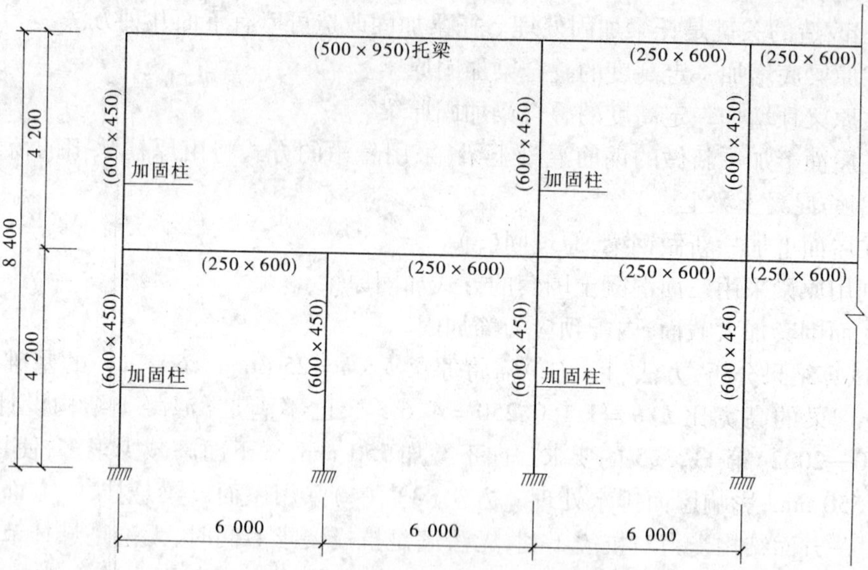

图 6-47　框架 1 立面图　（单位:mm）

2. 柱加固设计

柱加固采用增大截面法。增大截面法,一方面能大幅度提高柱承载能力,另一方面在柱内侧加大截面还可以增加托梁纵向钢筋的锚固长度,增强梁柱端节点的抗震变形能力。原柱截面尺寸为 450 mm × 600 mm,混凝土强度等级为 C25。根据现场实际情况,加固柱只能在柱内侧加大截面宽度。运用 PKPM 电算,计算时混凝土设计等级取与原设计相同的 C25(实际施工时选用 C30,提高一个等级)。通过计算,只要柱内侧宽度增加 200 mm 即可满足承载力要求。

为了进一步加强加固柱新老混凝土之间的结合能力,应提高加固柱的斜截面承载能力和延性,保证抗震性能。在柱的新老混凝土接触面上加植 ϕ16 剪力栓,混凝土强度等级较原设计提高一级。新加混凝土达到设计强度后再沿柱高间隔粘贴一层碳纤维布横向箍条。

3. 托梁加固设计

托梁是该工程的最重要的部位。托梁设计不仅要充分考虑结构的承载能力要求,也要结合现场实际情况充分考虑施工的可行性和施工质量的保证。

托梁采用三面围套加大的截面进行加固。运用 PKPM 电算时,混凝土设计强度等级按原设计 C25 考虑（实际施工时按 C30 选用）。设计计算时,在充分满足其正截面和斜截面承载能力的同时重点控制其裂缝宽度及挠度变形值,并尽可能在满足规范要求的基础上提高控制标准。该工程确定最大裂缝控制在 26 mm(l/400)以内。梁截面及配筋见图 6-48。

梁内纵向钢筋较多,为了更好地解决这个问题,最终确定将梁的宽度在满足设计计算的同时继续加宽,与柱同宽(b = 600 mm,在原梁截面每边加大 175 mm)。这样,既方便了梁纵向钢筋的布筋与植筋,也方便了梁的浇筑,保证混凝土的施工质量,同时还增强了梁的刚度。

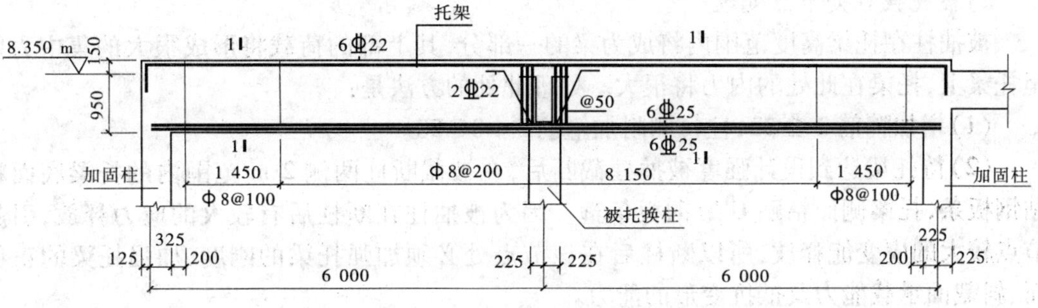

托梁配筋图

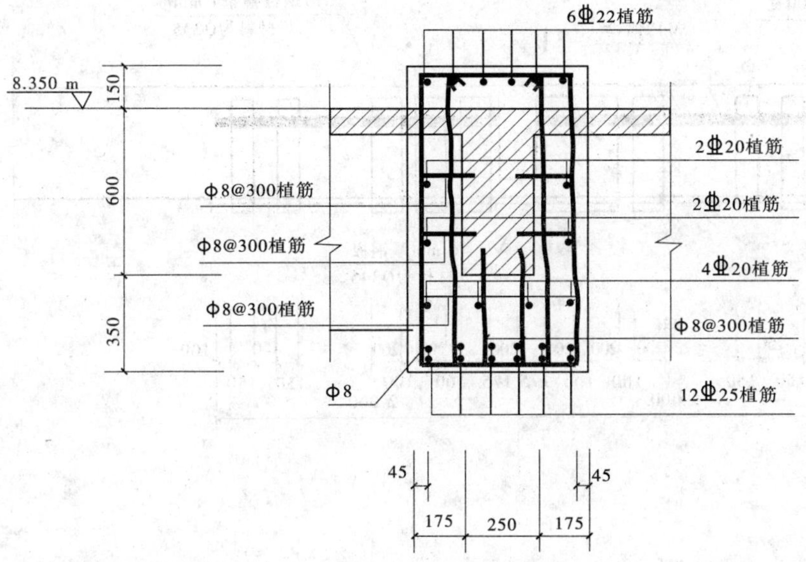

1—1

图6-48　梁截面及配筋图　(单位:mm)

由于原梁板上部钢筋已很多,梁支座负筋如果在原板面植筋则相当困难。为了解决这个难题,利用屋面保温层厚度将托梁截面高度向板面上加高 150 mm,梁上部钢筋弯折后植入加固柱中。由于梁加高部分在屋面上,这样既不影响结构的使用功能,又方便了施工,同时也增强了托梁的承载能力。托梁斜截面设计时,箍筋采用四面围套式封闭箍筋。在原梁外围形成独立的封闭的四肢箍,同时在原梁下加植 U 形箍筋,在原梁的两侧及底面、顶面加植剪力栓加强托梁新老混凝土的结合能力。

4. 托梁换柱节点设计

1) 托梁两端梁柱接头处理

为了使托梁新增混凝土与原框架柱既有混凝土很好地结合,在原框架柱上托梁范围内加植 ϕ 20 剪力栓。原混凝土在新老混凝土接触范围内表面进行凿毛处理,凹凸度不小于 5 mm。

2)被托换柱处节点处理

被抽柱在托梁高度范围内将成为梁的一部分，其上部的荷载将形成很大的集中力传至托梁上，托梁在此处的内力将很大。处理此处的方法是：

(1)增加鸭筋 2 Φ22，柱每侧附加箍筋 3 φ8@50。

(2)待托梁达到设计强度被抽柱截断后，在被截断柱两侧 2 m 范围内的托梁底面粘贴钢板条，托梁侧面粘贴 U 形钢板条箍。因为被抽柱在断柱后有较大的应力释放，引起节点较大的应变能释放，所以断柱后在该节点处必须加强托梁的刚度、加强托梁的正截面、斜截面承载能力及抵抗变形的能力。

该工程采用(2)柱节点处理方法，具体见图 6-49 托梁粘贴钢板图。

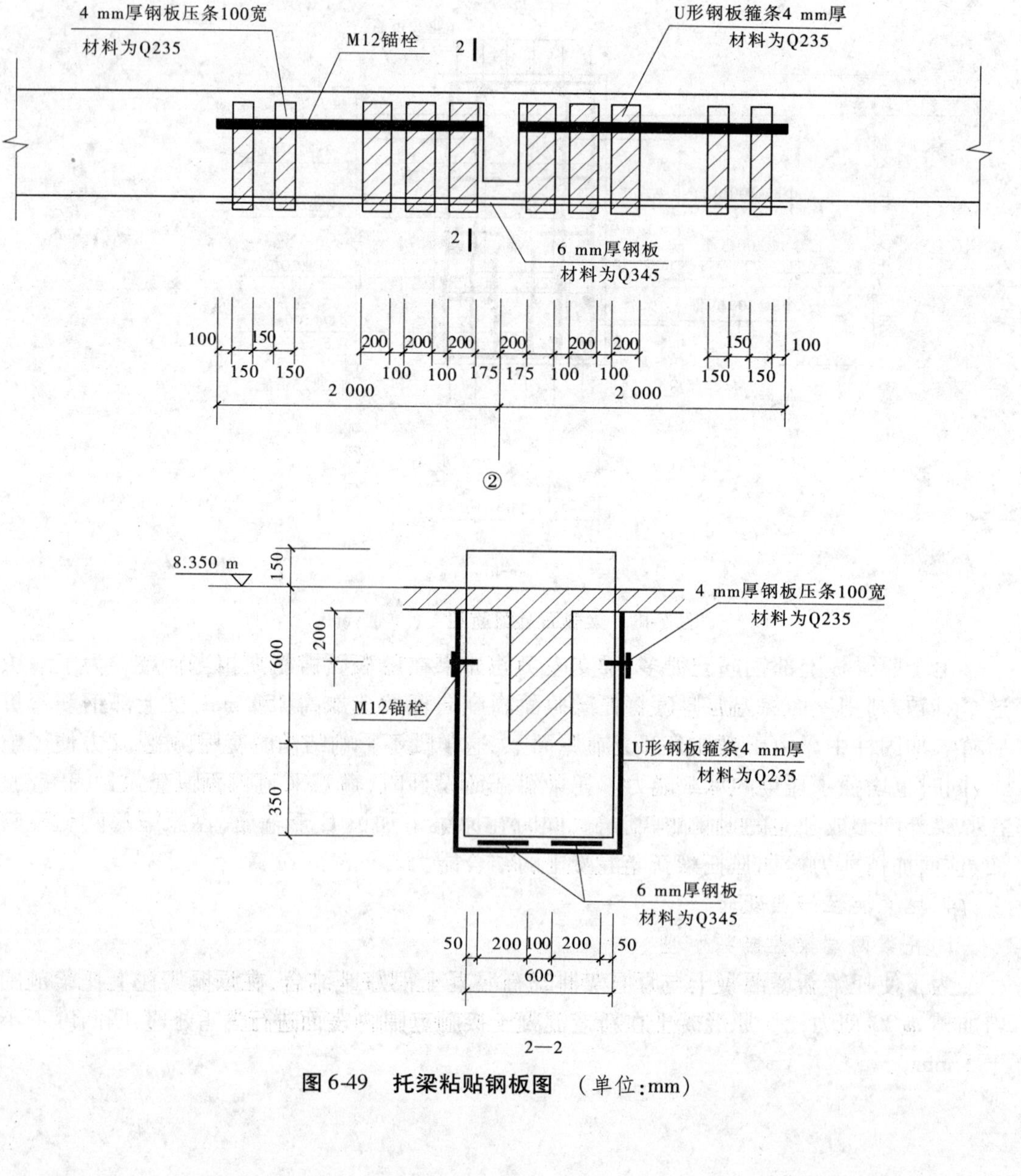

2—2

图 6-49 托梁粘贴钢板图 (单位：mm)

三、某楼板、剪力墙开孔方案

A 楼开 2.2 m×2.2 m 方孔、板厚 14 cm,B 楼开 1.6 m×0.5 m 方孔、板厚 25 cm,以及各种直径的管线孔,拟采用圆盘踞切割机或钻石钻孔机打排孔两种方案进行施工。

(一)施工程序

1. 楼板开孔施工程序

楼板开孔施工程序为:开孔定位—打锚栓孔—安装吊环、支架和导链—分块切割—拆除混凝土块—清理工作面。

1)开孔定位

根据图纸要求确定开孔位置,放线、作出施工标记。

2)打锚栓孔

用电锤在被分块的混凝土块上打直径为 30 mm 的孔,用于安装承重吊环。

3)安装吊环、支架和导链

根据施工需要在开孔处上部安装导链支架,支架长度大于开孔的断面尺寸高度约 1.5 m,在被切割的混凝土块上安装两个吊环,用导链(5 t)来承重,安装好后方可进行切割施工。

4)分块切割

采用 BFS100 混凝土切割机(适用于板厚不大于 160 mm)或 ZIZH－2000 型钻石钻孔机施工。分块根据混凝土厚度现场确定,设备参数详见表 6-3、表 6-4。

表 6-3　BFS100 混凝土切割机技术参数

技术参数	单位	数值(型号)
长×宽×高(不带扩展臂) (不带水箱)	mm	1100×490×1060 1100×490×940
干燥重量(带刀片)	kg	93
工作重量(质量)	kg	108
刀片直径	mm	450(350)
中心孔直径	in(mm)	1(25.4)
圆周速度	m/s	67(53)
刀片旋转次数	次/min	2860
最大切割深度	mm	155
发动机种类		汽油发动机
制造商		本田
型号		GX390K1SX
活塞排量	cm^3	389
最大输出功率	kW(HP)	9.6(13.0)

续表 6-3

技术参数	单位	数值(型号)
额定输出功率	kW(HP)	9.6(13.0)
燃油		普通级无铅汽油
耗油量	L/h	1.8
燃油箱容积	L	6.5
耗水量	L/h	100
水箱容积	L	25
功率传输		通过V形皮带从发动机传达室至刀片

表 6-4 ZIZH-200 型钻石钻孔机技术参数

技术参数	单位	数值
电源		220 V,50 Hz
输入功率	kW	2.2
钻机质量	kg	19.2
钻孔深度	mm	0~400
钻孔直径	mm	25 ~200
输出转矩	N·m	≥18
输出转速	r/min	910

5)混凝土拆除

混凝土切割后,用导链吊至下层楼板处,并用膨胀剂作粉碎处理。

6)清理工作面

用小车将混凝土废渣运至监理指定处。

2.剪力墙施工程序

剪力墙施工程序为:开孔定位—安装钻孔机—钻孔施工—孔面处理。

1)开孔定位

开孔定位与楼板孔相同。

2)安装钻孔机

根据各孔现场情况安装钻机固定杆和钻机。

3)钻孔施工

钻孔径为 102 mm 的钻孔施工见图 6-50。

4)孔面处理

采用磨光机进行切面整平处理。

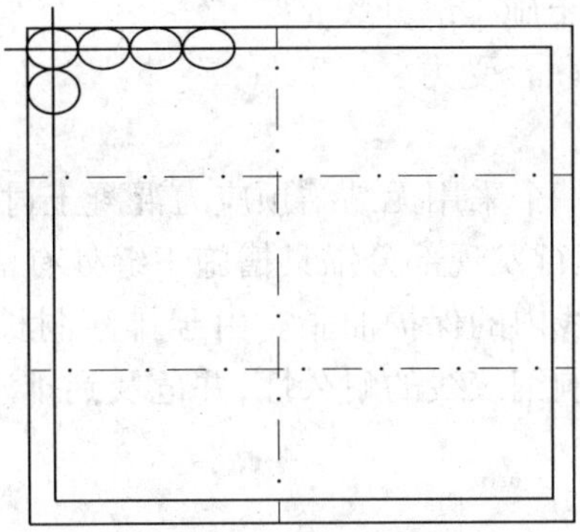

图6-50　钻孔施工示意

3. 各规格穿墙、板管线孔施工程序

各规格穿墙、板管线孔施工程序为:开孔定位—安装钻孔机—钻孔施工。

(二)质量保证体系及安全措施

施工时,应采取的质量保证体系及安全措施如下:

(1)从最上层向下逐层施工,将拆除楼板置于下层,并于下层施工之前运离洞口。

(2)在预开孔洞下方或侧向设置警戒区和警示牌,施工时严禁人员进入。

(3)在预开楼板孔洞上方设置钢架,中心安装导链(≥3 t),并在预拆除楼板上设置可靠锚固吊钩,以便安全地将拆除掉的楼板置于下层。

(4)在预开楼板孔洞正下方设置防护垫,防止钻芯下落大力冲击楼板。

四、排沙洞锚具槽漏油处理加固

(一)工程概况

小浪底水利枢纽的三条排沙洞是泄水建筑物中运用较为频繁的隧洞,担负着水库排沙、泄洪的任务,是解决黄河高泥沙水流问题的重要工程措施。最高运行水头122 m,为满足排沙洞高水头、高含沙、高流速的运行要求,通过多种试验,反复论证,最终确定在小浪底排沙洞采用双环绕无黏结预应力混凝土衬砌方案。

预应力衬砌段布置在防渗帷幕与出口闸室之间,应用总长度达2 169 m,为洞身总长的76.57%,预应力混凝土浇筑的分块长度为12.05 m,三条洞共浇182块。混凝土强度等级为C40,预应力混凝土浇筑厚度为0.65 m,内径6.5 m,沿洞轴向预应力筋间距为0.45 m,每束预应力含8根无黏结筋,每根无黏结筋包括聚氯乙烯保护层、防腐油脂和1860级7 $\phi^{s}5$ 高强低松弛钢绞线,无黏结筋分内外两层布设在衬砌混凝土中,两层距离80 mm,无黏结筋绕洞两圈在锚具槽内锁定。锚具槽尺寸为1.54 m(长)×0.30 m(宽)×0.25 m(高),在隧洞底120°范围4个位置交错布置。将无黏结筋直接埋入混凝土中,张拉前要剥离其塑料套管和除油,张拉后,对裸露钢绞线要作涂油防腐包括密封处理。每仓混凝土两侧各有12块锚具槽。

(二)排沙洞锚具槽渗油的主要原因和处理必要性

1. 排沙洞锚具槽渗油的主要原因

(1)锚具槽二期混凝土回填不实;

(2)锚具槽一、二期混凝土施工缝开裂;

(3)一、二期混凝土不能联合受力。

2. 处理必要性

小浪底排沙洞是我国第一个采用无黏结预应力混凝土衬砌的水工隧洞,自1999年投入使用以来,经过7年多的运行发现部分锚具槽施工缝处有油脂和水渗出。分析认为,这些油脂来自预应力环锚钢绞线内的保护油脂。由于排沙洞长期处于高水位下运行,锚具槽长期渗油和渗水将直接影响钢绞线的耐久性,并危及到排沙洞的安全。

3. 锚具槽结构

锚具槽布置见图6-51。

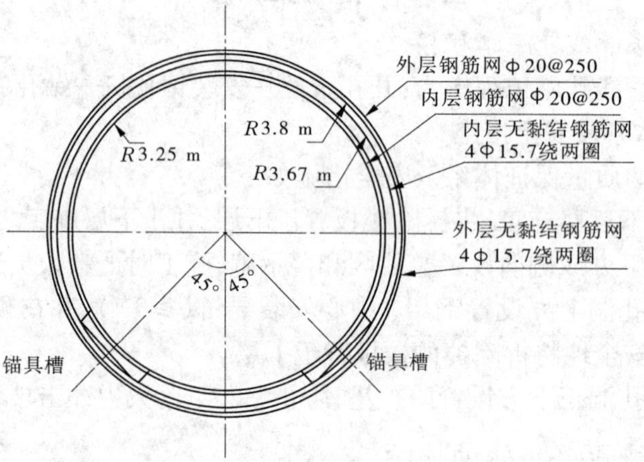

图6-51 锚具槽布置 (单位:mm)

(三)总体处理方案

考虑到排沙洞在高水位运行时在锚具槽施工缝处产生较大的拉应力,为提高锚具槽处理后的可靠性和施工缝间的抗拉强度,采用对施工缝进行内部化学灌浆、表面粘贴碳纤维布加固的综合处理方案。总体施工方案见图6-52。

(四)施工材料选择

1. 灌浆液

对于内部灌浆材料,为适应锚具槽渗油这一特点,提高施工缝间的强度和填充混凝土内部缺陷,采用KLY-G1型双组分环氧灌浆液。该灌浆液具有黏度低、可灌性好、渗透力强、黏结力好、强度高等特点,耐水、耐油。其性能指标见表6-5。

2. 外部加固材料

1)碳纤维加固

锚具槽表面加固材料采用双向碳纤维布进行加固。

碳纤维材料是土木工程中的一种新材料,碳纤维为极细的纤维,其单位强度高但直径小,由黏结树脂结合成一体后在纤维方向上具有很高的抗拉强度。其特性除强度高外,抗腐蚀性佳,没有疲劳老化现象。将碳纤维布用黏结树脂沿施工缝垂直方向粘贴在混凝土

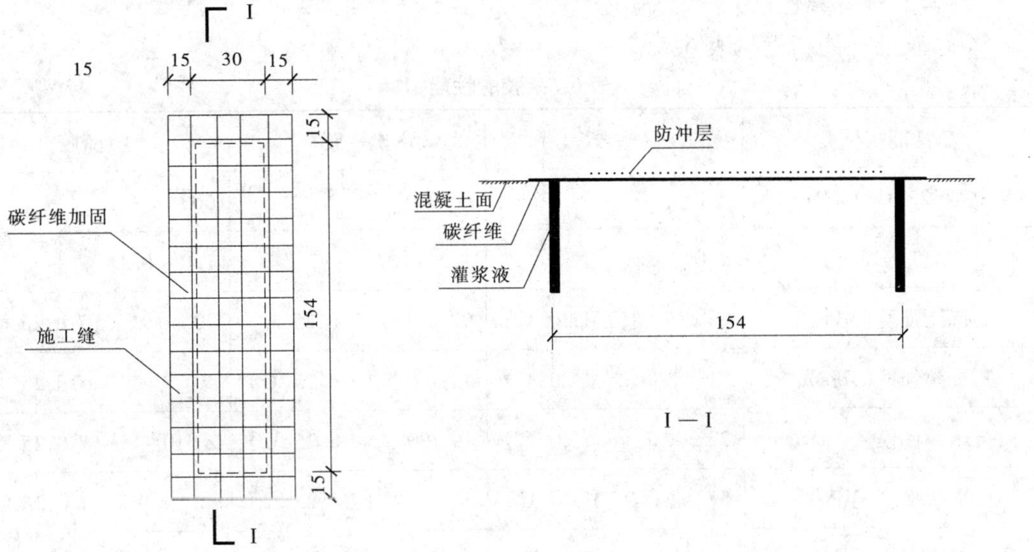

图 6-52　总体施工方案　（单位:cm）

表 6-5　KLY-G1 型环氧浆液性能指标

性能指标	比重	本体强度(MPa)		与混凝土黏结强度(MPa)	固化收缩率	耐久性	优点
		抗压	抗拉				
数值	1.05~1.15	≥60	10~15	≥3	0.15%左右	优良	有弹性

表面,黏结剂作为其加固修补的传力媒介,形成新的复合体系共同受力,增强了原有结构的抗拉或抗剪能力,能有效地提高强度、刚度、抗裂性,还可以将结构裂缝密闭。

在构造物的加固设计上,原则上应避免两种性质差异过大的材料结合在一起,而碳纤维的抗拉强度高(约为钢筋的 10 倍,见表 6-6),并且其弹性模量却与钢筋相差不多。由钢筋混凝土的使用经验判断,碳纤维用于钢筋混凝土上不会有搭配上的问题,因此可以用于弥补钢筋混凝土内钢筋抗拉不足的部分。

表 6-6　碳纤维与混凝土、钢筋的性能比较

性能指标	混凝土	钢筋	碳纤维
弹性模量(GPa)	2.5	200	230
强度(MPa)	20	300~400	3 000~3 500
延展性	0.2%~0.3%	5%~10%	0.9%~1.5%
热膨胀系数	10×10^{-6}	11×10^{-6}	0.5×10^{-6}

2）碳纤维材料性能

（1）胶的性能指标见表6-7。

表6-7　胶的性能指标

性能指标	底胶	找平胶	浸渍胶
初黏度（25 ℃）（mPa·s）	200	65 000	600
密度（g/cm^3）	1.0～1.2	1.5～1.7	1.0～1.2
抗压强度（MPa）	84　（7 d，20 ℃）	92　（7 d，25 ℃）	70.46　（7 d，25 ℃）
抗拉强度（MPa）	21　（7 d，20 ℃）	13.6　（7 d，25 ℃）	40　（7d，25 ℃）
抗压弹性模量（MPa）	22 300　（7 d，20 ℃）	19 700　（7 d，25 ℃）	2 310　（7 d，25 ℃）
抗弯强度（MPa）	51　（7 d，20 ℃）	33　（7 d，25 ℃）	52　（7 d，25 ℃）
无约束线性收缩	0.103%　（7 d，20 ℃）	0.022%　（7 d，25 ℃）	0.005%　（7 d，25 ℃）

（2）碳纤维性能指标见表6-8。

表6-8　碳纤维性能指标

性能指标	质量型号		
	CXS－200	CXS－300	CXS－450
纤维方向	单向	单向	双向
纤维质量（g/m^3）	200	300	450
理论厚度（mm/层）	0.111	0.167	0.25
抗拉强度（MPa）	3 500	≥3 500	≥3 500
弹性模量（MPa）	2.1×10^2	≥2.1×10^5	≥2.1×10^5
伸长率（%）	≥1.1	≥1.1	≥1.1
幅宽（cm）	15～60	15～60	15～60
长度（m）	100	100	100

（五）施工

施工依据排沙洞锚具槽漏油处理技术要求。

施工参考规范有《水工建筑物水泥灌浆技术规范》（DL/T 5148—2001）、《碳纤维片材加固修复混凝土结构技术规程》（CECS 146：2003）、《粘贴碳纤维增强复合材料加固混凝土工程施工与验收暂行规定》。

施工工艺流程为：锚具槽漏油情况调查—钻孔—洗缝—封缝—压风、检查、修补—灌浆（补灌）—待凝—封孔—打磨、清理基面—基面修补、找平—涂刷底胶—贴碳纤维—防冲层施工。

1. 处理前漏油情况调查

处理前进行现场调查，将锚具槽漏渗油情况按严重、较严重和一般分类，作好详细记录。

2. 钻孔

钻孔施工以骑缝孔为主、斜孔为辅。骑缝孔孔距为30~40 cm，4个顶角及两侧施工缝布骑缝孔10个；顶、底施工缝各布斜孔2个，严格控制开孔位置。施工时注意保护钢绞线和锚具，禁止在锚具槽中部钻孔。斜孔施工从锚具槽施工缝内侧向外钻孔，钻孔角度控制在45°左右，以保证钻孔能穿过施工缝。施工缝上部从上向下钻孔，以保证施工缝上部灌浆质量。

3. 洗缝

在切缝嵌缝之后进行洗缝。采用丙酮清洗内部缝面，仔细观察并记录灌浆孔和缝的冲洗情况。结束标准为丙酮内没有油的成分。洗缝工作完成后用空压机吹出锚具槽内丙酮。

4. 封缝

为提高灌浆质量，在施工缝处用环氧胶泥和环氧基液对施工缝进行封闭，以确保灌浆效果。

5. 压风检查

通过压风检查封缝质量。

6. 灌浆施工

(1)灌浆压力不大于1.2 MPa，灌浆以相邻灌浆孔出浆为结束标准，上部灌浆孔的灌浆以进浆量<0.01 L/min后稳压5~10 min为结束标准。

(2)灌浆顺序由低到高逐孔灌注，直至灌完锚具槽所有孔。

(3)补充灌浆：灌浆结束2~3 d后，检查各灌浆孔，对未灌满的孔和锚具槽上部的孔以及灌浆时进浆较少的孔或灌浆时间较短的孔进行补灌，或另行布孔补充灌浆，以提高灌浆质量。

7. 封孔

灌浆后在封孔时要将孔内灌浆塞清理干净，观察浆液的固化、充填、黏结情况。封孔材料采用环氧砂浆。

8. 碳纤维加固施工

碳纤维加固施工程序为：施工准备—混凝土表面处理—施工面找平—涂底胶—粘贴碳纤维布(两面涂浸渍胶)—表面保护。

1)混凝土表面处理

灌浆结束待凝后，除掉锚具槽混凝土表面强度较弱的风化层、污物、脱模剂层、浮浆；用磨光机打磨施工面。

2)施工面找平

在表面凹陷、出现高差等部位涂胶，用找平胶找平，待找平胶表面指触干燥时即进行下一步工序施工。

3)涂底胶

(1)准确计量配制底胶、搅拌均匀,根据实际气温决定用量并控制使用时间。

(2)根据碳纤维布的尺寸将底胶均匀涂刷于混凝土表面,待胶固化后,再进行下一工序。

4)贴碳纤维布

(1)按设计要求尺寸及层数裁剪碳纤维布。

(2)将浸渍胶调配好,均匀涂抹于待粘贴部位。

(3)粘贴碳纤维布、涂胶,用滚筒反复滚压,去除气泡,并使浸渍胶充分浸透碳纤维布。

(4)碳纤维布搭接长度不得小于 100 mm。

5)表面防护

为提高碳纤维布表面的防冲性能,在碳纤维布表面用浸渍胶、铸石粉、细砂做耐磨防冲层,厚度为 1 ~2 mm。

五、某公司桁车梁、柱加固

(一)工程概况

某公司因桁车加建,须在一层平面④ ~ ⑦与Ⓗ ~ Ⓙ区域增设一台 3 t 的桁车,需对该区域相应的梁、柱进行加固处理。施工及所用材料要求按照业主提供的设计图进行。

(二)新浇混凝土梁、柱施工

(1)新浇混凝土梁、柱施工工序为:墙体拆除—地面凿除—植筋—钢筋绑扎、模板支护—浇筑 C35 混凝土。

(2)拆除影响柱浇筑的部分墙体,按新浇梁宽度要求破除地面,清除柱面粉刷层。

(3)植筋。

①按图纸要求植入相应规格的钢筋(一级、二级和三级钢筋)。

②钻孔深度、钻孔直径按规范要求进行。

③施工顺序:钻孔—清孔—注胶—旋转插入钢筋—固化。

④钻孔应钻在坚硬混凝土面上,按图纸位置钻孔至要求深度。用吹气泵清除孔内灰尘,用注胶枪注入植筋胶至孔深 2/3 处,旋转插入钢筋(钢筋表面锈蚀的要除锈)直至植筋胶被钢筋挤压冒出孔口,插入钢筋时应尽量保持钢筋垂直,植入后严禁扰动钢筋直至完全固化。

⑤植筋时应在梁、柱相应部位植入拉结筋。

(4)植筋完成后,进行模板支护,绑扎钢筋时将两侧端待浇柱面钢筋一起绑入,先浇梁、后浇柱。

(5)现场配制 C35 混凝土,浇筑时应振捣密实。

(三)柱角包钢

柱角包钢加固见图 6-53。

(1)施工工序:清除粉刷层—基层处理—抹乳胶砂浆—贴角钢—钢缀板焊接—表面防护。

(2)清除柱面粉刷层,露出坚硬混凝土面;柱角地面破除,开挖至基础。

(3)基层处理包括清理、基层界面处理、型钢表面除锈等。

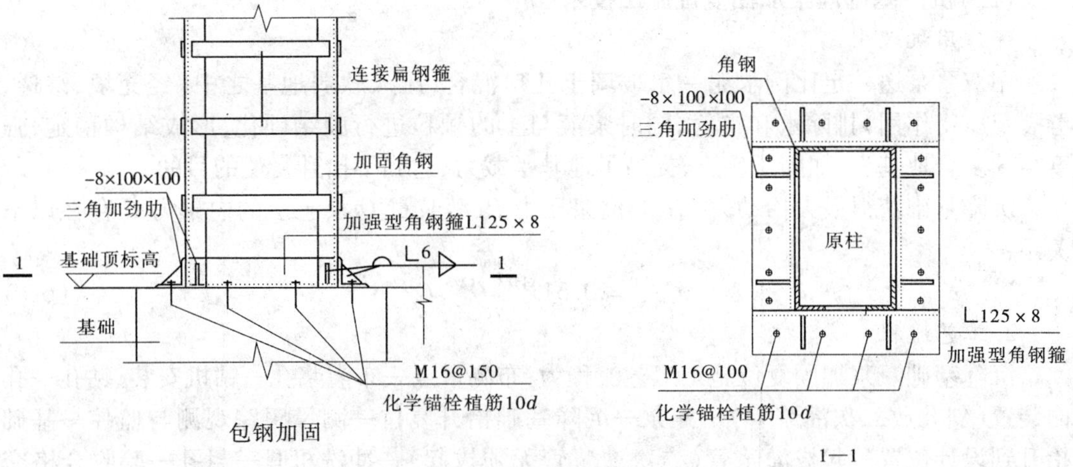

图 6-53　柱角包钢加固示意

(4)抹 5 mm 厚乳胶砂浆,乳胶含量 15% ~20%;贴角钢,在两个方向用夹具固定;在乳胶砂浆初凝前(约 1 h)完成钢缀板焊接;柱脚处用乳胶砂浆抹平,3 h 后,粘贴角钢使包钢与基础连接成一个整体。

(5)型钢表面防护采用防锈涂料及防火涂料进行。

(四)牛腿预埋板施工

(1)牛腿预埋板施工工序为:表面处理—植筋—支模浇筑—包钢加固—表面处理。

(2)清除待施工面粉刷层、打毛处理。

(3)按图纸要求植入钢筋,植筋工艺同(二)新浇混凝土梁柱施工。

(4)钢筋绑扎时焊接埋板,按标高要求支模,浇筑混凝土时应振捣密实。混凝土用无机灌浆料,1 d 强度达 C25,2 d 强度可达 C40。

拆模后,清除混凝土表面浮浆及脱模剂,进行包钢加固,包钢加固方法同(三)柱角包钢。

六、二次灌浆在沉降地基基础灌浆复位加固施工中的应用

(一)工程概况

某丝绸厂厂房建于 20 世纪 80 年代,由于各种原因抽丝车间基础部分(第二、三、四组)出现不均匀沉降,下沉量多在 20 ~45 mm。尤以第三组最严重:基础下沉、发生挠曲变形。严重影响抽丝机正常运行和使用寿命,需进行灌浆加固和沉降基础复位处理。工程于 2003 年 6 月在保证正常生产的前提下进行。布孔 31 个(直孔 27 个、斜孔 4 个),灌浆进尺 146.2 m,消耗水泥 73 t,水玻璃 22.8 t,稳定抬升 53 mm,沉降基础抬升量和整条基础平整度符合规范要求,工程质量满足业主要求。

(二)质量要求

(1)灌浆加固后复合地基土承载力 $f_{ak} \geqslant 150$ kPa,确定沉降基础不再继续下沉。

(2)灌浆复位:各沉降点的抬升量必须达到沉降量的 85%,并保证整条条形钢筋混凝土基础的平整度。

(三)沉降基础灌浆加固复位施工技术

1. 作用机理

用双泵泵送一定比例水泥-水玻璃于孔口混合,压入软弱地基之中(经充填、渗透、劈裂及压密作用)排除水和空气,同时浆液与土的颗粒进行胶结硬化,形成结构稳定、强度高的复合地基土,加固了软土,提高了地基承载力,达到了抬升复位的目的。

沉降基础获得最大抬动力 F_{max} 与灌浆压力 P、灌浆量 Q 及土层的内聚力 C 存在以下关系:

$$F_{max} = 0.31P^{5/3}\ Q^{2/3}\ C^{3/2} \tag{6-1}$$

2. 工艺流程

沉降基础灌浆加固复位施工工艺流程为:布测量点—布灌浆孔—钻机安装、钻孔—孔内装置(斜孔放二次灌浆管)—灌浆—沉降基础抬升复位—测量跟踪观测与监控—基础抬升到设计位置—起拔灌浆管(二次灌浆管无须拔起)—冲洗机具—封孔—验收合格交付使用。

3. 灌浆加固复位施工

1)测量观测点布设和施工测量监控

为了对沉降基础进行沉降观测,建立合理的观测网,其中在抽丝机底座地脚螺栓(与沉降基础连接)上布置沉降观测点14个(左右各7个)。在灌浆过程中,对沉降基础进行跟踪测量观测与监控,当观测点数据发生变化时,及时调整灌浆参数或改变灌浆位置,直到基础抬升量达到设计要求范围为止。

2)灌浆孔的布设

结合工程实际,沿基础东西两侧距风道一般0.3~0.4 m布置直孔,孔距1.0~1.5 m,斜孔只能在沉降基础西侧布置4个灌浆孔。

3)灌浆施工顺序

先加固四周回填土,后用斜孔及二次灌浆加固基础中心抬升复位;在直孔灌浆时,先对基础沉降量大的中间部位,后对基础下沉量不大的两端进行灌浆加固。采用大跳距施工,避免局部灌浆抬升过大引起基础变形过大甚至断裂。

4)成孔技术

直孔用GY-1钻机成孔,厂房混凝土板采用硬质合金清水钻进,土层用锤击成孔,斜孔用MG-50锚杆钻机成孔。孔深以进入老土0.5 m左右为宜,并且灌浆孔必须在沉降基础底部及其周围。

5)加固范围

横向加固范围为沉降基础以外1.5~2.0 m,纵向加固范围自厂房混凝土底部老土以下0.5 m。

6)浆量估算

考虑加固范围土层的空洞和孔隙体积,灌浆量可按下式计算:

$$Q = KmVBn \tag{6-2}$$

式中　Q——灌浆量,m^3;

K——浆液损耗系数;

m——浆液结石率；

V——灌浆加固体积，m^3；

B——浆液充填系数；

n——受灌地层的孔隙率。

7）灌浆材料

灌浆材料有：R32.5 普通硅酸盐水泥，波美度 35 ~ 45、模数 2.4 ~ 3.4 的水玻璃，厂区自来水。

8）灌浆方法

采取双液法，自下而上逐段拔管进行，当某一灌段的灌浆量达到设计灌浆量时或灌浆压力持续 30 min，结束该段灌浆，往上提 0.4 ~ 0.5 m，继续进行上一段的灌浆，直至混凝土底部为止。

9）灌浆压力选择

允许灌浆压力 p（MPa）可按下式计算：

$$p = 1/10K\rho h \tag{6-3}$$

式中 K——系数，可采用 1.5；

ρ——受灌地层密度，t/m^3；

h——灌浆段上面土的厚度，m。

实际生产中，经灌浆试验后，灌浆压力选择 0.4 ~ 0.8 MPa。

10）直孔灌浆加固复位效果

经过前期直孔灌浆加固施工，共完成直孔 27 个，累计灌浆进尺 132.9 m，消耗水泥 45.25 t，水玻璃 14.35 t，仅起充填作用，其抬升量多在 2 ~ 5 mm，沉降基础复位效果不很明显。

4. 斜孔施工及二次灌浆的应用

由于直孔距沉降基础中心线 1.7 m，并且灌浆时排水沟有漏浆，压力仅为 0.3 ~ 0.4 MPa，之后尝试用 MC－50 型锚杆钻机钻斜孔，使浆液从其中间部位进行抬升，斜孔深以进入沉降基础中部为准，一般孔深 4.5 ~ 5.2 m。在斜孔中预埋多根二次灌浆管进行二次灌浆，每次抬升不得超过 15 mm；当抬升量达到 15 mm 时，必须进行待凝。为了加快施工进度，采取大跳距施工下一个灌浆孔或进行二次灌浆（灌浆管用直径为 25 mm 铁制水管，管表面钻直径 6 mm 小孔，呈梅花形，非灌浆段以上 1 m 不得钻眼），二次灌浆间隔时间一般不超过 3 d。

（四）基础加固和复位效果

（1）加固效果：完工 2 d 后，进行取芯和原位测试，完成检测孔 3 个，累计进尺 15.8 m，标贯 6 段。

①钻孔取芯：由取得的岩芯看，水泥浆多呈团块状、脉状贯穿其中，局部 10 ~ 15 cm 短柱状。

②原位测试：做 6 段标准贯入试验，实测锤击数 6 ~ 8 击，复合地基承载力 $f_{ak} \geq 150$ kPa，满足工程质量要求。

（2）处理前基础最大沉降量 45 mm，基础外固结灌浆后，其最大抬升量为 9 mm，在待凝的 7 d 基础仅回落 1 mm。在进行斜孔施工和二次灌浆时,基础最大抬升量为 53 mm,2003 年 6 月 23 日验收时回落 1 ~ 2.0 mm,9 月 28 日复测时各沉降观测点回落 1 ~ 2 mm,12 月底再次复测结果同前,表明基础已得到加固复位,趋于稳定。

七、化灌工法抬升纠偏 5 000 t 桥台

(一)工程概况

广西隆安右江大桥是一座长 292 m 的四孔跨径 60 m 的钢拱架,1997 年 11 月下部基础施工结束,开始吊装上部构件。在桥面铺设过程中,于 1998 年 5 月发现 0 号机桥台不均匀沉降 36 cm,向引桥方向倾斜位移 12 cm,第一跨桥下沉 17 cm,使跨径增长 6 cm 的严重工程质量事故。不久,重庆綦江大桥倒塌,在沸沸扬扬的“豆腐渣工程”、“炸掉重来”的议论中,广西交通厅找出了事故原因,确定用灌浆方法整治桥台沉陷,曾采取一般灌浆方法,灌入 300 多 t 水泥后,效果很不理想。

(二)事故原因

0 号机桥台地基土体主要为粉土,其承载力明显偏低,按设计要求,基底的承载力为 250 kPa,而该粉土承载力只有 120 kPa,对 0 号机桥台后的土体回填压实不够及时,基土软弱,当吊装上部构件铺设桥面时,桥台受压而下沉,在横向推力作用下使桥台向岸边方向倾斜、位移。

(三)处理设计方案

1. 要求

对桥台深层地基土进行固结加固,使其承载力由 120 kPa 增加到 250 kPa;同时必须对部分构筑物进行相应的抬升,并扶正桥台,恢复桥台的垂直度。

2. 抬升方法

用 DCG 化灌工法灌入瞬间凝固并快速增长为有较高强度的结石体浆材,以达到快速加固和抬升的目的。

3. DCG 化灌工法抬升原理

在软弱土体中适当布设灌浆孔,灌入具有速凝早强的化学水泥浆,在压力下浆液向水平方向挤压,使土体产生液压开裂,形成劈裂面,浆液随劈裂面进入土体,迅速凝固、堵塞通道,于是又会产生新的劈裂面、新的通道,浆液再进入,再凝固,再堵塞通道。这样周而复始地灌入大量浆液,因而软弱土体不断被压实,当达到一定的密实度后,土体体积不能再压缩,迫使上层土体抬升,通过上抬土体来抬升覆盖于其上的构筑物,直至达到要求。

4. 实施步骤

(1)在 0 号机桥台四周灌浆构筑一道帷幕。

(2)桥台地基加固与桥台抬升扶正的灌浆。

(3)灌浆观测点的设置与观测。

(4)根据观测点的信息调整灌浆参数,控制灌浆。

(5)检测灌浆效果。

(四)实施情况

(1)布孔:排距 2 ~ 3 m,孔距 3 m,呈梅花形布孔。

(2)孔深:穿过整个黏土层进入砂卵石层 2 m,孔深约 24 m。

(3)灌浆材料:DCG－979 化学水泥浆,浆材胶凝时间 30～120 s。

(4)帷幕内的灌浆孔按定量、定压灌浆;墩基范围内的灌浆先灌外围孔,再灌圈内孔。

(5)灌浆过程中,根据观测点信息调整灌浆参数,同时对不同部位的灌浆孔进行循环灌浆,以达到设计要求的抬升量和垂直度。

(6)采用压力 0.2～1.2 MPa,进浆速度 50～80 L/min,灌入水泥 700 t、化学浆液体积约 1 100 m^3,工期 15 d。

(五)检查

在灌浆软弱段部位,布打检测孔 5 个(含 1 个对照孔),孔深 24 m(进入砂卵石层面约 2 m)。对卵砾层采用重型(N＝63.5 kg)触探,粉土层用标准贯入试验。灌浆后地基土承载力检测结果见表 6-9。

(六)灌浆效果

(1)总质量为 5 000～6 000 t 的 0 号机桥台,实现下沉部位竖向抬升 36 cm,桥台纵向位移基本复位,原来弯沉的桥面也恢复了平顺。

(2)地基承载力大于 400 kPa,远超过了原设计要求。

(3)右江大桥灌浆加固至今已经正常使用了 7 年,未发现任何异常情况,表明完全达到了设计要求的预期效果。

表 6-9　灌浆后地基土承载力检测结果

孔号	对应下列深度(m)下的承载力(kPa)					
	16～17	17～18	19～20	21～22	22～23	23～23.95
ZK1	407	＞650	＞680	636	＞680	水泥块
ZK2		473	＞680	＞680	658	
ZK3	470	1 000	680	600	640	
ZK4	930	＞1 000	430	600	348	473
对照孔 ZK5	10～11 m,240 kPa;12～19 m,257 kPa					

参 考 文 献

[1] 王铁梦. 工程结构裂缝控制[M]. 北京:中国建筑工业出版社,1997.

[2] 建筑工程防水设计与施工手册[M]. 北京:中国建筑工业出版社,1999.

[3] 鲁一晖,孙志恒. 水工混凝土建筑物病害评估与修补文集[M]. 北京:中国水利水电出版社,2001.

[4] 黄国兴 ,陈改新. 水工混凝土建筑物修补技术及应用[M]. 北京:中国水利水电出版社,1999.

[5] 余立平. 水工建筑物维护[M]. 北京:中国电力出版社,2004.

[6] 孙志恒,鲁一晖,岳跃真. 水工混凝土建筑物的检测、评估与缺陷修补工程应用[M]. 北京:中国水利水电出版社,2004.

[7] 唐业清,万墨林. 建筑物改造与病害处理[M]. 北京:中国建筑工业出版社,2000.

[8] 魏涛民,李珍,董建军,等. 化灌法[M]. 北京:中国水利水电出版社,2006.